水利水电工程施工现场管理人员培训教材

材料员

中国水利工程协会　主编

黄河水利出版社
·郑州·

内 容 提 要

本书是基于水利水电工程建设发展的需求,按照国家有关法律法规和水利行业规范标准,以紧密联系工程建设为核心,以培养高素质、高水准、高规格的水利工程从业人员为目标,注重知识的实用性和系统性。全书共分7章,包括材料员基本职责、工程建筑材料、材料计划管理、材料采购与验收、材料储存与使用、材料统计与核算、材料资料管理及附录等。

本书主要作为水利水电工程施工现场管理人员培训、学习及考核用书,也可供从事水利领域专业研究和工程建设有关设计、施工、监理等人员以及大专院校相关专业师生参考阅读。

图书在版编目(CIP)数据

材料员/中国水利工程协会主编. —郑州:黄河水利出版社,2020.5

水利水电工程施工现场管理人员培训教材

ISBN 978-7-5509-2472-7

Ⅰ.材… Ⅱ.①中… Ⅲ.①水利水电工程-水工材料-技术培训-教材 Ⅳ.①TV4

中国版本图书馆 CIP 数据核字(2019)第178586号

出 版 社:黄河水利出版社　　网址:www.yrcp.com

地址:河南省郑州市顺河路黄委会综合楼14层　　邮政编码:450003

发行单位:黄河水利出版社

发行部电话:0371-66026940、66020550、66028024、66022620(传真)

E-mail:hhslcbs@126.com

承印单位:河南承创印务有限公司

开本:787 mm×1 092 mm　1/16

印张:14.5

字数:353 千字　　印数:1—2 000

版次:2020年5月第1版　　印次:2020年5月第1次印刷

定价:58.00元

序

随着我国经济社会的快速发展，水利作为国民经济的基础设施和基础产业，在经济社会发展中起着越来越重要的作用。党中央、国务院高度重视水利工作，水利投资逐年增加，水利工程建设方兴未艾，172 项节水供水重大水利工程在建投资规模超万亿，开工建设 80% 以上。“水利工程补短板、水利行业强监管”正有效推进大规模水利工程的建设和水利事业改革发展。

“百年大计，质量第一”。水利工程质量涉及社会公共利益、人民生命安全，至关重要。水利工程施工是确保工程质量的关键，它不仅要求严格执行施工作业程序，还要求对质检、材料、资料等方面进行严格管理，特别是涉及人民生命财产安全的施工质量和施工安全，一旦出现问题，极有可能导致灾难性后果。水利水电工程施工现场管理人员作为水利工程建设的一线人员，与水利工程施工质量、安全密切相关，提高水利工程施工管理人员技术水平，是确保工程质量顺利实施的关键。因此，重视水利工程施工的管理，加强对生产一线的水利工程建设施工单位的施工现场管理人员的培养，建设一支合格的、高水平的、技术精湛的水利工程建设施工管理人员队伍显得尤为重要。

中国水利工程协会组织国内多年从事水利水电工程施工、管理的有关单位和专家、学者、教授，在两年时间里编写了水利水电工程施工现场管理人员培训教材，包括《基础知识》《施工员》《安全员》《质检员》《资料员》《材料员》。本套教材将会对水利工程建设一线的相关人员提供一个有益的借鉴和参考。有利于规范水利工程施工管理行为，提高施工现场管理人员综合素质与业务水平，打造一支过硬的水利工程建设人员队伍。对弘扬工匠精神，打造精品工程，保障水利工程建设质量和安全，发挥积极的作用。

孙继昌

2019 年 7 月

《材料员》编审委员会

主　　任：周金辉　安中仁

副 主 任：伍宛生　任京梅　杨清风

委　　员：（以姓氏笔画为序）

王　丹　王　雪　王海燕　文命初　印梦华

李　纲　李　玮　肖　义　余　娟　张继良

张　清　周定刚　胡晓红　柳佳聪　翁月娇

郭　锐　唐　杰　黄　伟　詹敏利　潘　玲

薛　嵩

主　　编：胡晓红　詹敏利

主　　审：郑桂斌

前　言

在水利水电建设快速发展的新形势下，水利水电工程建设领域对施工现场管理人员的职业素质提出了更高的要求，中国水利工程协会于 2017 年 6 月 26 日发布了《水利水电工程施工现场管理人员职业标准》。为全面贯彻、执行水利行业法律法规和规范标准，提高水利水电工程施工现场管理人员的专业素质和业务水平，中国水利工程协会组织编写了水利水电工程施工现场管理人员培训教材，包括《基础知识》《施工员》《质检员》《安全员》《材料员》《资料员》。

《材料员》作为水利水电工程施工现场管理人员培训教材的一册，内容包括材料员基本职责、工程建筑材料、材料计划管理、材料采购与验收、材料储存与使用、材料统计与核算、材料资料管理七个章节。本书知识体系简明扼要，纳入大量实例及实用表格，突出材料员实践应用的要求，既可作为施工现场相关专业人员的指导用书，又可作为材料员岗位培训考核的指导用书，也可供职业院校师生和相关专业人员参考使用。

本书由湖北长江清淤疏浚工程有限公司胡晓红、詹敏利主编，中国安能建设集团有限公司郑桂斌主审。湖北长江清淤疏浚工程有限公司张继良编写了第一章，文命初、李纲编写了第二章，肖义、柳佳聪编写了第三章，印梦华、周定刚编写了第四章，黄伟、余娟、张清编写了第五章，王雪、翁月娇、郭锐编写了第六章，李玮、薛嵩、唐杰编写了第七章。

本书在编写过程中得到中国水利工程协会领导，中水淮河规划设计研究有限公司伍宛生，中国水电建设集团十五工程局王星照，上海宏波工程咨询有限公司韩忠，华北水利水电大学刘秋常、吕艺生等专家的帮助和指导，参考和引用了文献中的内容，在此对所有在本书编写工作中给予指导和帮助的专家和单位以及本书引用文献的作者表示衷心的感谢！

由于作者水平有限，书中难免存在一些缺点和不足之处，敬请广大读者不吝批评指正，以便再版改进。

作　者

2019 年 6 月

目　录

第一章　材料员的基本职责

第一节　执业能力标准

一、职业能力标准的基本规定

(1)材料员应经培训、专业知识考试及专业技能评价合格后上岗。

(2)材料员应具备必要的文字表达、计算机应用、组织协调等能力。

(3)材料员应具备下列职业素养:

①具有较强的社会责任感和良好的职业操守,诚实守信,爱岗敬业,团结协作;

②遵守法律法规,熟悉相关的标准和管理规定;

③坚持安全第一、质量为本,贯彻安全生产标准化,文明施工;

④节约资源,保护环境;

⑤不断学习新知识、新技能,定期接受继续教育培训。

(4)材料员的岗位工作责任,分为负责、参与、协助三个层次。

各层次的工作责任要求如下:

①负责——履职人是工作任务的直接责任人或主要责任人;

②参与——履职人是工作任务的一般承担人;

③协助——履职人是工作任务的配合人。

(5)材料员应掌握的岗位专业知识,分为掌握、熟悉、了解三个层次。

各层次的熟练程度要求如下:

①掌握——最高水平要求,包括能记忆所在岗位的专业知识,并能对所列知识加以叙述和概括,同时能运用岗位专业知识分析和解决实际问题;

②熟悉——次高水平要求,包括能记忆所在岗位的专业知识,并能对所列知识加以叙述和概括;

③了解——最低水平要求,包括对所在岗位的专业知识有基本的认识和记忆。

二、材料员的主要工作职责

材料员应履行表1-1规定的工作职责。

材料员除履行上述职责外,还应履行单位赋予的其他职责。

三、材料员应具备的主要专业技能

材料员应具备表1-2规定的专业技能。

表 1-1　材料员的工作职责

项次	分类	主要工作职责
1	材料管理计划	负责制定材料管理制度； 负责编制材料采购计划； 参与编制材料使用计划
2	材料采购验收	负责收集材料的价格信息，参与合格材料供应商的评价、选择； 负责材料的选购，参与采购合同的管理； 负责采购材料的验收、通知采购材料的抽样检验
3	材料使用储存	负责材料进场后的接收、储存、发放管理； 负责监督、检查材料的合理使用； 负责处置不合格材料； 参与回收和处置剩余材料
4	材料统计核算	负责建立材料管理台账； 负责材料的盘点、统计； 参与材料的成本核算
5	材料资料管理	负责材料验收等资料的编制、管理； 负责汇总、整理、移交与材料相关资料

表 1-2　材料员应具备的专业技能

项次	分类	专业技能
1	材料管理计划	具备编制材料管理制度的能力； 具备编制材料配置计划相应的能力
2	材料采购验收	具备分析建筑材料市场信息与采购材料的能力； 具备对材料进行符合性判断的能力
3	材料使用储存	具备组织保管、发放施工材料的能力； 具备对危险物品进行安全管理的能力； 具备对施工余料、废弃物进行处置的相关能力
4	材料统计核算	具备建立材料的统计台账的能力； 具备材料成本核算的相应能力
5	材料资料管理	具备材料管理数据统计、分析、使用的能力； 具备施工材料资料编制、收集、整理的能力

四、材料员应掌握的主要专业知识

材料员应掌握表 1-3 规定的专业知识。

表1-3　材料员应掌握的专业知识

项次	分类	专业知识
1	基础知识	熟悉与本岗位相关的法律法规、规程规范； 熟悉工程材料的检验方法和验收标准； 了解施工图识读的基本知识； 了解工程施工工艺和方法； 了解工程项目管理的基本知识
2	专业、技术知识	掌握工程材料性能的相关知识； 掌握材料管理的基本知识； 熟悉工程预算的基本知识； 熟悉抽样统计分析的基本知识
3	岗位知识	掌握建筑材料验收、储存、供应的基本知识； 掌握建筑材料成本核算的内容和方法； 熟悉建筑材料市场调查分析的内容和方法； 熟悉材料招标投标和采购合同管理的相关知识； 熟悉材料的技术发展趋势和新材料的动态

第二节　职业道德标准

职业道德是同职业活动紧密联系的、符合职业特点所要求的道德准则与道德品质。职业道德是所有从业人员在职业活动中应该遵循的行为准则，涵盖了从业人员与服务对象、职业与职工、职业与职业之间的关系。它是职业或行业范围的特殊的道德要求，是社会道德在职业生活中的具体体现。

工程施工中在原材料使用上，不以次充好，不偷工减料。材料员必须努力学习科学文化知识，刻苦钻研生产和施工技术，不断提高业务能力，讲究工作效率。职业道德的主要内容包括：爱岗敬业，诚实守信，办事公道，服务群众，奉献社会。

材料员道德规范的主要内容简述如下。

一、忠于职守，热爱本职

一个材料员不能尽职尽责、忠于职守，就会影响整个企业或单位的工作进程，严重的还会给企业和国家带来损失，甚至还会在国际上造成不良影响。因此，我们应当培养高度的职业责任感，以主人翁的态度对待自己的工作，从认识上、情感上、信念上、意志上乃至习惯上养成“忠于职守”的自觉性。

二、质量第一，信誉至上

重质量、重信誉。工程质量与材料密切相关，而工程质量事关工程安全和人民的生命财产安全，同时与施工企业的信誉紧密相连，是企业的生命。所以，要做到诚实守信，必须做到重质量、重服务、重信誉。

三、遵纪守法，安全生产

遵纪守法是一种高尚的道德行为，作为一名水利水电行业施工从业人员，更应强调在日常施工生产中遵守劳动纪律。

严格遵守劳动纪律，要求做到：听从指挥，服从调配，按时、按质、按量完成上级交给的生产劳动任务；保证劳动时间，不迟到、不早退、不旷工，遵守考勤制度；认真执行岗位责任制和承包责任制，坚守工作岗位，不玩忽职守，在施工劳动中精力要集中，不“磨洋工”，不干私活，不做与本职工作无关的事；树立安全生产意识，严格遵守操作规程，不违章指挥，不违章作业，不违反劳动纪律；做遵纪守法、维护生产秩序的模范。安全生产就是在施工的全过程中，把安全摆在头等重要的位置，认真贯彻“安全第一、预防为主、综合治理”的方针，加强安全管理，做到安全生产。

四、文明施工，勤俭节约

文明施工就是坚持合理的施工程序，按既定的施工组织设计，科学地组织施工，严格地执行现场管理制度，做到经常性的监督检查，保证现场整洁，工完料清场地净，材料码放整齐，施工秩序良好。

勤俭节约，一方面要多劳动、多学习、多开拓、多创造社会财富；另一方面又要简朴办企业，合理使用人力、物力、财力，精打细算，节约开支、减少消耗，降低成本、提高劳动生产率，提高资金利用率，严格执行各项规章制度，避免浪费和无谓的损失。

五、钻研业务，提高技能

当前，我国建立了社会主义市场经济体制，水利水电施工企业要在优胜劣汰的竞争中立于不败之地，并保持蓬勃的生机和活力，从内因来看，很大程度上取决于企业是否拥有现代化建设所需的各种人才。企业要实现现代化（技术现代化、管理现代化、产品现代化和装配现代化），关键是要实现人才现代化。施工企业的职工素质优劣（包括文化、科学、技术、业务水平的高低，政治思想、职业道德品质的好坏）往往决定了企业的兴衰。科学技术越进步，人才在生产力发展中的作用也就越大。作为水利水电工程建设行业材料员，要努力学习先进技术和专业知识，了解现代水利水电工程行业发展的方向，才能适应新时代发展的需要。

六、团结协作，服务基层

团结协作是一切事业成功的基础，是立于不败之地的重要保证。树立全局观念和整体意识，发扬团队精神，部门之间、岗位之间分工不分家。遇事多商量、多沟通、互相支持，不推诿、不扯皮，不搞本位主义，团结协作，做好各项工作。材料员要深入现场，认真调查研究，掌握第一手资料，更好地服务于基层，为保证工程安全、质量、进度，做好工作，当好参谋。文明礼貌，以诚相待，急基层之所急，积极主动做好基层服务工作。

第三节　法律法规要求

水利水电工程建设材料员应当了解和熟悉我国建设工程特别是建筑材料与材料管理方面相关的法律法规和规章，以便依法进行水利水电工程材料管理工作，规范自己的管理行为。

一、建设工程相关法律法规、规章的法律效力

建设工程相关的法律是指由全国人民代表大会及其常务委员会通过的规范工程建设活动的法律规范，由国家主席签署主席令予以颁布。

建设工程相关的行政法规是指由国务院根据宪法和法律规定的规范工程建设活动的各项法规，由国务院予以公布。

建设工程相关的部门规章是指住房和城乡建设部或相关部委按照国务院规定的职权范围，独立或同国务院有关部门联合根据法律和国务院的行政法规、决定、命令，制定的规范工程建设活动的各项规章。属于住房和城乡建设部制定的由住房和城乡建设部令予以公布。

上述法律法规、规章的效力是：法律的效力高于行政法规，行政法规的效力高于部门规章。

与水利水电建设工程材料管理有关的主要法律法规、规章：《中华人民共和国建筑法》《中华人民共和国安全生产法》《中华人民共和国招标投标法》《中华人民共和国合同法》《中华人民共和国土地管理法》《中华人民共和国环境保护法》《中华人民共和国城市规划法》《中华人民共和国电力法》《建设工程质量管理条例》《建设工程安全生产管理条例》《中华人民共和国土地管理法实施条例》等。

二、与材料管理相关的法律法规、规章的主要内容

（一）合同的种类与内容

《中华人民共和国合同法》（简称《合同法》）按照合同标的的特点将合同分为15种：买卖合同，供用电、水、气、热力合同，赠与合同，借款合同，租赁合同，融资租赁合同，承揽合同，建设工程合同，运输合同，技术合同，保管合同，仓储合同，委托合同，行纪合同，居间合同等。

15种合同的内容详见《合同法》。

（二）招标范围

《中华人民共和国招标投标法》（简称《招标投标法》）规定，在中华人民共和国境内进行下列工程建设项目（包括项目的勘察、设计、施工、监理，以及与工程建设有关的重要设备、材料等的采购）时，必须进行招标：

（1）大型基础设施、公用事业等关系社会公共利益、公众安全的项目；

（2）全部或者部分使用国有资金或者国家融资的项目；

（3）使用国际组织或者外国政府贷款、援助资金的项目。

根据2018年3月27日国家发展和改革委员会第16号令发布的《必须招标的工程项目规定》：

全部或者部分使用国有资金投资或者国家融资的项目包括：①使用预算资金200万元

人民币以上，并且该资金占投资额 10% 以上的项目；②使用国有企业事业单位资金，并且该资金占控股或者主导地位的项目。

使用国际组织或者外国政府贷款、援助资金的项目包括：①使用世界银行、亚洲开发银行等国际组织贷款、援助资金的项目；②使用外国政府及其机构贷款、援助资金的项目。

上述规定范围内的项目，其勘察、设计、施工、监理以及与工程建设有关的重要设备、材料等的采购达到下列标准之一的，必须招标：①施工单项合同估算价在 400 万元人民币以上；②重要设备、材料等货物的采购，单项合同估算价在 200 万元人民币以上；③勘察、设计、监理等服务的采购，单项合同估算价在 100 万元人民币以上。

同一项目中可以合并进行的勘察、设计、施工、监理以及与工程建设有关的重要设备、材料等的采购，合同估算价合计达到前款规定标准的，必须招标。

竞争性项目等采购的材料招标，其招标范围另行规定属于下列情况之一者，可不进行招标：①采购的材料只能从唯一制造商处获得的；②采购的材料需方可自产的；③采购活动涉及国家安全和秘密的；④法律法规另有规定的。

（三）建筑工程承包与从业资格制度

《中华人民共和国建筑法》（简称《建筑法》）规定，建筑工程承包是指承包单位（勘察、设计、施工、安装单位）通过招标投标签约的方式取得工程项目建设合同。

《建筑法》还规定了从业资格制度。从业资格制度包括从事建筑活动的企业、单位资质制度和专业技术人员资格制度。

1. 企业单位条件要求

从事建筑活动的施工企业、勘察、设计和监理单位应当具备：

（1）有符合国家规定的注册资本。

（2）有与其从事的建筑活动相适应的具有法定执业资格的专业技术人员。

（3）有从事相关建筑活动所应有的技术装备。

（4）法律、行政法规规定的其他条件。

2. 企业单位资质管理

从事建筑活动的施工企业、勘察单位、设计单位和监理单位，按照其拥有的注册资本、专业技术人员、技术装备、已完成的建筑工程业绩等资质条件，划分为不同的资质等级，经资质审查合格，取得相应等级的资质证书后，方可在其资质等级许可的范围内从事建筑活动。

3. 专业技术人员资格

从事建筑活动的专业技术人员，如建筑师、结构工程师、造价工程师、监理工程师、建造师等，应当依法取得相应的执业资格证书，并按规定注册，并在执业资格证书许可的范围内从事建筑活动。

（四）施工企业对施工质量负责

《建筑法》规定：

（1）建筑施工企业对工程的施工质量负责，要按有关要求对建筑材料、构配件和设备进行检验，不合格的不得使用，必须按设计图纸和技术标准施工，不得偷工减料。

（2）交付竣工验收的建筑工程，必须符合规定的建筑工程质量标准，有完整的工程技术经济资料和经签署的工程质量保修书。

（3）建筑工程实行质量保修制度。保修的期限应当按照保证建筑物合理寿命年限内正常使用、维护使用者合法权益的原则确定。

(4)建筑施工企业在施工中偷工减料,使用不合格材料、构配件和设备的,或者有其他不按照工程设计图纸或者施工技术标准施工的行为要承担法律责任。

《建设工程质量管理条例》规定:

(1)施工单位对建设工程施工质量负责和建立质量责任制。

(2)施工单位使用材料、构配件和设备前必须进行检验:施工单位必须按照工程设计要求、施工技术标准和合同规定,对建筑材料、建筑构配件、设备和商品混凝土进行检验,检验应当有书面记录和专人签字;未经检验和检验产品不合格的,不得使用。

(3)对涉及结构安全的试块、试件以及有关材料,应当在建设单位或者工程监理单位监督下现场取样,并送具有相应资质等级的质量检测单位进行检测。

(4)施工单位在施工中偷工减料的,使用不合格材料、构配件和设备的,或者有不按照设计图纸或者施工技术标准施工的其他行为的;施工单位未对建筑材料、建筑构配件、设备、商品混凝土进行检验,或者未对涉及结构安全的试块、试件以及有关材料取样检测的;施工单位不履行或拖延履行保修义务的,均要追究法律责任。

(五)新工艺、新技术、新材料、新设备安全措施

《中华人民共和国安全生产法》(简称《安全生产法》)规定,生产经营单位采用新工艺、新技术、新材料或者使用新设备,必须了解、掌握其安全技术特性,采取有效的安全防护措施,并对从业人员进行专门的安全生产教育和培训。

(六)识别产品质量

《中华人民共和国产品质量法》(简称《产品质量法》)规定:

(1)产品或者其包装上的标识必须真实,并符合下列要求:

①有产品质量检验合格证明;

②有中文标明的产品名称、生产厂厂名和厂址。

③根据产品的特点和使用要求,需要标明产品规格、等级、所含主要成分的名称和含量的,用中文相应予以标明;需要事先让消费者知晓的,应当在外包装上标明,或者预先向消费者提供有关资料。

④限期使用的产品,应当在显著位置清晰地标明生产日期和安全使用期或者失效日期。

⑤使用不当,容易造成产品本身损坏或者可能危及人身、财产安全的产品,应当有警示标志或中文警示说明。

(2)生产者不得生产国家明令淘汰的产品。

(3)生产者不得伪造产地,不得伪造或者冒用他人的厂名、厂址。

(4)生产者不得伪造或者冒用认证标志等质量标志。

(5)生产者生产产品时,不得掺杂、掺假,不得以假充真,以次充好,不得以不合格产品冒充合格产品。

(6)销售者应当建立并执行进货检查验收制度,验明产品合格证明和其他标识。

(7)销售者应当采取措施,保持销售产品的质量。

(8)销售者不得销售国家明令淘汰并停止销售的产品和失效、变质的产品。

第四节 规范规定要求

一、概述

为贯彻国家和政府主管部门有关法律法规,推进建设工程管理体制改革的经验,进一步深化和规范建设工程管理的基本做法,促进建设工程管理科学化、规范化和法制化,不断提高建设工程项目的管理水平,各行业主管部门依据国家建设工程法律法规、规章制定建设工程规范规定。

(1)与水利水电建设工程材料管理有关的主要规范规定包括:《建设工程项目管理规范》(GB/T 50326)、《建设工程监理规范》(GB/T 50319)、《建筑业企业资质管理规定》、《建筑工程施工许可管理办法》、《实施工程建设强制性标准监督规定》、《建设工程质量责任主体和有关机构不良记录管理办法》等。

(2)水利水电行业主要规范规定包括:《水利水电工程建设标准强制性条文》、《水利水电工程施工监理规范》(SL 288)等。

水利水电工程建设材料员应当熟悉和执行建设工程相关的,特别是与材料管理相关的规范、规定,履行管理职责。

二、与材料管理相关的规范规定的主要内容

(一)《水利水电工程建设标准强制性条文》关于水利水电工程验收的内容

《水利水电工程施工质量检验与评定规程》(SL 176)涉及原材料验收管理的相关内容如下:

(1)施工单位应按《单元工程评定标准》及有关技术标准对水泥、钢材等原材料与中间产品质量进行检验,并报监理单位复核。不合格产品,不得使用。

(2)对涉及工程结构安全的试块、试件及有关材料,应实行见证取样。见证取样资料由施工单位制备,记录应真实齐全,参与见证取样人员应在相关文件上签字。

(3)工程中出现原材料检验不合格的项目时,应按以下规定进行处理:

原材料、中间产品一次抽样检验不合格时,应及时对同一取样批次另取两倍数量进行检验,如仍不合格,则该批次原材料或中间产品应定为不合格,不得使用。

混凝土(砂浆)试件抽样不合格时,应委托具有相应资质等级的质量检测单位对相应工程部位进行检验,如仍不合格,由项目法人组织有关单位进行研究,并提出处理意见。

(二)项目监理机构工程质量控制的内容

1.《建设工程监理规范》(GB/T 50319)规定

项目监理机构工程质量控制的内容为:施工组织设计调整的审查;重点部位、关键工序的施工工艺和保证工程质量措施的审查;使用新材料、新工艺、新技术、新设备的控制措施;对承包单位实验室的考核;对拟进场的工程材料、构配件和设备的控制措施;直接影响工程质量的计量设备技术状况的定期检查;对施工过程进行巡视和检查;旁站监理的内容;审核及签认分项工程、分部工程、单位工程的质量验评资料;对施工过程中出现的质量缺陷应采取的措施;发现施工中存在重大质量隐患,应及时下达工程暂停令,整改完毕并符合规定要

求及时签署工程复工令;质量事故的处理等。

2.《水利水电工程施工监理规范》(SL 288)规定

(1)原材料、构配件和工程设备检验制度。进场的原材料、构配件和工程设备应有出厂合格证明和技术说明书,经承包人自检合格后,方可报监理机构检验。不合格的材料、构配件和工程设备应按监理指示在规定时限内运离工地或进行相应处理。

(2)检查承包人进场施工设备的数量和规格、性能是否符合施工合同约定的要求。

(3)检查进场原材料与构配件的质量、规格、性能是否符合有关技术标准和技术条款的要求,原材料的储存量是否满足工程开工及随后施工需要。

(4)检查承包人实验室具备的条件是否符合有关规定要求。

(5)检查砂石料系统、混凝土拌和系统,以及场内道路、供水、供电、供风等施工辅助设施的准备。

(6)检查承包人的质量保证体系。

(7)检查承包人的施工安全、环境保护措施、规章制度的制定及关键岗位施工人员的资格。

(8)检查按照施工规范要求需要进行的各种施工工艺参数的试验是否完成并提交给监理机构审核。

(9)监理机构应按照有关工程建设标准和强制性条文及施工合同的约定,对所有施工质量活动及与质量活动相关的人员、材料、工程设备和施工设备、施工工法和施工环境进行监督和控制,按照事前审批、事中监督和事后检验等监理工作环节控制工程质量。

(10)监理机构应按有关规定或施工合同约定,核查承包人现场检验设施、人员、技术条件等情况。

(11)监理机构应对承包人从事施工、安全、质检、材料等岗位和施工设备操作等需要持证上岗的人员的资格进行验证和认可。对不称职或违章、违规人员,可要求承包人暂停或禁止其在本工程中工作。

(12)材料和工程设备的检验应符合下列规定:

①对于工程中使用的材料、构配件,监理机构应监督承包人按有关规定和施工合同约定进行检验,并应查验材质证明和产品合格证。

②对于承包人采购的工程设备,监理机构应参加工程设备的交货验收;对于发包人提供的工程设备,监理机构应会同承包人参加交货验收。

③材料、构配件和工程设备未经检验,不得使用;经检验不合格的材料、构配件和工程设备,应督促承包人及时运离工地或做出相应处理。

④监理机构如对进场材料、构配件和工程设备的质量有异议,可指示承包人进行重新检验;必要时,监理机构应进行平行检测。

⑤监理机构发现承包人未按有关规定和施工合同约定对材料、构配件和工程设备进行检验,应及时指示承包人补做检验;若承包人未按监理机构的指示进行补验,监理机构可按施工合同约定自行或委托其他有资质的检验机构进行检验,承包人应为此提供一切方便并承担相应费用。

⑥监理机构在工程质量控制过程中发现承包人使用了不合格的材料、构配件和工程设备时,应指示承包人立即整改。

(13)监理机构应审批承包人提交的工艺参数试验方案,对现场试验实施监督,审核试验结果和结论,并监督承包人严格按照批准的工法进行施工。

(14)施工过程质量控制应符合下列规定:

①监理机构应督促承包人按施工合同约定对工程所有部位和工程使用材料、构配件和工程设备的质量进行自检,并按规定向监理机构提交相关资料。

②监理机构应采用现场察看、查阅施工记录,以及对材料、构配件、试样等进行抽检的方式对施工质量进行严格控制;应及时对承包人可能影响工程质量的施工工法以及各种违章作业行为发出调整、制止、整顿,直至暂停施工的指示。

③监理机构发现由于承包人使用的材料、构配件、工程设备以及施工设备或其他因素可能导致工程质量不合格或造成质量事故时,应及时发出指示,要求承包人立即采取措施纠正。必要时,责令其停工整改。

第五节 工程计量要求

一、工程计量的概念、内容和特点

(一)工程计量的概念

工程计量是工程计价的基本要素,它是以物理计量单位或自然计算单位表示的各项工程和结构件的数量。工程计量是否准确关系到工程计价的准确。

材料员应重视工程计量管理。工程计量的依据是工程计量的法律法规,规定、项目合同以及施工图纸及设计说明等。

(二)工程计量的内容

(1)计量的单位与单位制。

(2)计量器具(或测量仪器),包括实现或复现计量单位的计量基准、计量标准与工作计量器具。

(3)量值传递与溯源,包括检定、校准、测试与检测。

(4)物理常量、材料与物质特性的测定。

(5)测量不确定度、数据处理与测量理论及其方法。

(6)计量管理,包括计量保证与计量监督等。

(三)工程计量的特性

计量的特性可以归纳为准确性、一致性、溯源性及法制性四个方面。

(1)准确性是指测量结果与被测量真值的一致程度。

(2)一致性是指在统一计量单位的基础上,测量结果应是可重复、可再现(复现)、可比较的。

(3)溯源性是指任何一个测量结果或测量标准的值,都能通过一条具有规定不确定度的不间断的比较链,与测量基准联系起来的特性。

(4)法制性是指计量必需的法制保障方面的特性。

二、工程计量的认证与实验室认可

(一)工程计量认证

工程计量认证是指依据《中华人民共和国计量法》(简称《计量法》)的规定对产品质量检验机构的计量鉴定、测试能力和可靠性、公正性进行考核,证明其是否具有为社会提供公正数据的资格。经计量认证的产品质量检验机构所提供的数据,用于贸易出证、产品质量评价、成果鉴定作为公正数据,具有法律效力。

(二)实验室认可

实验室认可是指对从事相关检测检验机构(实验室)资质条件与合格评定活动,由国家认证认可监督管理委员会按照国际通行做法对校准、检测、检验机构及实验室实施统一的资格认定。是中国参与经济全球化、适应社会生产力发展和满足人民群众日益增长的物质文化需求的需要,也是规范市场秩序的重要手段,是提高中国产品质量、增强出口竞争力保护中国产业的重要举措。

三、工程计量单位及换算

工程计量单位见附录一。

计量单位换算及常用公式见附录二。

第二章 工程建筑材料

第一节 材料分类

建筑材料指建造各种工程时所应用的材料及其制品，是一切建筑工程的物质基础。建筑材料一般按材料的物理化学性质、材料来源和功能用途进行分类。

一、按照材料的物理化学性质分类

建筑材料按其物理化学性质可分为无机材料、有机材料、复合材料三大类。

(一)无机材料

1. 无机非金属材料

无机非金属材料又称矿物质材料，包括无机胶凝材料、天然石料、烧土与熔融制品。

(1)无机胶凝材料：是自身或与其他物质混合后一起经过一系列物理、化学作用，能由浆体变成坚硬的固体，并能将散粒或块片状材料胶结成整体的物质。按硬化条件不同，分为气硬性和水硬性两类。

①气硬性胶凝材料：只能在空气中硬化、保持并继续提高其强度，如石灰、石膏与水玻璃等。只能用于地面上干燥环境的建筑物。

②水硬性胶凝材料：不仅能在空气中硬化，而且能更好地在水中硬化、保持并继续提高其强度，如水泥、煤炭灰等。既可用于地上的建筑物，也可用于地下或水中的建筑物。

(2)天然石料：按形成条件不同分为岩浆岩(火成岩)、沉积岩(水成岩)、变质岩三大类；按颗粒大小分为土、砂、石料三类；按其开采加工程度的不同分为毛石、块石、粗料石、建筑板材等。

(3)烧土与熔融制品：如烧结砖、陶瓷、玻璃等。

2. 金属材料

金属材料包括黑色金属材料和有色金属材料两类。

(1)黑色金属材料：指以铁元素为主要成分的金属及其合金材料，是钢和生铁的总称。

(2)有色金属材料：指除黑色金属材料外的金属及其合金材料。在水工建筑中，常用的有色金属是铜及铜合金、铝及铝合金。紫铜片是水工建筑中常用的止水材料。

(二)有机材料

有机材料包括沥青材料、植物材料和合成高分子材料等三类。

1. 沥青材料

沥青材料是指由许多高分子碳氢化合物及其非金属衍生物组成的有机胶凝材料。它能溶于汽油、二氧化碳等有机溶剂中，但几乎不溶于水，属憎水材料。常温下呈固态、半固态或黏稠性液体状态，颜色为黑色或黑褐色。它与矿物材料有较强的黏结力，具有良好的防水、抗渗、耐化学侵蚀性、抗冲击性。沥青材料是含沥青质材料的总称，常分为地沥青和焦油沥青。

(1)地沥青:按产源可分为天然沥青和石油沥青。石油沥青按生产方法不同,分为直馏沥青、溶剂沥青、氧化沥青、裂化沥青、调和沥青、乳化沥青、改性沥青七种;按外观形态不同分为液体沥青、固体沥青、半固体沥青三种;按用途不同分为道路沥青、建筑沥青、防水防潮沥青、以用途或功能命名的各种专用沥青等。

(2)焦油沥青:按其加工的有机物不同分为煤沥青、木沥青、页岩沥青三类。煤沥青按软化点不同分为低温煤沥青、中温煤沥青、高温煤沥青三种。

2. 植物材料

植物材料主要有木材、竹材、植物纤维及其制品等。其中,使用较广泛的是木材,分为软木材和硬木材。

(1)软木材:针叶树材,材质轻软,易于加工,密度和胀缩变形较小,且有较高的强度,是建筑上常用的主要承重结构的木材,如松、杉、柏等。

(2)硬木材:阔叶树材,材质坚硬,加工较难,一般较重,且胀缩、翘曲、裂缝等都较针叶树显著,如榆、槐、栎等。

3. 合成高分子材料

合成高分子材料是指以高分子化合物为基础人工合成的材料和制品,按材料特性分为合成树脂及塑料、合成橡胶、合成纤维、土工合成材料等。

(1)合成树脂:按其形成时的反应不同,分为聚合树脂和缩聚树脂两种。按在热作用下所表现的性质不同,又分为热塑性树脂和热固性树脂。

(2)塑料:以合成树脂或化学改性的天然高分子为主要成分,再加入其他添加剂制得。根据加热后的反应情况分为热塑性和热固性两种。水工建筑中常用的塑料多是聚乙烯和聚氯乙烯制品。

(3)合成橡胶:多以两种以上的单体缩聚而成的具有高度弹性的材料。橡胶止水带是钢筋混凝土地下建筑物、水坝、储水池等永久缝的止水材料。

(4)合成纤维:以天然或合成高分子为原料,经纺织或后处理制得。可制作纤维塑料、纤维混凝土、纤维绳等。

(5)土工合成材料:土工合成材料产品的原料主要有聚丙烯(PP)、聚乙烯(PE)、聚酯(PET)、聚酰胺(PA)、高密度聚乙烯(HDPE)、发泡聚苯乙烯(EPS)、聚氯乙烯(PVC)、低密度聚乙烯(LDPE)和线形低密度聚乙烯(LLDPE)等。土工合成材料包括土工织物、土工膜、土工复合材料、土工特殊材料及土工模袋五大类。

(三)复合材料

复合材料是指由两种或两种以上不同性质的材料,通过物理或化学的方法组成,具有新性能的材料。如钢筋混凝土、钢纤维混凝土、聚合物混凝土、沥青混凝土等。

二、按照材料来源分类

建筑材料按材料来源可分为天然建筑材料和人工材料两类。

(一)天然建筑材料

天然建筑材料包括常用的土料、砂石料、石棉、木材等及其简单采制加工的成品(如建筑石材等)。

(二)人工材料

人工材料包括石灰、水泥、沥青、金属材料、土工合成材料、高分子聚合物等。

三、按照功能分类

建筑材料按其功能分类为结构材料、防水材料、胶凝材料、装饰材料、防护材料、隔热保温材料等。

(一)结构材料

结构材料包括混凝土、型钢、木材等。

(二)防水材料

防水材料包括防水砂浆、防水混凝土、镀锌薄钢板、紫铜止水片、膨胀水泥防水混凝土、遇水膨胀橡胶和聚氨酯砂浆嵌缝条等。

(三)胶凝材料

胶凝材料包括水泥、石膏、石灰、水玻璃、混凝土等。

(四)装饰材料

装饰材料包括天然石材、建筑陶瓷制品、装饰玻璃制品、装饰砂浆、装饰水泥、塑料制品等。

(五)防护材料

防护材料包括钢材覆面、码头护木等。

(六)隔热保温材料

隔热保温材料包括石棉纸、石棉板、矿渣棉、泡沫混凝土、泡沫玻璃、纤维板等。

四、其他方式分类

水工建筑材料还可以按照其他方式分类：

(1)按照施工类别分类，可分为木工材料、混凝土工材料、瓦工材料、钢筋工材料、结构安装工材料、岩土类材料等。

①木工材料。木质模板、竹制模板、方木、合成塑胶板等。

②混凝土工材料。普通现浇水泥混凝土、沥青混凝土、碾压混凝土、预制混凝土、特种混凝土等。

③瓦工材料。普通烧结砖、水泥砂浆、瓦片等。

④钢筋工材料。钢筋、钢板、钢丝等。

⑤结构安装工材料。球墨铸铁管、水泵、启闭机、变压器、型钢、电缆等。

⑥岩土类材料。土、灰土、水泥土、化学泥浆等。

(2)按照不同材料发展应用工程的阶段，可分为原始时期(16世纪前)材料、近代时期(20世纪前)材料、现代时期材料。

①原始时期材料。草、木、秸秆、土、兽皮、原石、干土坯砖、烧结砖、瓦片等。

②近代时期材料。水泥、钢材、石膏、水泥制品等。

③现代时期材料。混凝土、砂浆、胶黏剂、土工布、轻质塑料、高分子材料等。

第二节　基本性质

建筑材料承担不同的功用，就须具备不同的性质，如结构材料承受外力，要求具备必要的力学性质，围护材料须满足房屋建筑的保温、隔热、防水及必要的环境要求，道路桥梁材料经受风吹、雨林、日晒、冰冻引起的温度变化、湿度变化及反复冻融等的破坏作用，要求材料具备一定的耐久性以满足长期暴露的大气环境或与侵蚀性介质相接触的环境。建筑材料的性质是多种多样的，又是相互影响的，归纳起来包括材料的物理性质、化学性质、力学性质、耐久性等。

一、建筑材料的物理性质

密度是指物质单位体积的质量，单位为 g/cm^3 或 kg/cm^3。由于材料所处的体积状况不同，故有实际密度、表观密度和堆积密度之分。

（一）与质量有关的性质

1. 实际密度

实际密度指材料在绝对密实状态下单位体积的质量。其计算公式为

$$\rho = \frac{m}{V} \tag{2-1}$$

式中　ρ——实际密度，g/cm^3；

m——材料在干燥状态下的质量，g；

V——材料在绝对密实状态下的体积，cm^3。

绝对密度状态下的体积是指不包括孔隙在内的体积。除钢材、玻璃等少数接近于绝对密实的材料外，绝大多数材料都有一些孔隙，如砖、石材等块状材料。在测定有孔隙的材料密度时，应把材料磨成细粉以排除其内部孔隙，经干燥至恒重后，用密度瓶（李氏瓶）测定其实际体积，该体积即可视为材料绝对密实状态下的体积。材料磨得愈细，测定的密度值愈精确。

2. 表观密度

表观密度指材料在自然状态下（包含孔隙）单位体积的质量。其计算公式为

$$\rho_0 = \frac{m}{V_0} \tag{2-2}$$

式中　ρ_0——材料的表观密度，g/cm^3 或 kg/m^3；

m——材料的质量，g 或 kg；

V_0——材料在自然状态下的体积，或称表观体积，cm^3 或 m^3。

材料在自然状态下的体积是指材料的实体积与材料内所含全部孔隙体积之和。对于外形规则的材料，其测定很简便，只要测得材料的质量和体积，即可算得表观密度。不规则材料的体积要采用排水法求得，但材料表面应预先涂上蜡，以防止水分渗入材料内部而影响测定值。

3. 堆积密度

堆积密度指粉状或颗粒材料在自然堆积状态下（包含孔隙和空隙）单位体积的质量。

其计算公式为

$$\rho'_0 = \frac{m}{V'_0} \tag{2-3}$$

式中 ρ'_0——堆积密度，kg/m^3；

m——材料的质量，kg；

V'_0——材料的堆积体积，m^3。

散粒材料在自然状态下的体积是指既含颗粒内部的孔隙，又含颗粒之间空隙在内的总体积。测定散粒材料的堆积密度时，材料的质量是指在一定容积的容器内的材料质量，其堆积体积是指所用容器的容积。若以捣实体积计算，则称为紧密堆积密度。

在计算材料用量、构件自重、配料计算以及确定堆放空间时，均需要用到材料的上述状态参数。常用土木材料的密度、表观密度、堆积密度与孔隙率见表2-1。

表2-1 常用建筑材料的密度、表观密度、堆积密度及孔隙率

材料名称	密度（g/cm^3）	表观密度（kg/m^3）	堆积密度（kg/m^3）	孔隙率（%）
建筑钢材	7.85	7 850	—	0
铝合金	2.70~2.90	2 700~2 900	—	0
花岗岩	2.60~2.90	2 500~2 800	—	0.5~1.0
石灰岩	2.45~2.75	2 200~2 600	1 400~1 700	0.5~5.0
普通黏土砖	2.50~2.80	1 500~1 800	—	20~40
松木	1.55	380~700	—	55~75
普通玻璃	2.50~2.60	2 500~2 600	—	0
普通混凝土	—	2 300~2 500	1 600~1 800	3.0~20
砂	2.50~2.80	—	1 450~1 650	—
粉煤灰	1.95~2.40	—	550~800	—
水泥	2.80~3.10	—	1 600~1 800	—
石油沥青	0.95~1.10	—	—	—
沥青混凝土	—	2 200~2 400	—	2~6
天然橡胶	0.91~0.93	910~930	—	0
聚氯乙烯树脂	1.33~1.45	1 330~1 450	—	0

4. 密实度

密实度指材料的固体物质部分的体积占总体积的比例。密实度说明材料体积内被固体物质所充填的程度，反映了材料的致密程度。其计算公式为

$$D = \frac{V}{V_0} = \frac{\rho_0}{\rho} \times 100\% \tag{2-4}$$

按孔隙的特征，材料的孔隙可分为开口孔隙和闭口孔隙两种，两者孔隙率之和等于材料

的总孔隙率。按孔隙的尺寸大小,又可分为微孔、细孔及大孔3种。不同的孔隙对材料性能的影响各不相同。一般而言,孔隙率较小且连通孔较少的材料,其吸水性较小,强度较高,抗冻性和抗渗性较好。工程中对需要保温隔热的建筑物或部位,要求其所用材料的孔隙率要较大。对要求高强或不透水的建筑物或部位,则其所用的材料孔隙率应很小。

(二)材料的孔隙率、空隙率、填充率

1. 孔隙率

孔隙率是指材料中孔隙体积占材料总体积的百分率。材料中孔隙的大小,以及大小孔隙的级配是各不相同的,而且孔隙结构形态也各不相同,有的与外界连通,称之为开口孔隙,有的与外界隔绝,称之为封闭孔隙。孔隙率是反映材料细观结构的重要参数,是影响材料强度的重要因素。此外,孔隙率与孔隙结构形态还有材料表观密度、吸水、抗渗、抗冻、干湿变形以及吸声、绝热等性能密切相关。因此,孔隙率虽然不是工程设计和施工中直接应用的参数,但却是了解和预估材料性能的重要依据。孔隙率是指材料体积内孔隙体积(V_P)占材料总体积(V_0)的百分率。其计算公式为

$$P = \frac{V_P}{V_0} = \frac{V_0 - V}{V_0} \times 100\% = \left(1 - \frac{\rho_0}{\rho}\right) \times 100\% \tag{2-5}$$

孔隙率与密实度的关系为

$$P + D = 1$$

2. 空隙率

空隙率是指散粒材料在某容器的堆积体积,颗粒之间的空隙体积($V_a = V'_0 - V_0$)占堆积体积(V'_0)的百分率,以 P' 表示。其计算公式为

$$P' = \frac{V'_0 - V_0}{V'_0} \times 100\% = \left(1 - \frac{\rho'_0}{\rho}\right) \times 100\% \tag{2-6}$$

3. 填充率

填充率是指散粒材料或粉状材料的堆积体积内被颗粒所填充的程度。其计算公式为

$$D' = \frac{V_0}{V'_0} = \frac{\rho'_0}{\rho} \times 100\% \tag{2-7}$$

(三)与水有关的性质

1. 亲水性与憎水性

当材料与水接触时,能被水润湿的材料具有亲水性,不能被水润湿的材料具有憎水性。土木工程中的多数材料,如骨料、墙体砖与砌块、砂浆、混凝土、木材等属于亲水性材料;多数高分子有机材料,如塑料、沥青、石蜡等属于憎水性材料,适宜作防水材料和防潮材料,还可涂覆在亲水性材料表面,以降低其吸水性。

材料被水湿润的情况可用润湿边角 θ 来表示,如图2-1所示。当材料与水接触时,在材料、水、空气3相的交界点,作沿水滴表面的切线,此切线与材料和水接触面的夹角 θ,称为润湿边角。

θ 角愈小,表明材料愈易被水润湿。

当 $\theta \leqslant 90°$ 时,材料表面吸附水,材料能被水润湿而表现出亲水性,这种材料称亲水性材料。

当 $\theta > 90°$ 时,材料表面不吸附水,这种材料称憎水性材料。

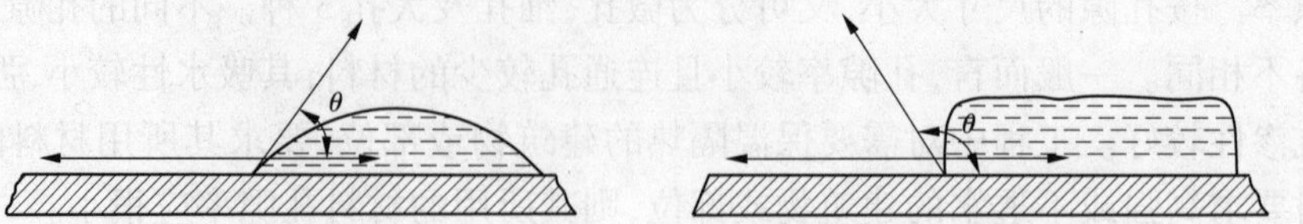

(a)亲水性材料　　　(b)憎水性材料

图 2-1　材料的润湿示意图

当 $\theta = 0°$时，材料完全被水润湿。

上述概念也适用于其他液体对固体的润湿情况，相应称为亲液材料和憎液材料。

2. 吸水性与吸湿性

材料在水中能吸收水分的性质称吸水性。材料的吸水性用吸水率表示，有质量吸水率与体积吸水率两种表示方法。

1) 质量吸水率

质量吸水率是指材料在吸水饱和时，内部所吸水分的质量占材料干燥质量的百分率。其计算公式为

$$W_{质} = \frac{m_{湿} - m_{干}}{m_{干}} \times 100\% \tag{2-8}$$

式中　$W_{质}$——材料的质量吸水率(%)；

$m_{湿}$——材料在吸水饱和状态下的质量，g；

$m_{干}$——材料在干燥状态下的质量，g。

2) 体积吸水率

体积吸水率是指材料在吸水饱和时，内部所吸水分的体积占干燥材料自然体积的百分率。其计算公式为

$$W_{体} = \frac{V_{水}}{V_0} \times 100\% \tag{2-9}$$

式中　$W_{体}$——材料的体积吸水率(%)；

V_0——干燥材料在自然状态下的体积，cm^3；

$V_{水}$——材料吸水饱和时，其内部所吸水分的体积，cm^3。

3) 吸湿性

材料在潮湿空气中吸收水分的性质称为吸湿性。潮湿材料在干燥的空气中也会放出水分，称之为还湿性。材料的吸湿性用含水率表示。含水率是指材料内部所含水的质量占材料干燥质量的百分率。其计算公式为

$$W_{含} = \frac{m_{含} - m_{干}}{m_{干}} \times 100\% \tag{2-10}$$

式中　$W_{含}$——材料的含水率(%)；

$m_{含}$——材料含水时的质量，g；

$m_{干}$——材料干燥至恒重时的质量，g。

3. 耐水性

材料长期在水作用下不被破坏，强度也不显著降低的性质称为耐水性。材料的耐水性用软化系数表示，其计算公式为

$$K_{软} = \frac{f_{饱}}{f_{干}} \tag{2-11}$$

式中　$K_{软}$——材料的软化系数；

$f_{饱}$——材料在饱水状态下的抗压强度，MPa；

$f_{干}$——材料在干燥状态下的抗压强度，MPa。

软化系数大于0.85的材料，通常可认为是耐水材料。

4. 抗渗性

材料抵抗压力水渗透的性质称为抗渗性，或称不透水性。材料的抗渗性通常用渗透系数 K 表示，其物理意义是：一定厚度的材料，在一定水压力下，在单位时间内透过单位面积的水量。其计算公式为

$$K = \frac{Wd}{Ath} \tag{2-12}$$

式中　K——渗透系数，cm/s；

W——透过材料试件的水量，cm^3；

d——试件厚度，cm；

A——渗水面积，cm^2；

t——渗水时间，s；

h——静水压力水头，cm。

K 值愈大，表示材料渗透的水量愈多，即抗渗性愈差。

混凝土的抗渗性用抗渗等级表示。抗渗等级是以规定的试件、在标准试验方法下所能承受的最大静水压力来确定，以符号 P_n 表示，其中 n 为该材料所能承受的最大水压力的10倍的MPa数，如P4、P6、P8、P10、P12等，分别表示材料能承受0.4 MPa、0.6 MPa、0.8 MPa、1.0 MPa、1.2 MPa的水压而不渗水。材料的抗渗性与其孔隙率和孔隙特征有关。

5. 抗冻性

材料在水饱和状态下，能经受多次冻融循环作用而不破坏，也不严重降低强度的性质，称为材料的抗冻性。

材料的抗冻性用抗冻等级表示。抗冻等级是以规定的试件，在规定试验条件下，测得其强度降低不超过25%，且质量损失不超过5%时所能承受的最多循环次数来表示的。

用符号Fn表示，其中 n 即为最大冻融循环次数，如F50、F100、…、F300等。

材料抗冻标号的选择，是根据结构物的种类、使用条件、气候条件等来决定的。

（四）与热工有关的性质

1. 热容量和比热

材料在受热时吸收热量，冷却时放出热量的性质称为材料的热容量。单位质量材料温度升高或降低1 K所吸收或放出的热量称为热容量系数或比热。比热的计算公式为

$$C = \frac{Q}{m(t_2 - t_1)} \tag{2-13}$$

式中　Q——材料吸收或放出的热量，J；

C——材料的比热，J/(g·K)；

m——材料的质量，g；

$t_2 - t_1$——材料受热或冷却前后的温度差,K。

比热与材料质量的乘积,称为材料的热容量值,它表示材料温度升高或降低 1 K 所吸收放出的热量。

2. 导热性

当材料两侧存在温度差时,热量将从温度高的一侧向温度低的一侧传递,直到两侧温度相同。不同质的材料其传导热量的速度不同,叫作导热性,用导热系数 λ 表示。其计算公式为

$$Q = \frac{At(T_2 - T_1)}{d}\lambda \tag{2-14}$$

$$\lambda = \frac{Qd}{At(T_2 - T_1)} \tag{2-15}$$

式中　λ——材料的导热系数,W/(m·K);

Q——材料传导的热量,J;

d——材料的厚度,m;

$T_2 - T_1$——传热材料两面的温度差,K;

A——材料导热面积,m^2;

t——材料传热时间,h。

导热系数是评定材料绝热性能的重要指标。材料的导热系数越小,则材料的绝热性能越好。

导热系数的大小,受材料本身的结构,表观密度,构造特征,环境的温度、湿度及热流方向的影响。一般金属材料的导热系数最大,无机非金属材料次之,有机材料最小。成分相同时,密实性大的材料,导热系数大;孔隙率相同时,具有微孔封闭构造的材料,导热系数偏小。另外,材料处于高温状态要比常温状态的导热系数大;当材料含水后,其导热系数会明显增大。

3. 耐燃性

耐燃性是指材料耐高温燃烧的能力。根据不同的材料,通常用氧指数、燃烧时间、不燃性、加热线收缩等表达。

二、建筑材料的化学性质

(一)酸碱性及碱 - 骨料反应

1. 酸碱性

建筑材料由各种化学成分组成,而且绝大部分是多孔材料,会吸附水分,许多胶凝材料还需要加水拌和才能固结硬化。因此,在实际使用中,与施工材料固相部分共存的水溶液(孔隙液或水溶出液)中就会存在一定的氢离子和氢氧根离子,化学领域里通常用 pH 值表示氢离子的浓度,pH = 7 为中性,pH < 7 为酸性,pH > 7 为碱性。pH 值越小,酸性越强;pH 值越大,则碱性越强。

2. 碱－骨料反应

碱－骨料反应是指硬化混凝土中水泥析出的碱(KOH、NaOH)与骨料(砂、石)中活性成分发生化学反应,从而产生膨胀的一种破坏作用。

检查骨料是否含有较多会引发碱－骨料反应的活性成分,必须按相应标准方法进行碱－骨料反应活性检验,先要对骨料进行岩相分析,明确其属于何种矿物,然后选用不同的快速碱－骨料反应活性检验方法,在《建设用砂》(GB/T 14684)和《建设用卵石、碎石》(GB/T 14685)中已有明确规定。

(二)硫酸盐侵蚀性及钢筋的锈蚀

1. 硫酸盐侵蚀性

硫酸盐侵蚀是因为各种碱的硫酸盐能与已硬化水泥石中的氢氧化钙发生反应,生成硫酸钙,因硫酸钙的水中溶解度低,所以有可能以二水石膏($CaSO_4 \cdot 2H_2O$)晶体的形式析出。即使孔隙液中硫酸根浓度还不足以析出二水石膏,但当已饱和了$Ca(OH)_2$的孔隙液中还含有不少水泥水化时常产生的高铝水化铝酸钙(如C_4AH_{13})时,仍会析出针状的水化硫铝酸钙晶体(钙矾石,$3CaO \cdot Al_2O_3 \cdot 3CaSO_4 \cdot 32H_2O$)。无论是生成二水石膏还是生成钙矾石,都会伴随着晶体体积的明显增大,对已硬化的混凝土,就会在其内部产生可怕的膨胀应力,导致混凝土结构的破坏,轻则使强度下降,重则混凝土分崩离析。

对于水泥砂浆或混凝土的抗硫酸盐侵蚀性能,也有相应的测试方法,即强度法和测长法。以胶砂试件在硫酸盐溶液中浸泡一定时间后发生的强度或长度的变化情况来做出判定,并有相应国家标准。

2. 钢筋锈蚀

钢筋锈蚀是个比较复杂的电化学过程。对浇捣密实的正常混凝土而言,由于碱度高,钢筋会被钝化,即使在浇捣混凝土时钢筋表面有轻微锈蚀,也会被溶解,但随后其表面则因阳极控制而形成稳定相或吸附膜,使之免遭氧气和湿气等介质的侵害,除非混凝土的碱度很低,或混凝土内因骨料、外加剂等含有过多的氯化物,妨碍了钢筋的钝化,或仅仅处于一种很不稳定的钝化状态。

钢筋锈蚀是个恶性循环的过程。一旦锈蚀,其锈蚀产物引起的体积膨胀使混凝土内部承受的巨大拉应力,从而进一步破坏了保护层,又加快了钢筋锈蚀,如此反复加重了对整个钢筋混凝土的破坏。

(三)碳化

碳酸化(简称碳化)是指胶凝材料中的碱性成分(主要是氢氧化钙)与空气中的二氧化碳(CO_2)发生反应,生成碳酸钙($CaCO_3$)的过程。

(四)高分子材料的老化

高分子材料的耐老化性能是指其抵御外界光照、风雨、寒暑等气候条件长期作用的能力。

三、建筑材料的力学性质

(一)强度与比强度

1. 强度

材料在外力(荷载)作用下抵抗破坏的能力称为材料的强度。

根据外力作用形式的不同,材料的强度有抗压强度、抗拉强度、抗弯强度及抗剪强度等,均以材料受外力破坏时单位面积上所承受的力的大小来表示。材料的这些强度是通过静力试验来测定的,故总称为静力强度。材料的静力强度通过标准试件的破坏试验而测得,必须严格按照国家规定的试验方法标准进行。材料的强度是大多数材料划分等级的依据。表2-2列出了材料的抗压强度、抗拉强度、抗剪强度和抗弯强度的计算公式。

表 2-2 材料的抗压强度、抗拉强度、抗剪强度和抗弯强度的计算公式

强度类别	受力作用示意图	强度计算公式	附注
抗压强度(MPa)	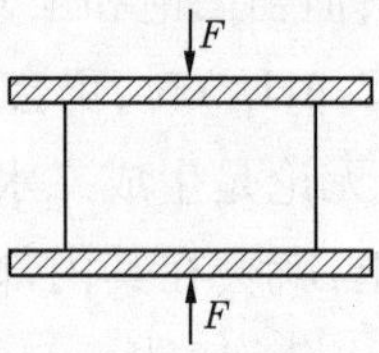	$f_c = \dfrac{F}{A}$	F—破坏荷载,N; A—受荷面积,mm^2; l—跨度,mm; b—断面宽度,mm; h—断面高度,mm
抗拉强度(MPa)		$f_t = \dfrac{F}{A}$	
抗剪强度(MPa)	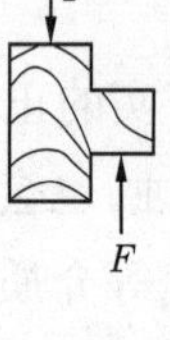	$f_v = \dfrac{F}{A}$	
抗弯强度(MPa)	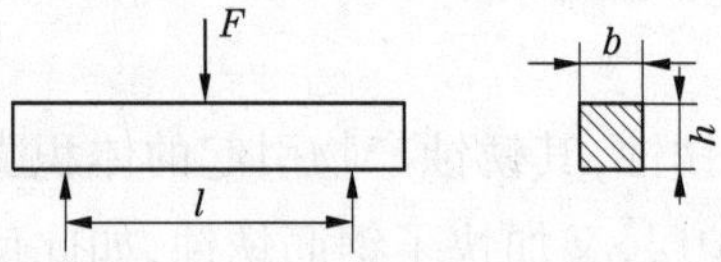	$f_{tm} = \dfrac{3Fl}{2bh^2}$	

2. 材料的等级

大部分建筑材料根据其极限强度的大小,可划分为若干不同的强度等级。如:烧结普通砖按抗压强度分为 5 个等级:MU30、MU25、MU20、MU15、MU10。硅酸盐水泥按抗压和抗折强度分为 4 个等级:32. 5、42. 5、52. 5、62. 5。混凝土按其抗压强度分为 14 个等级:C10、C15、…、C80 等。碳素结构钢按其抗拉强度分为 5 个等级:Q195、Q215、Q235、Q255、Q275。

建筑材料按强度划分为若干个强度等级,对生产者和使用者均有重要的意义,它可使生产者在生产中控制产品质量时有依据,从而确保产品的质量。对使用者而言,则有利于掌握材料的性能指标,便于合理地选用材料,正确地进行设计和控制工程施工质量。

常用建筑材料的强度见表 2-3。

表 2-3 常用建筑材料的强度

材料	抗压强度(MPa)	抗拉强度(MPa)	抗弯强度(MPa)
建筑钢材	210～1 600	215～1 600	215～1 600
普通混凝土	7.5～60	1～4	0.7～9
烧结普通砖	10～30	—	1.8～4
松木(顺纹)	30～50	80～120	60～100
花岗岩	100～300	7～25	10～40
大理石	50～190	7～25	6～20

3. 比强度

比强度是按单位体积质量计算的材料强度指标,其值等于材料的强度与其表观密度的比值。比强度的大小用于衡量材料是否轻质高强,比强度值越大,材料轻质高强的性能越好。这对于建筑物保证强度、减小自重、向空间发展及节约材料有重要的实际意义。几种主要材料的比强度见表 2-4。

表 2-4 钢材、木材和混凝土的比强度

材料	表观密度(kg/m^3)	强度(MPa)	比强度
低碳钢	7 850	420	0.054
普通混凝土(抗压)	2 400	40	0.017
松木(顺纹抗拉)	50	10	0.200
玻璃钢(抗弯)	2 000	450	0.225

(二)弹性和塑性

1. 弹性

材料在外力作用下产生变形,当外力取消后,材料变形即可消失并能完全恢复原来形状的性质,称为弹性。材料的这种当外力取消后瞬间即可完全消失的变形,称为弹性变形。弹性变形属于可逆变形,其数值大小与外力成正比,其比例系数 E 称为材料的弹形模量。材料在弹性变形范围内,弹性模量 E 为常数,其值等于应力 σ 与应变 ε 的比值,即

$$E = \frac{\sigma}{\varepsilon} \tag{2-16}$$

式中 σ ——材料的应力,MPa;

ε ——材料的应变;

E ——材料的弹性模量,MPa。

弹性模量是衡量材料抵抗变形能力的一个指标。E 值愈大,材料愈不易变形,亦即刚度好。弹性模量是结构设计时的重要参数。

2. 塑性

在外力作用下材料产生变形,如果取消外力,仍保持变形后的形状尺寸,并且不产生裂

缝的性质,称为塑性。这种不能恢复的变形称为塑性变形。塑性变形为不可逆变形,是永久变形。

实际上纯弹性变形的材料是没有的,通常一些材料在受力不大时,仅产生弹性变形;受力超过一定极限后,即产生塑性变形。有些材料在受力时,如建筑钢材,当所受外力小于弹性极限时,仅产生弹性变形;而外力大于弹性极限后,则除弹性变形外,还产生塑性变形。有些材料在受力后,弹性变形和塑性变形同时产生,当外力取消后,弹性变形会恢复,而塑性变形不能消失,如混凝土。弹塑性材料的变形曲线如图 2-2 所示,图中 *ba* 为可恢复的弹性变形,*bo* 为不可恢复的塑性变形。

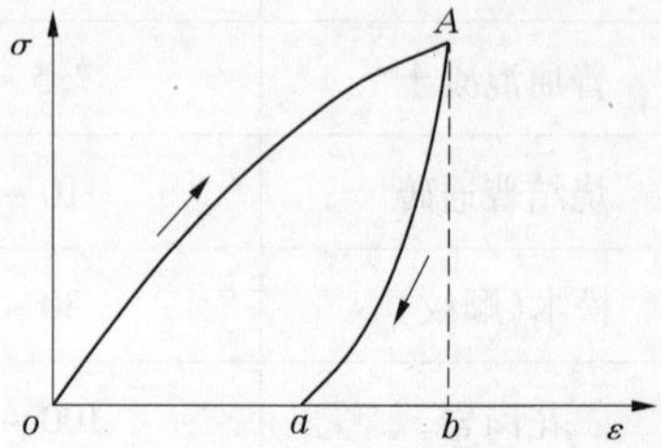

图 2-2　弹塑性材料的变形曲线

（三）脆性与韧性

1. 脆性

材料在外力作用下,当外力达到一定限度后,材料发生突然破坏,且破坏时无明显的塑性变形,这种性质称为脆性。具有这种性质的材料称脆性材料。

脆性材料抵抗冲击荷载或振动荷载作用的能力很差。其抗压强度远大于抗拉强度,可高达数倍甚至数十倍。所以,脆性材料不能承受振动和冲击荷载,也不宜用作受拉构件,只适于用作承压构件。建筑材料中大部分无机非金属材料均为脆性材料,如天然岩石、陶瓷、玻璃、普通混凝土等。

2. 韧性

材料在冲击、动荷载作用下能吸收大量能量并能承受较大的变形而不突然破坏的性质称为韧性。材料韧性用冲击试验来检验,以材料破坏时单位面积吸收的能量作为冲击韧性指标。其计算公式为

$$\alpha_K = \frac{A_K}{A} \tag{2-17}$$

式中　α_K ——材料的冲击韧性指标,J/mm^2;

A_K ——试件破坏时所消耗的功,J;

A——试件受力净截面面积,mm^2。

（四）硬度和耐磨性

1. 硬度

硬度是材料表面能抵抗其他较硬物体压入或刻划的能力。不同材料的硬度测定方法不同,通常采用的有刻划法和压入法两种。刻划法常用于测定天然矿物的硬度。矿物硬度分为 10 级(莫氏硬度),其递增的顺序为:滑石 1;石膏 2;方解石 3;萤石 4;磷灰石 5;正长石 6;石英 7;黄玉 8;刚玉 9;金刚石 10。钢材、木材及混凝土等的硬度常用钢球压入法测定(布氏硬度 HB)。材料的硬度愈大,则其耐磨性愈好,但不易加工。

2. 耐磨性

耐磨性是指材料表面抵抗磨损的能力,可用磨损率(*B*)表示。材料硬度高,材料的耐磨性也好。其计算公式为

$$B=\frac{m_1-m_2}{A} \tag{2-18}$$

式中　B——材料的磨损率,g/cm^2;

m_1、m_2——材料磨损前、后的质量,g;

A——试件受磨损的面积,cm^2。

材料的耐磨性与材料的组成成分、结构、强度、硬度等有关。在水利工程中,对于用作踏步、台阶、地面、路面等的材料,应具有较高的耐磨性。一般来说,强度较高且密实的材料,其硬度较大,耐磨性较好。

四、建筑材料的耐久性

耐久性指材料在长期使用过程中,在环境因素作用下,能保持不变质、不破坏,能长久地保持原有性能的性质。环境因素包括温度变化、湿度变化、冻融循环等物理作用;酸、碱、盐类等有害物质的侵蚀;日光、紫外线等对材料的化学作用;菌类、蛀虫等生物方面的侵害作用。

建筑材料在使用中逐渐变质和衰退直至失效,有其内部因素,也有外部因素。其内部因素有材料本身各种组分和结构的不稳定、各组分热膨胀的不一致,所造成的热应力、内部孔隙、各组分界面上化学生成物的膨胀等;其外部因素有使用中所处的环境和条件,诸如日光暴晒,大气、水、化学介质的侵蚀,温度湿度变化,冻融循环,机械摩擦,荷载的反复作用,虫菌的寄生等。这些内外因素,可归结为机械的、物理的、化学的,以及生物的作用。在实际工程中,这些因素往往同时综合作用于材料,使材料逐渐失效。

(1)物理作用包括材料的干湿变化、温度变化及冻融变化等。

(2)化学作用包括酸、碱、盐等物质的水溶液及气体对材料产生的侵蚀作用,使材料产生质的变化而破坏。

(3)生物作用是昆虫、菌类等对材料所产生的蛀蚀腐朽等破坏作用。

(一)耐久性与长期安全性

谈到建筑物的安全性,人们首先想到的往往是结构物的承载能力,即强度,所以长期以来人们主要依据结构物将要承受的各种荷载,包括静荷载、动荷载进行结果设计。但是不应忽略,结构物是较长时间使用的产品,耐久性是衡量材料以及结构在长期使用条件下的安全性能。尤其对于水工、海洋工程、地下等比较苛刻环境下的结构物,耐久性比强度更为重要。许多工程实际表面,造成结构物破坏的原因是多方面的,仅仅由强度不足引起的破坏事例并不多见,而耐久性不良是引起结构物破坏最主要的原因。例如,1970~1980年在日本海一侧修建了大量的高架道路,由于常年处于海风、海潮侵蚀的环境下,建造后十几年时间桥墩等部位出现了大量的裂缝。可见,耐久性是影响结构物长期安全性的重要性质。

(二)耐久性与经济效益

材料的耐久性与结构物的使用年限直接相关,耐久性好,就可以延长结构物的使用寿命,减少维修费用,收到巨大的经济效益。

在以往的建设工程中,比较注重建造时的初始成本,而容易忽略结构物在整个寿命周期内,包括建造、运行、维修保养以及解体工程在内的总成本。近50年来,世界各国建造了大量的土木、建筑等基础设施,目前大部分已经迎来了老龄时期,每年用于这些建筑物、结构物的维修费用是一笔巨大的开支。据不完全统计,美国从 1978 年起每年用于道路维修的费用高达 63 亿美元,平均每两天就发生一起桥梁事故。造成这些破坏事故的原因多数是混凝土被冻融破坏、钢筋被腐蚀,致使混凝土保护层脱落,以及一些其他综合因素。

我国东北寒冷地区的路面有很严重的剥落现象。有许多大型水电站如丰满、云峰等也遭受严重的冻融破坏,有些防浪堤的混凝土块受海水侵蚀,不到几年时间就被严重破坏。随着现代社会人类开发建设力度加大,结构物所处的环境条件越来越苛刻;同时大型结构物投资巨大,建设周期长,对它的寿命要求越来越长,因此提高材料的耐久性对于结构物的安全性和经济性能均具有重要意义。结构设计不仅要考虑荷载作用下的强度,还要重视耐久性,引入耐久性设计的概念,建立耐久性设计的理论体系和方法,这就需要研究、完善建筑材料的耐久性试验方法和评价指标,为结构物的耐久性设计提供数据。

(三)耐久性试验方法原理

材料在实际环境中的耐久性指标需要经过长期观察或测定才能获得,不可能像强度指标那样由破坏试验直接获得强度值。为了在材料使用之前就能获得其耐久性评价结果,就必须采用强化的环境条件进行快速试验,这样取得的试验结果可能会与实际情况有些差距,因此必须研究材料耐久性试验方法的科学性,以及快速试验结果与长期耐久性能之间的对立关系。

同时,材料的耐久性包括多方面内容,是一个综合性质。对于不同用途的材料、不同的环境条件,所要求的耐久性指标不完全相同。例如,在地下、水中或潮湿环境下,有挡水要求的构件要重点考虑抗渗性、水的侵蚀;处于水位经常变化、温度变化部位的构件或材料要考虑对干湿循环作用和冻融循环的抵抗能力;海洋工程结构物或氯离子含量较高的环境要考虑盐溶液的侵蚀、钢筋锈蚀等因素;工厂、高温车间、城市道路附近的建筑物要考虑碳化、高温以及硫酸盐等侵蚀性介质的危害;沥青路面、塑料等高分子材料要考虑在氧气、紫外线等因素作用下的老化性能等。

总之,耐久性试验包括的内容很多,许多性能指标的试验方法还不成熟,对于试验结果与实际环境中材料耐久性能之间的关系研究还不深入。例如,测定混凝土材料的抗渗性只能在限定的时间内对混凝土试件施加水压力,测定水是否渗透,试验加压时间最长不过十几个小时至几天,如果试件没有透水即定为合格,但是在实际结构物中混凝土需要常年处于压力水的作用之下,长达几十年,混凝土内部存在许多孔隙,透水的可能性是很大的。所以,如何正确地、与工程实际更为接近地评价材料的耐久性还需要做大量工作。

(四)提供材料耐久性的措施

常采取以下 3 个方面的措施来提高材料的耐久性:

(1)提高材料本身对外界破坏作用的抵抗力,如提高材料的密实度,改变孔结构的形式,合理选定原材料的组成等。

(2)减轻环境条件对材料的破坏作用,如对材料进行特殊处理或采取必要的构造措施。

(3)在主体材料表面加保护层,如覆盖贴面、喷涂料等,使主体材料与大气、阳光、雪隔绝,不受到直接侵害。

五、建筑材料的环保性能

（一）建筑材料的性能影响环境质量

20世纪40年代开始，世界人口的急剧增加和经济的飞速发展，带来了土木、建筑业的空前活跃。道路、桥梁、铁路、机场、港湾、城市建筑、通信等基础设施的建设，使得建筑材料在量和质上都达到了历史上的最高水平。到20世纪末，全世界的钢产量大约达到7亿t，水泥产量大约为14亿t，混凝土的年使用量约为90亿t。我国的钢产量为1.01亿t，水泥年产量已达到4.9亿t，均位居世界第一。

建筑材料的大量生产，消耗了自然界中大量的原材料。例如，炼铁要采掘铁矿石，生产水泥要使用石灰石和黏土类原材料，占混凝土体积大约80%的矿石骨料要开山采矿，挖掘河床，严重破坏了自然景观和自然生态。木材取自于森林资源，森林面积的减少加剧了土地的沙漠化。我国现有荒漠化土地面积262.2万km^2，占国土总面积的27.3%。目前每年仍有2 460 km^2的土地沦为沙漠。烧制黏土砖要取土毁掉大片农田，对于人均耕地面积很少的我国不容乐观。

与此同时，材料的生产制造要消耗大量的能量，并产生废气、废渣，对环境构成污染。据统计，钢铁工业每吨钢综合能耗折合标准煤1.66 t，耗水48.6 m^3；每烧制1 t水泥熟料耗标准煤178 kg，同时，放出1 t二氧化碳气体。建筑材料在运输和使用过程中，也要消耗能量，并对环境造成污染和破坏。在建筑施工过程中，由于混凝土的振捣及施工机械的运转产生噪声、粉尘、妨碍交通等现象，对周围环境造成各种不良影响。

建筑材料的性能和质量，直接影响建筑物或结构物的安全性、耐久性、使用功能、舒适性、健康性和美观性。无论是生活、工作还是出门旅行，现代人的生活都离不开各种建筑物，人们每天都在接触建筑材料，对人类生存环境的影响很大。例如，传统的墙体材料多采用实心黏土砖，由于不设保温层，墙体很厚，降低建筑物的面积使用率，浪费了土地资源，增加了建筑物的运输质量和施工量，同时用于控制室内温度的能耗也很大。传统的门窗材料多采用木材，吸水后容易变形，随着季节的变化，会出现门窗关不上或孔隙大等现象，而且木材耐水性差，易被蛀蚀和腐朽，20世纪80年代开发使用的钢窗，容易生锈，保温性和密闭性差。铝合金、不锈钢以及塑钢是较理想的门窗材料，但在我国尚未普遍使用。目前我国用于房屋建筑的防水材料仍不能完全过关，建筑物漏雨、渗水现象仍然存在，影响居住性。路面材料主要采用水泥混凝土和沥青混凝土，开裂、不平、破损现象很多。城市内路面多为不透水性路面，雨天道路积水、车辆及行人行走时容易发生溅水现象。

综上所述，材料是人类与自然之间的媒介，是从事土木建筑活动的物质基础。材料的性能和质量决定了施工水平、结构形式和建筑物的性能，直接影响人类的居住环境、工作环境和景观。人类从自然界中取得的原材料，进行加工制造得到的建筑材料，同时消耗一部分自然界的资源和能源，并产生一定量的废气、废渣和粉尘等对自然环境有害的物质。人类通过设计、使用建筑材料进行施工，得到所需要的建筑物或结构物，服务于人类的生活、生产或社会公共活动。在进行施工的同时，还将产生粉尘、噪声等污染环境。这些人工建造的建筑物、结构物，以及从材料制造到使用过程中所产生的有害物质与被人类干预和改造过的自然环境一起，构成了人类生存的总体环境。可见，开发并应用节省资源、能源的建筑材料，尽量减少生产和使用过程中有害物质的排放量，满足使用功能和健康性要求的建筑材料对改善人类的生存环境，使人工环境与自然环境协调共生，实现建设活动的可持续发展具有重要意义。

（二）材料的放射性

材料的放射性主要来自其中的天然放射性核素，主要以铀（U）、镭（Ra）、钍（Th）、钾（K）为代表，这些天然放射性核素在发生衰变时会放出 α、β 和 γ 等各种射线，对人体会造成严重影响。而材料衰变过程中所释放的 γ 射线等则主要以外部辐射方式对人体造成伤害。

1. 材料的放射性衰变模式及 3 种衰变

放射性衰变的模式有：

（1）α 衰变：放射出 α 射线。

（2）β 衰变：最常见的是放射出 β 射线。

（3）γ 衰变：放射出 γ 射线。

（4）自发裂变和其他一些罕见的衰变模式。

α 射线是氦原子核。携带 2 个电子电量的正电荷。α 射线的穿透能力较低，即使在气体中，它们的射程也只有几厘米。一般情况下，α 射线会被衣物和人体的皮肤阻挡，不会进入人体。因此，α 射线外照射对人体的损害是可以不考虑的。

β 射线是带负电的电子。β 射线的穿透能力较 α 射线要强，在空气中能走几百厘米，可以穿过几毫米的铝片。

γ 射线是波长很短的电磁辐射，也称为光子。γ 射线的穿透能力比 β 射线强得多，对人体会造成极大危害。

2. 内照射指数、外照射指数

放射线从外部照射人体的现象称为外照射。放射性物质进入人体从人体内部照射人体的现象称为内照射。

根据各种放射性核素在自然界的含量、发生的射线类型及射线粒子的能量，真正需要引起人们警惕的放射性物质是铀、镭、钍、氡、钾 5 种。其中，氡是气体，主要带来的是内照射问题。铀的放射线能量较小，危害较小。

3. 建筑材料放射性核素限量

在日常生活中人体会受到微量的放射性核素照射，对人体健康没有影响。但是达到一定的剂量时，就会伤害人体。射线粒子会杀死或杀伤细胞，受伤的细胞有可能发生变异，造成癌变，失去正常功能等，使人生病。

（三）材料中有机物的污染及危害

1. 苯

苯是一种无色、具有特殊芳香气味的油状液体，微溶于水，能与醇、醚、丙酮和二硫化碳等互溶。甲苯和二甲苯都属于苯的同系物，都是煤焦油的分馏产物或石油的裂解产物，其毒性相对较低，但由于甲苯挥发速度较快，而二甲苯溶解力强，挥发速度适中，所以二甲苯是短油醇酸树脂、乙烯树脂、氯化橡胶和聚氨酯树脂的主要溶剂，也是目前涂料工业和黏合剂应用面最广、使用量最大的一种溶剂。

苯属中等毒类，于 1993 年被世界卫生组织（WHO）确定为致癌物。苯对人体健康的影响主要表现在血液毒性、遗传毒性和致癌性 3 个方面。吸入高浓度苯蒸气主要引起中枢神经症状(痉挛和麻酥作用),引起头晕、头痛、恶心。长期吸入低浓度苯,能导致血液和造血机能改变、急性非淋巴白血病及对神经系统影响,严重的将表现为全血细胞减少症、再生障碍性贫血症、骨髓发育异常综合征和雪球减少。此外,苯对皮肤、眼睛和上呼吸道有刺激作用,导致喉头水肿、支气管炎及血小板下降。经常接触苯,皮肤可因脱脂变干燥,严重的出现过敏性湿疹。

甲苯和二甲苯因其挥发性,主要分布在空气中,对眼、鼻、喉等黏膜组织和皮肤等有强烈刺激和损伤,可引起呼吸系统炎症。长期接触,二甲苯可危害人体中枢神经系统中的感觉运动和信息加工过程,对神经系统产生影响,具有兴奋和麻醉作用,导致烦躁、健忘、注意力分歧、反应迟钝、身体协调性下降以及头晕、恶心、呼吸困难和四肢麻木等症状,严重的导致黏膜出血、抽搐和昏迷。女性对苯以及其同系物更为敏感,甲苯和二甲苯对生殖功能也有一定影响。孕期接触苯系物混合物时,会引发妊娠高血压综合征、呕吐及贫血等病征,导致胎儿的畸形、神经系统功能障碍,以及生长发育迟缓等多种先天性缺陷。

2. VOC

VOC 是挥发性有机化合物(volatile organic compounds)的英文缩写,包括碳氢化合物、有机卤化物、有机硫化物等,在阳光作用下与大气中氮氧化物、硫化物发生光化学反应,生成毒性更大的二次污染物,形成光化学烟雾。

据统计,全世界每年排放的大气中的溶剂约 1 000 万 t,其中涂料和胶黏剂释放的挥发性有机化合物是 VOC 的重要来源。

VOC 对人体影响主要有以下 3 种类型:

(1)气味和感官效应。即器官刺激、感觉干燥等。

(2)黏膜刺激和其他系统毒性导致病态。

(3)基因毒性和致癌性。

3. 甲醛

甲醛是无色,具有强烈气味的刺激性气体。气体相对密度 1.067,略重于空气,易溶于水,其 35% ~40% 的水溶液通称为福尔马林。甲醛是一种挥发性有机化合物,污染源很多,污染度也很高,是室内主要污染物。

自然界中的甲醛是甲烷循环中一个中间产物,背景值很低。室内空气中的甲醛主要有两个来源:一是来自室外的工业废气、汽车尾气、光化学烟雾;二是来自建筑材料、装饰物品,以及生活用品等化工产品。甲醛是一种有毒物质,其毒作用一般有刺激、过敏和致癌作用。

(四)环保型建材

所谓环保型建材,即考虑了地球资源与环境的因素,在材料的生产与使用过程中,尽量节省资源和能源,对环境保护和生态平衡具有一定的积极作用,并能为人类构造舒适环境的建筑材料。环保型建材应具有以下特性:

(1)满足结构物的力学性能、使用功能以及耐久性的要求。

(2)对自然环境具有亲和性、符合可持续发展的原则,即节省资源和能源,不产生或不排放污染环境、破坏生态的有害物质,减轻对地球和生态系统的负荷,实现非再生性资源的可循环使用。

(3)能够为人类构筑温馨、舒适、健康、便捷的生存环境。

现代社会经济发达、基础设施建设规模庞大,建筑材料的大量生产和使用虽为人类构筑了丰富多彩、便捷的生活设施，同时也给地球环境和生态平衡造成了不良的影响。为了实现可持续发展的目标，将建筑材料对环境造成的负荷控制在最小限度之内，需要开发研究环保型建筑材料。例如，利用工业废料（粉煤灰、矿渣、煤矸石等）可生产水泥、砌块等材料；利用废弃的泡沫塑料生产保温墙体板材；利用废弃的玻璃生产贴面材料等，既可以减少固体废渣的堆存量，减轻环境污染，又可节省自然界中的原材料，对环保和地球资源的保护具有积极的作用。免烧水泥可以节省水泥生产所消耗的能量。高流态、自密实免震混凝土，在施工工程中不需振捣，既可节省施工能耗，又能减轻施工噪声。

研究能够满足性能要求的建筑材料，使建筑材料的品种不断增多、功能不断完善、性能不断提高。随着社会的发展、科学技术的进步，人们对环境质量的要求将越来越高，对建筑材料的功能与性质也将提出更高的要求，这就要求人类不断地研究开发具有更高性能、同时与环境协调的建筑材料，在满足现代人日益增长的需求的同时，符合可持续发展的原则。

第三节　材料发展趋势

建筑材料是随着社会生产力的发展而发展的。中国早期生产的建筑材料，如公元前7世纪万里长城大量使用砖石材料，战国时期人类学会用黏土烧制砖瓦，用岩石烧制石灰、石膏，广泛使用筒瓦、板瓦、大块空心砖和墙壁装修用砖等。公元前2世纪在欧洲已采用天然火山灰、石灰、碎石拌制天然混凝土。18～19世纪欧洲工业革命带来了水泥、钢材、玻璃的相继发明，自1824年英国人发明了水泥以来，建筑材料的生产和应用发展空前迅速，1850年法国人制造了第一艘钢筋混凝土小船，1962年瑞士建成了第一座重力坝，1872年在纽约出现了第一座钢筋混凝土房屋，随后建造了高层建筑和桥梁。到了20～21世纪，化学建材蓬勃发展，以高分子材料、复合材料为代表，建筑材料在性能、质量、品种上得到了快速发展。

随着人类的进步和社会的发展，更有效地利用有限的资源，全面改善及迅速扩大人类工作条件与生存空间势在必行，未来的建设工程必须在各种苛刻的环境条件下，实现多功能化，甚至智能化，以满足越来越高的安全、舒适、美观、耐久的要求。建筑材料在原材料、生产工艺、性能及产品形式诸方面均将面临可持续发展和人类文明进步的严峻挑战，其发展趋势有以下几方面。

一、高性能化发展

人们对各种建筑物性能的要求不断提高，技术性能的要求越来越高，建筑材料各种物理化学性能指标的要求也越来越高，从而表现为未来建筑材料的发展具有多功能和高性能的特点。高性能建筑材料是指比现有材料的性能更为优异的建筑材料，具体来说就是材料向着轻质、高强、高耐久性、多功能性的方向发展。应用较多的有：

（1）高性能混凝土，通过在混凝土中掺加化学外加剂和矿物超细粉使普通混凝土高性能化而获得高工作性、高强度和高耐久性。

（2）网模混凝土，既有木结构的灵活性，又有混凝土结构的高强性和耐久性，便于运输、组装方便、施工速度快，并能有效地减轻建筑物负荷，增大使用面积。

（3）加气混凝土砌块，材料来源广泛、材质稳定、强度较高、造价较低，而且保温、隔热、隔音、耐火性能好。

(4)EPS 砌块,构造灵活、结构牢固、施工快捷方便,综合造价低,可浇筑混凝土,形成隐形梁柱框架结构。

二、工业生产化发展

所谓工业生产化,是以现代化的制造、运输、安装和科学管理的大工业的生产方式,来代替传统工业中分散的、低水平的、低效率的手工业生产方式,实现设计标准化、生产机械化和组织管理科学化。鉴于建筑材料的用量巨大,为满足工程结构性能和施工技术的要求,材料生产也向着工业化的方向发展。主要体现在以下几点:

(1)水泥混凝土等结构性能向着预制化和商品化的方向发展。

(2)材料向着半成品或成品的方向延伸。

(3)材料的加工、储存、使用、运输及其他施工技术的机械化、自动化水平不断提高,劳动强度逐渐下降。

三、绿色化发展

绿色建筑材料又称为生态建筑材料或健康建筑材料,充分利用地方材料,尽量减少天然资源,大量使用工业废料,采用低能耗制造工艺和不污染环境的生产技术,产品配制和生产过程中不使用有害和有毒物质。产品设计以改善生活环境、提高生活质量为宗旨,产品可循环利用,且使用过程无有毒、有害物质释放,既满足可持续发展的需要,又实现发展与环保的统一,不损害后人利益。工艺方面大力引进现代技术,改造和淘汰陈旧设备,降低原材料及能源消耗,减少环境污染。目前正在开发和已经开发的绿色建材主要有以下几种:

(1)利用废渣类物质为原料,生产砖、砌块、板材及胶凝材料等,其优点是节能利废,例如利用工业废料(粉煤灰、矿渣、煤矸石等)可生产水泥、砌块等材料,利用废弃的泡沫塑料生产保温墙体板材。

(2)利用化学石膏为原料,用工业废石膏代替天然石膏,采用先进的生产工艺和技术生产建筑材料,这些材料具有石膏的许多优良性能,并且避免了化工废石膏对环境的危害。

(3)利用废弃的有机物,以废塑料、废橡胶及废沥青等生产多种工程材料,如防水材料、保温材料、道路工程材料等,这些材料消除了有机物对环境的污染,还节约了石油等资源。

(4)利用各种代木材料,用其他废料制造的代木材料在生产使用中不会危害人体健康,利用高新技术使其成本和能耗降低,是未来绿色建材的主要发展方向。

(5)利用来源广泛的地方材料,不同地区有来源丰富、不同种类的地方材料,根据不同地方材料的性质和特点,利用高科技生产出低成本健康建材,如人造石材、水性涂料等。

四、智能化发展

智能材料,是指能够使结构对环境及内部状态的变化具备自感知、自适应、自修复功能的新材料系统。智能材料是继天然材料、合成高分子材料、人工设计材料之后的第四代材料,将支撑未来高技术的发展,实现结构功能化、功能多样化,智能材料的研制和应用将带来材料科学发展的重大革命。

通常而言,智能材料由基体材料、敏感材料、驱动材料和信息处理器四部分构成,一般材料功能较单一,难以满足上述要求,通常采用 2 种或 2 种以上的材料复合来构成一个智能材料系统。

智能材料的基本结构特征，主要表现在其拥有不同寻常的功能和能力。功能包括：①传感功能，即感知自身所处的环境条件的变化；②反馈功能，即对比系统输入信息与输出信息，并将结果反馈给控制系统；③信息识别与积累功能，即识别并积累来自传感网络的信息；④响应功能，即根据变化适时做出反应并采取行动。能力包括：①自诊断能力，即对系统自身的故障等问题的诊断和校正；②自修复能力，即通过再生机制，修复损坏部分；③自调节能力，即调节自身结构功能，改变自身状态行为，以适应外界环境的变化。

目前在建设工程中应用的智能材料有以下几种：

(1)光导纤维。将光导纤维植入混凝土结构中，实现混凝土的温度及温度应力监测，混凝土结构裂缝监测与诊断，混凝土结构强度与变形监测，混凝土机构配合的钢索、锚索及预应力锚索应力和变形监测等应用。

(2)形状记忆合金。将记忆材料安置在工程结构中，当结构出现变形、裂缝、损伤以及外界动荷载影响时，大部分的能量可被记忆合金材料消耗掉，极大地提高结构的稳定性。

(3)压磁材料。工程领域中压磁材料主要包括磁流变材料和磁致伸缩职能材料等。

(4)碳纤维混凝土材料。在混凝土中掺加一定比例的碳纤维，可赋予混凝土材料以驱动功能和本征自感应。

(5)压电材料。可用作传感元件，通过压电元件的变化来判断元件所在位置的结构变形量。

总而言之，智能材料因其带来的巨大社会效益而有着广阔的应用前景。与高投入、高能耗、高污染、高资源消耗的工业材料道路相反，智能材料既不浪费资源又能保护环境。符合可持续发展的宗旨，是工程材料未来的发展方向。智能材料的发展必将推动材料学、物理学、化学、力学、电子学、人工智能、信息技术、计算机技术、生物技术、加工技术及控制论等许多前沿科学及高技术的共同进步，是绿色协调可持续发展的重要推动力量。

第三章　材料计划管理

第一节　概　述

材料管理确定了一定时期内材料工作的目标，材料计划就是为了实现工作目标所做的具体部署和安排，是对施工企业所需材料的质量、品种、规格以及数量等在时间和空间上做出的统筹安排。材料计划是企业材料部门的行动纲领，对组织材料资源和供应、满足施工生产需要、提高企业经济效益，具有十分重要的作用。

材料计划管理是指运用计划来组织、指导、监督、调节材料的采购、供应、储备以及使用等一系列经济活动的管理工作。

一、材料计划分类

材料计划按用途分为材料需用计划、材料申请计划、材料供应计划、材料采购计划、材料加工订货计划及临时追加材料计划。具体内容见表 3-1。

表 3-1　材料计划的分类

序号	类型	内容
1	材料需用计划	一般由最终使用材料的施工项目编制，是材料计划中最基本的计划，是编制其他计划的基本依据。材料需用计划应根据不同的使用方向，分单位工程，结合材料消耗定额，逐项计算需用材料的品种、规格、质量、数量，最终汇总成实际需用数量
2	材料申请计划	根据需用计划，经过项目或部门内部平衡后，分别向有关供应部门提出的材料申请计划
3	材料供应计划	负责材料供应的部门，为完成材料供应任务，组织供需衔接的实施计划。除包括供应材料的品种、规格、质量、数量、使用项目外，还应包括供应时间
4	材料加工订货计划	项目或供应部门为获得材料或产品资源而编制的计划。计划中应包括所需材料或产品的名称、规格、型号、质量及技术要求和交货时间等，其中若属非定型产品，应附有加工图纸、技术资料或提供样品
5	材料采购计划	企业为从材料市场采购材料而编制的计划。计划中应包括材料品种、规格、数量、质量、预计采购商名称及需用资金
6	临时追加材料计划	由于设计修改或设计变更，原计划品种、规格、数量的错漏，施工中采取临时技术措施，机械设备发生故障需及时修复等因素，需要采取临时措施解决的材料计划。列入临时追加材料计划的一般是急用错漏，要重点供应。如费用超支和材料超用，应查明原因，分清责任，由责任方承担经济损失

各种材料计划之间的关系如图3-1所示。

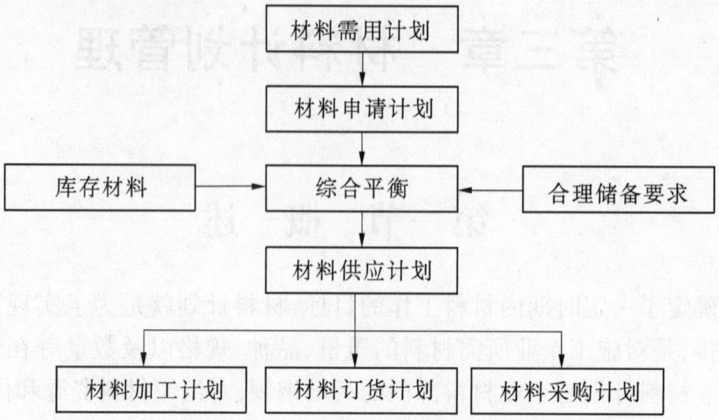

图3-1 各种材料计划之间的关系

二、材料计划管理任务

（一）为实现施工企业经济目标做好物资准备

施工企业的经营发展，需要材料部门提供物资保证。材料部门必须适应施工企业发展的规模、速度和要求，只有这样才能保证施工企业经营顺利进行。为此，材料部门应做到经济采购，降低消耗，加速周转，以最少的资金获得最优的经济效果。

（二）做好平衡协调工作

材料计划的平衡是施工生产各部门协调工作的基础。材料部门一方面应掌握施工任务，核实需用情况；另一方面要查清内外资源，了解供需状况，掌握市场信息，确定周转储备，搞好材料品种、规格及项目的平衡配套，保证生产顺利进行。

（三）采取措施，促进材料的合理使用

水利水电工程施工露天作业，操作条件差，浪费材料的问题长期存在，因此必须加强材料的计划管理。通过计划指标、消耗定额，控制材料使用，并采取一定的手段，如检查、考核、承包等，提高材料的使用效益，从而提高供应水平。

（四）建立健全材料计划管理制度

材料计划的有效作用是建立在材料计划的高质量的基础上的。建立科学的、连续的、稳定的和严肃的计划指标体系，是保证计划制度良好运行的基础。健全材料计划流转程序和制度，才可以保证施工正常进行。

第二节 材料消耗定额

材料消耗定额是指在一定的生产技术条件下，完成单位产品或单位工作量必须消耗材料的数量标准。

材料消耗定额是企业材料利用程度的考核依据，是企业经营核算的重要计划指标。因此，材料消耗定额是否先进合理，不仅反映了生产技术水平，同时也反映了生产组织管理水平。材料消耗定额不是固定不变的，它反映了一定时期内的材料消耗水平，所以材料消耗定额在一定时期内要保持相对稳定。随着技术的进步、工艺的改革、组织管理水平的提高，需要修订材料的消耗定额。

材料消耗定额作为一个计划指标，具有严肃性和指令性，企业必须严格执行。材料员应熟悉和掌握材料消耗定额，并在材料管理中应用。

一、材料消耗定额的分类

材料消耗定额按用途可分为材料消耗概（预）算定额、材料消耗施工定额及材料消耗估算指标，按材料类别可分为主要材料（结构件）消耗定额、周转材料（低值易耗品）消耗定额及辅助材料消耗定额。具体内容见表3-2。

表3-2　材料消耗定额的分类

序号	分类依据	类型	内容
1	按用途分类	材料消耗概（预）算定额	由各省市建设主管部门，在一定时期执行的标准设计或典型设计，按照水利建筑安装工程施工验收规范、质量评定标准及安全操作规程，结合当地社会劳动消耗的平均水平与合理的施工组织设计和施工条件进行编制。 材料消耗概（预）算定额是编制工程施工图预算的法定依据，是进行工程结算、计算工程造价的依据，是计取各项费用的基本标准
		材料消耗施工定额	由施工企业自行编制。它是结合本企业在目前条件下有可能达到的水平而确定的材料消耗标准。它反映了企业管理水平、工艺水平及技术水平。材料消耗施工定额是材料消耗定额中最细的定额，具体反映了每个部位（分项）工程中每一操作项目所需材料的品种、规格及数量。 材料消耗施工定额是建设项目施工中编制材料需用计划与组织定额供料的依据，是企业内部实行经济核算和进行经济活动分析的基础，也是企业内部考核的依据
		材料消耗估算指标	在材料消耗概（预）算定额的基础上，用扩大的结构项目形式来表示的一种定额。一般它是在施工技术资料不全，且有较多不确定因素的条件下，用来估算某项工程或某类工程所需主要材料的数量。 材料消耗估算指标的构成内容较粗，不能用于指导施工生产，而主要应用于审核材料计划、考核材料消耗水平，是编制初步概算、控制经济指标、编制年度材料计划和备料、匡算主要材料需用量的依据

续表 3-2

序号	分类依据	类型	内容
2	按材料类别分类	主要材料(结构件)消耗定额	主要材料(结构件)即为直接用于工程上构成工程实体的各项材料。这些材料一般为一次性消耗。其费用占材料费用较大的比重。主要材料消耗定额按品种进行确定,它由构成工程实体的净用量与合理损耗量组成,即 主要材料消耗定额 = 净用量 + 合理损耗量
		周转材料(低值易耗品)消耗定额	周转材料(低值易耗品)即在施工过程中可以多次周转使用,又基本上保持原有形态的工具性材料。周转材料经过多次使用,每次使用都会有一定的损耗,直至其失去使用价值。周转材料消耗定额与周转材料需用数量及该周转材料周转次数有关,即 $\text{周转材料消耗定额} = \dfrac{\text{周转材料需用数量}}{\text{该周转材料周转次数}}$
		辅助材料消耗定额	辅助材料不直接构成工程的实体,用量较少,但品种多且复杂,常通过主要材料间接确定,在预算定额中一般不列出品种,只列出其他材料费。辅助材料中的不同材料有不同特点,因此辅助材料消耗定额可按单位工程量计算出辅助材料货币量消耗定额;也可按完成建筑安装工程量来计算出辅助材料货币量消耗定额;还可按操作工人每日消耗辅助材料数量来计算辅助材料货币量消耗定额

二、材料消耗定额的作用

(一)编制材料计划的基础

编制材料计划,应清楚工程所需各种材料的数量,才能有的放矢地开展工作。施工生产中所需材料的数量,是根据实物工程量和材料消耗定额计算出来的。离开了材料消耗定额,材料计划也就失去了标准和依据。

(二)控制材料消耗的依据

为了控制材料消耗,施工企业普遍实行限额用料制度。各种材料的用料限额,由材料消耗定额确定。材料消耗定额是在工程实践的基础上,采用数理统计分析等科学方法,经过多次测算制定,代表了企业材料消耗的平均水平。可以保证在合理的消耗范围内用料。

(三)推行经济责任制的重要条件

实行经济责任制的重要内容之一。依据材料消耗定额计算工程材料需用量,作为材料消耗的标准,根据承包者耗用材料的节超情况,分别奖励或惩罚。

(四)加强经济核算的基础

材料核算是施工企业经济核算的主要内容之一。材料核算中必须以材料消耗定额作为标准,分析工程施工实际材料耗用水平、材料成本的节约或超支情况,找到降低材料成本的途径。

(五)提高经营管理水平的重要手段

材料消耗定额是施工企业经营管理的基础工作之一。通过材料消耗定额的管理,促使企业有关部门研究物资管理工作,改善施工组织方法,改善操作技术,提高企业的经营管理水平。

三、材料消耗定额的编制

(一)材料消耗定额的构成

1. 材料消耗的构成

1)有效消耗

有效消耗是指直接构成工程实体的材料净用量,是材料消耗中的主要内容。

2)施工损耗

由于工艺原因,在施工准备过程中发生的损耗称为施工损耗,也称为工艺损耗,包括操作损耗、余料损耗及废品损耗。施工损耗的特点是在施工过程中不可避免地要发生,但随着技术水平的提高,可降到最低程度。

3)管理损耗

管理损耗也称非工艺损耗,如在运输、储存、保管方面发生的材料损耗,供应条件不符合要求而产生的损耗,其他管理不善造成的损耗等。管理损耗的特点是很难完全避免,损耗量的大小与生产技术水平及组织管理水平密切相关。

2. 材料消耗定额的构成

材料消耗定额的实质就是材料消耗量的限额,一般由有效消耗和合理损耗组成。材料消耗定额的有效消耗部分是固定的,所不同的只是合理损耗部分。

材料消耗施工定额的构成:

$$材料消耗施工定额 = 有效消耗 + 合理的施工损耗 \quad (3\text{-}1)$$

材料消耗施工定额主要用于企业内部施工现场的材料耗用管理,一般不包括管理损耗。随着材料使用单位(工程承包单位)承包范围的扩大,材料消耗施工定额则应包含相应的管理损耗。

材料消耗概(预)算定额的构成:

$$材料消耗概(预)算定额 = 有效消耗 + 合理的施工损耗 + 合理的管理损耗 \quad (3\text{-}2)$$

材料消耗概(预)算定额是行业的平均消耗标准,反映施工企业完成施工生产全过程的材料消耗平均水平。施工生产的全过程涉及各项管理活动,材料消耗概(预)算定额不仅应包括有效消耗与施工损耗,还应包括管理损耗。

(二)材料消耗定额的制定方法

材料消耗定额的制定方法见表3-3。

表 3-3　材料消耗定额的制定方法

序号	类别	内容
1	技术分析法	指根据施工图纸、施工规范、施工工艺、设备要求及有关配合比等资料，采用一定的科学方法，计算出材料净用量与合理损耗的方法。用这种方法制定的定额，技术依据充分，比较准确，但工作量较大。适用于容易用体积或面积计算的块状或片状材料，如钢材、木材、砖等
2	标准试验法	指在实验室内，用标准仪器，在标准条件下测定材料消耗定额的方法。此方法适用于砂浆、混凝土等复合材料消耗量的测定
3	统计分析法	指按某分项工程实际材料消耗量与完成的实物工程量统计的数量，来求出平均消耗量。在此基础上，根据计划期与原统计期的不同因素做相应调整后，再确定材料消耗定额
4	经验估算法	根据有关制定定额的业务人员、操作者、技术人员的经验或已有资料，通过估算制定材料消耗定额的方法。估算法的优点是实践性强、简便易行、制定迅速；缺点是只有估算，没有精确计算，由于受到制定者的主观影响，估计结果因人而异，准确度较差。通常用于急需临时估算，或无统计资料或虽有消耗量但不易计算的情况。这种方法也称为“估工估料”，运用仍较普遍
5	现场测定法	指有经验的施工人员、技术工人及业务人员，在现场实际操作过程中对完成单一产品的材料消耗做实地观察和测定及写实记录，用于制定定额的方法。优点是目睹现实、真实可靠、容易发现问题，有利于消除一部分消耗不合理的浪费因素，提供可靠的数据与资料。但工作量大，在具体施工操作中实测较难，还不可避免地会受到工艺技术条件、施工环境因素及参测人员水平等因素的限制

第三节　材料计划编制

编制材料计划应遵循综合平衡、实事求是、留有余地、严肃性和灵活性统一的原则。

一、材料计划的编制准备

材料计划的编制主要应做的准备见表 3-4。

表 3-4　材料计划的编制准备

序号	项目	准备内容
1	施工任务及设备、材料情况	收集并核实施工生产任务、施工设备制造、施工机械制造、技术革新等情况。核实项目材料需用量，掌握现场交通地理条件，材料堆放位置
2	弄清材料家底、核实库存	编制材料计划需要一段时间，尤其是编制年度材料计划，需要的时间更长。编制材料计划时，不但要核实当时的材料库存，分析库存升降原因，而且要预测本期末库存

续表 3-4

序号	项目	准备内容
3	收集和整理材料	收集和整理分析有关材料消耗的原始统计资料，除材料消耗外，还包括工具及周转材料消耗情况资料等，并调整各种消耗定额的执行情况，确定计划期内各类材料的消耗定额水平
4	分析上期材料供应计划执行情况	通过供应计划执行情况与消耗统计资料，分析供应与消耗动态，检查分析订货合同执行情况及到货规律等，来确定本期供应间隔天数与供应进度。分析库存多余或不足来确定计划期末周转储备量
5	了解市场信息资料	市场资源是目前施工企业解决需用材料的主要渠道，编制材料计划时，必须了解市场资源情况、市场供需平衡状况

二、材料计划的编制步骤

编制材料计划应遵循以下步骤：

(1)各建设项目及生产部门按照材料使用方向做工程用料分析，根据计划期内完成的生产任务量及下一步生产中需要提前加工准备的材料数量，编制材料需用计划。材料需用计划编制程序如图 3-2 所示。

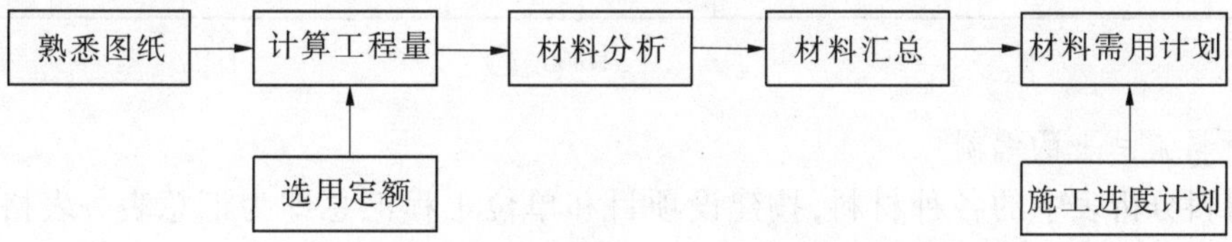

图 3-2　材料需用计划编制程序

(2)根据项目或生产部门现有材料库存情况，结合材料需用计划，并适当考虑计划期末周转储备量，按照采购供应的分工，编制项目材料申请计划，分报各供应部门。

(3)负责某项材料供应的部门，汇总各项目生产部门提报的申请计划，结合供应部门现有资源，全面考虑企业周转储备，进行综合平衡，确定对各项目及生产部门的供应品种、规格、数量及时间，并具体落实供应措施，编制供应计划。

(4)按照供应计划所确定的措施，如加工订货、采购等，分别编制措施落实计划，即加工订货计划和采购计划，确保供应计划的实现。

三、材料计划的编制过程

(一)计算需用量

确定材料需用量是编制材料计划的重要环节，是搞好材料平衡、解决供求矛盾的关键。因此，在确定材料需用量时，不仅要坚持实事求是的原则，力求全面准确地确定需用量，还要注意运用正确的方法。材料需用量计算方法主要有直接计算法和间接计算法两种。

1. 直接计算法(定额计算法)

直接计算法是以单位工程为对象进行编制。在施工图纸到达并经过会审后，按施工图计算分部工程、单元工程实物工程量，结合施工方案与措施，套用相应的材料消耗定额编制材料分析表。按分部汇总，编制单位工程材料汇总表，再按施工进度计划确定各计划期的需用量。直接计算法的计算公式为

$$某种材料计划需用量 = 施工实物工程量 \times 某种材料消耗定额 \tag{3-3}$$

材料消耗定额根据使用对象选定。施工定额直接应用于施工管理，预算定额应用于编制估算表、确定工程造价的依据。

1）材料分析表的编制

根据计算出的工程量，套用材料消耗定额分析出各分部工程的材料用量及规格。材料分析表如表3-5所示。

表3-5 材料分析表

分部工程名称：

编制单位： 编制日期：

序号	单元工程名称	工程量		材料名称、规格、数量					
		单位	数量						

审核： 编制：

2）材料汇总表的编制

将材料分析表中的各种材料，按建设项目和单位工程汇总即为汇总表。表格形式如表3-6所示。

表3-6 材料汇总表

工程名称：

编制单位： 编制日期：

序号	建设项目	单位工程	材料汇总				
			水泥(P.O)		钢筋	块石	…
			52.5	42.5	Φ8		

审核： 编制：

3）材料需用量计划表的编制

将材料汇总表中各项目材料，按进度计划的要求分摊到各使用期即为需用量计划表。表格形式如表3-7所示。

表 3-7　材料需用量计划表

工程名称：

序号	项目名称	材料计划				各期用量			
		名称	规格	单位	数量	第 1 期	第 2 期	第 3 期	…
	××工程								
	××工程								

审核：　　　　　　　　　　　　　　编制：

2. 间接计算法

当工程任务落实，但设计还未完成，技术资料不全，不具备直接计算的条件时，为了事前做好备料工作，可采取运用一定的比例、系数和经验来估算材料需用量的间接计算方法，分别计算材料用量，编制材料需用量计划，以作为备料依据。

间接计算法的计算结果往往不够准确，在执行中要加强检查分析。在施工图到达之后，要立即用直接计算法核算材料实际的需用量，并进行调整。

间接计算法分为万元比例法、动态分析法、类比分析法及经验统计法。

（1）万元比例法。指根据工程建设投资总额和每万元投资额平均消耗材料来计算需用量的方法。这种方法主要在综合部分中使用。其计算公式为

$$材料计划需用量 = 某项工程总投资额(万元) \times 万元消耗材料数量 \qquad (3\text{-}4)$$

（2）动态分析法。动态分析法是利用材料消耗的统计资料，分析变化规律，根据计划任务量估算材料计划需用量的方法。多数预测方法都可用于动态分析法。在实际工作中，常按简单的比例法推算。其计算公式为

$$某种材料计划需用量 = \frac{计划期任务量}{上期完成任务量} \times 上期该种材料消耗量 \times 调整系数 \qquad (3\text{-}5)$$

式中，任务量可以采用价值指标表示，也可以采用实物指标表示。

（3）类比分析法。对于既无消耗定额，又无历史统计资料的工程，可用类似工程的消耗定额进行推算，即用类似工程的消耗定额间接推算。其计算公式为

$$某种材料计划需用量 = 计划工程量 \times 类似工程该材料消耗定额 \times 调整系数 \qquad (3\text{-}6)$$

（4）经验统计法。指凭借工作经验和调查资料，经过简单计算来确定材料需用量的一种方法。经验统计法常用于确定维修、各种辅助材料及不便制定消耗定额的材料的需用量。

（二）确定实际需用量，编制材料需用计划

根据计算的材料需用量，进一步核算材料的实际需用量。核算的依据如下：

（1）通用性材料，在工程初期阶段，考虑到可能出现的施工进度超额因素，通常稍加大储备，其实际需用量就稍大于计划需用量。

（2）在工程竣工阶段，由于考虑到“工完料清场地净”，防止工程竣工材料积压，通常是利用库存控制进料，这样实际需用量要稍小于计划需用量。

（3）有些特殊材料，为保证工程质量，通常要求一批进料，在申请采购中常为一次购进，这样实际需用量就大于计划需用量。

实际需用量采用以下方法计算：

$$实际需用量 = 计划需用量 \pm 调整因素量 \quad (3\text{-}7)$$

(三)编制材料申请计划

需要上级供应的材料，应编制材料申请计划。它是企业向上取得计划分配材料的手段，是材料分配部门进行材料计划分配的主要依据，也是项目向企业获得材料的手段。申请量的计算公式为：

$$材料计划申请量 = 计划期需用量 + 计划期末储备量 - 期初库存量 \quad (3\text{-}8)$$

(四)编制材料供应计划

材料供应计划是材料计划的实施计划，材料供应部门根据用料单位提报的申请计划及各种资源渠道的供货情况、储备情况，使总需用量与总供应量保持平衡，并在此基础上编制各用料单位或项目的供应计划，并明确供应措施，如利用库存、市场采购、加工订货等。

材料供应计划的编制步骤见表3-8。

表3-8 材料供应计划的编制步骤

序号	编制步骤	说明
1	编制准备	(1)认真核实汇总各项目材料申请量； (2)了解编制计划所需的技术资料是否齐全； (3)定额采用是否合理； (4)材料需用时间、到货时间与施工进度安排是否相符合，规格能否配套等
2	预计供应部门现有库存量	因计划编制较早，从编制计划时间到计划期初的这段预计期内，材料仍会不断收入与发出，所以预计计划期初库存十分重要。一般计算方法为 期初预计库存量=编制计划时的实际库存+预计计划收入量-预计计划发出量
3	确定期末周转储备量	根据生产安排和材料供应周期来计算计划期末周转储备量。合理地确定材料周转储备量(计划期末的材料周转储备)，是为下一期期初考虑的材料储备的。要根据供求情况的变化与市场信息等，合理计算间隔天数，来求得合理的储备量
4	确定材料供应量	材料供应量=材料申请量-期初库存资源量+计划期末周转储备量
5	确定供应措施	根据材料供应量和可能获得资源的渠道，确定供应措施，如申请、订货、采购、建设单位供料、加工等，并与资金保持平衡，以利于计划的实现

(五)编制加工订货、采购计划

材料采购计划是材料供应计划中，为向市场采购而编制的计划，是材料采购人员据以向生产厂家、材料生产企业或材料供销机构直接采购的依据。材料供应计划所列各种材料，需按订购方式分别编制加工订货计划和采购计划。

1. 材料加工订货计划的编制

凡需与供货单位签订加工订货合同的材料，都应编制加工订货计划。

加工订货计划的具体形式是订货明细表，它由供货单位根据材料的特性确定，计划内容主要有材料名称、规格、型号、技术要求、质量标准、数量、交货时间、供货方式、到货地点及收货单位的地址、账号等,有时还包括必要的技术图纸或说明资料。有的供货单位以供货合同代替订货明细表。

2. 材料采购计划的编制

凡可在市场直接采购的材料,均应编制采购计划,以指导采购工作的进行。材料采购计划应根据项目立项报告、工程合同、设计文件、项目管理实施规划和采购管理制度进行编制,采购计划应包括下列内容:

(1)采购工作范围、内容及管理标准。

(2)采购信息,包括产品或服务的数量、技术标准和质量规范。

(3)检验方式和标准。

(4)供方资质审查要求。

(5)采购控制目标及措施。

采购计划应经过相关部门审核,并经授权人批准后实施。必要时,采购计划应按规定进行变更。

四、材料计划编制实例

(一)材料需用计划编制实例

【例3-1】 已知:某工程某月完成基础工程部分工程量,其中M5混合砂浆砌砖200 m^3,C10碎石混凝土垫层100 m^3。要求进行材料用量分析。

解:各种材料需用量计算如下:

第一步:查砖砌、混凝土相对应的材料消耗定额得到:

每立方米砌砖用标准砖512块,砂浆0.26 m^3;

每立方米混凝土的用量1.01 m^3。

第二步:计算混凝土、砂浆及砖需用量:

砌砖工程:标准砖512块/m^3 ×200 m^3 =102 400块;

砂浆:0.26 m^3/m^3 ×200 m^3 =52 m^3;

混凝土垫层工程混凝土量:1.01 m^3/m^3 ×100 m^3 =101 m^3。

第三步:查砂浆、混凝土配合比表得:

每立方米M5砂浆用水泥320 kg,白灰0.06 kg,砂1 599 kg;

每立方米C10混凝土用水泥198 kg,砂777 kg,碎石1 360 kg。

则砌砖砂浆中各种材料需用量为

水泥:320 kg/m^3 ×52 m^3 =16 640 kg

白灰:0.06 kg/m^3 ×52 m^3 =3.12 kg

砂:1 599 kg/m^3 ×52 m^3 =83 148 kg

混凝土垫层中各种材料需用量为:

水泥:198 kg/m^3 ×101 m^3 =19 998 kg

砂:777 kg/m^3 ×101 m^3 =78 477 kg

碎石:1 360 kg/m^3 ×101 m^3 =137 360 kg

本项目材料分析表如表3-9所示。

表 3-9　材料分析表

工程名称：

分部工程：基础工程

序号	单元工程名称	工程量		材料名称、规格、数量				
		单位	数量	42.5 级水泥（kg）	砂子（kg）	白灰（kg）	砖（块）	碎石（kg）
1	M5 混合砂浆砌砖	m^3	200	16 640	83 148	3.12	102 400	—
2	C10 碎石混凝土垫层	m^3	100	19 998	78 477	—	—	137 360
	小计			36 638	161 625	3.12	102 400	137 360

【例 3-2】 某河道南岸边滩综合整治工程位于××市，紧临长江黄金水道。主要工程建设项目包括新建围堤填筑及围堤护坡护岸等。

该工程主要工程量见表 3-10。要求进行材料需用计划编制。

表 3-10　主要工程量

编号	工程项目		单位	数量
1	围堤堤身填筑	袋装砂	m^3	518 809
		堤身砂	m^3	701 304
2	内护坡	草皮护坡	m^3	35 658
		种植土	m^3	7 000
3	外江侧护岸	灌砌块石	m^3	47 258
		钢筋混凝土栅栏板	m^3	5 912
		干砌块石	m^3	11 630
		袋装碎石	m^3	38 745
		袋装瓜子片	m^3	27 605
		无纺土工布	m^3	260 667
		C20 混凝土隔埂	m^3	9 764
		C20 混凝土镇脚	m^3	6 068
		C20 混凝土堤顶镇墩	m^3	3 830
		抛石棱体	m^3	4 626
		抛石	m^3	157 678
		软体排	m^3	144 218

解：材料需用计划编制程序如下：

施工进度网络计算：根据工程节点工期要求、各分部工程施工有效时间及投入的设备及人力、物资资源进行工程施工进度网络计算。

根据各分部工程工程量（见表 3-10），查材料消耗定额，计算完成各单元工程所需材料品种、规格、数量及质量，进行材料分析，完成材料汇总表（见表 3-11）。将汇总的各材料按施工进度计划的要求分摊到各使用期，完成材料需用量表（见表 3-12）。

表 3-11　材料汇总表

序号	单位工程	分部工程	砂料（m^3）	袋装砂砂棱体袋体（m^2）	草皮（m^2）	种植土（m^3）	块石（抛石）（m^3）	块石（护砌）（m^3）	袋装瓜子片（m^3）	袋装碎石（m^3）	无纺土工布（m^2）	软体排排布（m^2）	砂肋加筋带（m）	钢筋混凝土栅栏板 商品混凝土（m^3）	钢筋混凝土栅栏板 钢筋（t）	混凝土隔埂、镇脚及堤顶镇墩 商品混凝土（m^3）
				150 g/m^2 编织土工布							450 g/m^2	450 g/m^2 机织土工布		C25		C20
1	堤防工程	围堤堤身	771 734	185 500												
		内护坡			37 440	7 350										
		外江侧护岸	9 500				172 934	60 197	28 195	39 321	317 661	180 500	90 000	6 212	488	206 451
		合计	781 234	185 500	37 440	7 350	172 934	60 197	28 195	39 321	317 661	180 500	90 000	6 212	488	206 451

表 3-12 材料需用量表

单位工程名称	材料计划				2013 年								
	名称	规格	单位	数量	1 月	2 月	3 月	4 月	5 月	6 月	7 月	8 月	9 月
堤防工程	砂料		m^2	781 234	9 500	108 774	296 640	247 308	119 012				
	袋装砂砂棱体袋体	150 g/m^2 编织土工布	m^2	185 500		261 560	713 027	594 449	285 964				
	草皮		m^2	37 440							37 440		
	种植土		m^3	7 350							7 350		
	块石(抛石)		m^3	172 934	36 068	36 068	36 068	36 068	18 034				
	块石(护砌)		m^3	60 197			3 168	14 814	14 814	14 054	7 223	3 371	1 445
	袋装瓜子片		m^3	28 195			618	3 707	3 707	3 089			
	袋装碎石		m^3	39 321			2 405	9 890	9 890	8 998	4 538	3 025	
	无纺土工布	450 g/m^2	m^2	317 661			16 250	65 568	65 568	59 962	31 932	21 288	
	软体排排布	450 g/m^2 机织土工布	m^2	180 500	180 500								
	砂肋加筋带		m	90 000	90 000								
	钢筋混凝土栅栏板 商品混凝土	C25	m^3	6 212		1 553	1 553	1 553	1 553				
	钢筋混凝土栅栏板 钢筋		t	488		122	122	122	122				
	混凝土隔埂、镇脚及堤顶镇墩	C20 商品混凝土	m^3	206 451			17 136	50 374	50 374	33 651	27 458	27 458	

（二）材料供应计划编制实例

【例 3-3】　已知某单位本月 15 日开始编制下个月的材料供应计划。本月 16 日查库时水泥库存量为 20 t，现场库存 24 t，到本月还有 30 t 水泥按合同约定到货。本月平均日耗用水泥为 4 t，预计下月平均每日需用水泥比本月每日需用水泥增加 25%，水泥平均供应间隔天数 11 d，保险储备天数 3 d，验收入库需 1 d，月工作日按 30 d 进行计算。试计算：

（1）下月的期初库存量。

（2）下月平均每日水泥需用量。

（3）下月的期末储备量。

（4）下月的计划水泥供应量。

解：根据已知条件，分析计算如下：

（1）下月的期初库存量：$20+24-15\times4+30=14(t)$

（2）下月的平均每日水泥需用量：$4\times(1+25\%)=5(t)$

（3）下月的期末储备量：$4\times(1+25\%)\times(11+3+1)=75(t)$

（4）下月的计划水泥供应量：$4\times(1+25\%)\times30-14+75=211(t)$

第四节　材料计划实施

材料计划的编制只是计划工作的开始，更重要的工作是材料计划编制后进行材料计划的实施，计划的实施阶段是材料计划工作的关键。

一、组织材料计划实施

材料计划工作是以材料需用计划为基础的，材料供应计划是企业材料经济活动的主导计划，可使企业材料系统的各部门不仅了解本系统的总目标和本部门的具体任务，而且了解各部门在完成任务中的相互关系，组织各部门从满足施工需要总体要求出发，采取有效措施，保证各自任务的完成，从而保证材料计划的实施。

二、材料计划分析和检查

为了及时发现计划执行中的问题，保证计划的全面完成，施工企业应从上到下按照计划的分级管理职责，在计划实施反馈信息的基础上，进行计划的检查与分析。材料计划的检查制度见表 3-13。

表 3-13　材料计划的检查制度

序号	检查制度	内容
1	现场检查制度	基层领导应该经常深入施工现场，实时掌握生产过程中的实际情况，了解工程形象进度是否正常、资源供应是否协调、各专业队组是否达到定额及完成任务的好坏，做到及时发现问题、及时加以处理解决，并如实向上一级反映情况
2	定期检查制度	施工企业各级组织机构应有定期的生产会议制度，检查与分析计划的完成情况，通过会议检查分析工程形象进度，资源到位、各专业队组完成定额的情况等，做到统一思想、统一目标，及时解决各种问题

续表 3-13

序号	检查制度	内容
3	统计检查制度	统计是检查企业计划完成情况的有力工具,是企业经营活动的各个方面在时间和数量方面的计算与反映,它为各级计划部门了解情况、决策、指导工作、制定和稽查计划提供可靠的数据以及情况。通过统计报表和文字分析,及时准确地反映计划完成的程度和计划执行中的问题,反映基层施工中的薄弱环节,为揭露矛盾、研究措施、跟踪计划和分析施工动态提供依据

三、材料计划修订

材料计划的多变,是由它本身的性质决定的。计划总是在人们认识客观世界的基础上制订出来得,它受到人们的认识能力和客观条件的制约,编制出来的计划质量就会有差异。计划和实际脱节往往是不可避免的,重要的是一经发现,就应调整原计划。自然灾害、战争等突发事件一般不易被预知,一旦发生就会引起材料资源和需用量的重大变化。材料计划涉及面广,与各部门、各地区、各企业都有关系,一方有变,牵动他方,也让材料资源和需求发生变化,这些主客观条件的变化,必然引起原计划的变更。为了使计划更加符合实际,维护计划的严肃性,就需要对计划及时变更和修订。

(一)修订材料计划的适用情况

材料计划的修订,除上述基本因素外,还有一些具体原因。通常,出现表 3-14 所示的情况时,需要对材料计划进行调整。

表 3-14 影响修订材料计划的因素

序号	变更因素	内容
1	任务量变化	任务量是确定材料需用量的主要依据之一,任务量的增加或减少,将引起材料需用量的增加或减少,在编制材料计划时,不可能将计划任务变动的各种因素都考虑在内,只有待问题出现后,通过调整原计划来解决。 (1)在项目实施过程中,由于技术革新,增加了新的材料品种,原计划需要的材料出现多余,就要缩减需要;或者根据用户的意见对原设计方案进行修订,与此同时所需的材料品种和数量就会发生变化。 (2)在基本建设中,由于布置材料计划时图纸和技术资料尚不齐全,原计划实属概算需要,待图纸和资料到齐后,材料实际需要常与原概算情况有出入,这时也需要调整材料计划。同时由于现场地质条件及施工中可能出现的变化因素,需要改变结构、改变设备型号,材料计划调整不可避免
2	工艺变更	设计变更必然引起工艺变更,需要的当然就不一样;设计未变,但工艺变了,加工方法、操作方法变化,材料消耗可能与原来不一样,材料计划也要相应调整
3	其他原因	如计划初期预计库存不正确,材料消耗定额变化、计划有误等,都可能引起材料计划的变更,需要对原材料计划进行调整和修订。材料计划变更主要是由生产建设任务的变更引起的,其他变更当然对材料计划也产生一定的影响,但远比生产和基建计划变更得少

由上述原因，必须对材料计划进行合理的调整和修订，如不及时修订，将使企业发生停工待料的危险，或使企业材料大量闲置积压，这不仅使生产建设受到影响，而且直接影响企业的财务状况。

（二）材料计划修订主要方法

1. 全面调整或修订

全面调整或修订指材料资源和需要发生大的变化时的调整，如自然灾害、战争或经济调整等，都可能使资源和需要发生重大变化，这时需要全面调整计划。

2. 专案调整或修订

专案调整或修订主要指由于某项任务的突然增减；或由于某种原因，工程提前或延后施工；或生产建设中出现的突发情况等，使局部资源和需要发生较大变化，一般用待分配材料安排或当年储备解决，必要时通过调整供应计划解决。

3. 临时调整或修订

如生产和施工中，临时发生变化，就必须临时调整，这种调整也属于局部调整，主要是通过调整材料供应计划来解决。

（三）材料计划修订中应注意的问题

材料计划的修订中应注意的主要问题见表3-15。

表3-15　材料计划的修订中应注意的主要问题

序号	应注意的问题	内容
1	维护计划的严肃性，实事求是地修订计划	在执行材料计划的过程中，根据实际情况的变化，对计划做相应的修订也是完全必要的，但是要注意避免轻易地修订计划，无视计划的严肃性，认为有无计划都得保证供应，甚至违反计划，用计划内材料搞计划外项目，也通过变更计划来满足。当然不能把计划看作是一成不变的，在任何情况下都机械地强调维持原来的计划，明明计划已经不符合客观实际，仍不去调整、修订、解决，这也和事物的发展规律相违背。正确的态度和做法是，在维护计划严肃性的同时，坚持计划的原则性和灵活性的统一，实事求是地调整和修订计划
2	权衡利弊，尽可能把调整计划压缩到最小限度	修订计划虽然是完全必要的，但许多时候修订计划总要或多或少地造成影响和损失，所以在修订计划时，一定要权衡利弊，把修订的范围压缩到最小限度，使损失尽可能减少到最小
3	及时掌握情况	（1）做好材料计划的修订工作。材料部门必须主动和各方面加强联系，掌握计划任务的安排落实情况，如了解生产建设任务和基本建设的安排与进度，了解主要设备和关键材料的准备情况，对一般材料也应该按需要逐项检查落实，如发现偏差，迅速反馈，采取措施，加以调整。 （2）掌握材料的消耗情况，找出材料消耗增减的原因，加强定额供料，控制发料，防止超定额用料而调整申请量。 （3）掌握资源供应情况，不仅要掌握库存和在途材料的动态，还要掌握供方能否按时交货等情况。 掌握上述三方面的情况，实际上就是要做到需用清楚、消耗清楚和资源清楚，以利于材料计划的调整和修订

续表 3-15

序号	应注意的问题	内容
4	妥善处理，解决修订材料计划中的相关问题	材料计划的修订，追加或减少材料，一般以内部平衡调剂为原则，减少部分或追加部分内部处理不了或不能解决的，由负责采购或供应的部门协调解决。特别要注意的是，要防止在调整计划中拆东墙补西墙、冲击原计划的做法，若没有特殊的原因，处理应通过机动资源和增产解决

四、材料计划执行效果的考核

材料计划的执行效果，应该有一个科学的考评方法，通过指标考评，激励各部门认真实施材料计划。其中一个比较重要内容就是建立材料计划指标体系。材料计划指标体系应包括的主要指标见表 3-16。

表 3-16　材料计划指标体系的主要指标

序号	主要指标
1	采购量及到货率
2	供应量及配套率
3	流动资金占用额及周转次数
4	材料成本的降低率
5	主要材料的节约率和节约额

五、材料计划实施分析实例

【例 3-4】　某施工单位全年计划进货水泥 257 000 t，其中招标采购 192 750 t，市场直接采购 38 550 t，甲供材料 25 700 t，最终实际到货的情况是：合同到货 183 115 t，市场采购 32 768 t，建设单位来料 15 420 t。问题：

(1)分析全年水泥进货计划完成情况。

(2)激励各部门实施材料计划的手段是什么？指标有哪些？

解：分析计算如下：

(1)水泥进货计划完成情况分析：

$$总计划完成率 = \frac{183\ 115 + 32\ 768 + 15\ 420}{257\ 000} \times 100\% = 90\%$$

$$合同到货完成率 = \frac{183\ 115}{192\ 750} \times 100\% = 95\%$$

$$市场采购完成率 = \frac{32\ 768}{38\ 550} \times 100\% = 85\%$$

$$建设单位来料完成率 = \frac{15\ 420}{25\ 700} \times 100\% = 60\%$$

(2)激励各部门实施材料计划的手段是考核各部门实施材料计划的经济效果，主要指标有：①采购量及到货率；②供应量及配套率；③占用流动资金及资金周转次数；④材料成本降低率；⑤三大材料的节约额和节约率。

第四章　材料采购与验收

第一节　概　述

材料采购就是通过各种渠道，把水利水电工程施工和生产用材料购买进来，以确保施工生产的顺利进行。经济合理地选择采购对象和采购批量，并按质、按量、按时运入企业，对保证施工生产、充分发挥材料的使用效能、提高工程质量、降低工程成本、提高企业的经济效益，都具有重要的意义。

一、材料采购的原则

材料采购的主要原则见表4-1。

表4-1　材料采购的主要原则

序号	主要原则	内容
1	遵循法律法规的原则	材料采购工作应遵守国家和地方的有关方针、政策、法令和规定。如材料管理政策、材料分配政策、经济合同法、各项财政制度以及工商行政部门的规定等
2	以需定购，按计划采购的原则	采购计划的依据是施工生产需用。按照生产进度安排采购时间、需要的材料品种、规格和数量，减少资金占用，避免供需脱节或库存积压，发挥资金的最大效益。同时还要结合材料的生产、市场、运输和储备等因素，进行综合平衡
3	择优选定的原则	坚持材料质量第一。把好材料采购质量关，不符合质量要求的材料不得进入生产车间、施工现场。要随时深入生产厂、市场，以督促生产厂提高产品质量和择优采购。采购人员必须熟悉所采购的材料质量标准，并做好验收鉴定工作，不符合质量要求的材料绝不采购。 降低采购成本。在材料采购时，应比质量、比价格、比运距及供应条件，经综合分析、对比、评价后择优选定供货
4	遵合同、守信用的原则	材料采购工作，是企业经营活动的重要组成部分，体现着企业的信誉水平。材料采购部门和业务人员应做到遵合同、守信用，提高企业的信誉

二、材料采购的范围

建筑材料采购的范围包括建设工程所需的大量建筑材料和工具用具等，这些材料费用占工程合同总价的很大一部分，大致可以划分为以下几类。

(一)工程用料

工程用料包括土建、水电设施及其他一切专业工程的用料,如钢材、水泥、天然或人工砂石骨料、粉煤灰、外加剂、管材等,此类材料直接构成工程实体,成为工程实体的一部分。此类材料在建筑材料采购中占比最大。

(二)暂设工程用料

暂设工程用料包括工地的活动房屋或固定房屋的材料、临时水电和道路工程及临时生产设施的用料。

(三)周转材料和消耗性用料

周转材料主要包括模板、脚手架、支撑、扣件等,可以在施工中多次周转利用,但不构成工程实体的工具性材料。消耗性材料主要指在施工过程中有损耗的辅助性用料,如钻头焊条、焊丝、焊剂,砂轮片、钻头、钻杆;盾构/TBM/顶管机所用刀具(刀圈和轴承)、油脂、泡沫剂、高分子聚合物、蒸溜水等;氧割气焊所用的氧气、乙炔、二氧化碳气体等;管片所用吊装注浆管、脱膜剂、养护剂、逆止阀、螺栓弯管、飞轮、黏结剂等。

(四)其他材料

其他材料如施工用零星工具、器具、仪器、零星材料等,如千斤顶、扳手、电钻、导链等,全站仪、水准仪、气体监测仪等。此类材料采购品种多,单种材料的用料小,不便于计算。

第二节 市场调查与信息分析

材料采购市场调查及信息分析整理是进行需求确定和编制采购计划的基础环节。对于施工企业来说,材料采购市场调查的核心是市场供应状况的调查与分析。只有深入了解并分析相关的市场信息,才能确定建设施工项目的材料采购策略和方法,从而为工程的顺利实施打下坚实的物资基础。

一、材料采购信息来源

市场调查及采购信息是施工企业材料经营决策的依据,是采购业务咨询的基础资料,是进行资源开发、扩大货源的条件。

材料采购信息,首先应具有及时性,即速度要快,效率要高,能及时采集最新的材料信息,失去时效也就失去了使用价值;其次应具有可靠性,有可靠的原始数据支撑,切记道听途说,以免造成决策失误;再次具有深度性,反映或代表一定的倾向性,提出符合实际需要的建议。因此,在收集信息时,应力求广泛深入。采购信息获取的主要途径如下:

(1)各报刊、网络等媒体和专业性商业情报刊载的资料。

(2)有关学术、技术交流会提供的资料。

(3)各种供货会、展销会、交流会提供的资料。

(4)广告资料。

(5)政府部门发布的计划、通报及情况报告。

(6)采购人员提供的资料及自行调查取得的信息资料等。

二、材料采购信息种类

材料采购信息按内容可分为资料信息、供应信息、价格信息、市场信息、新技术信息、新产品信息、政策信息等。

(一)资源信息

资源信息提供材料的资源方向。包括资源的分布、生产企业的生产能力、产品结构、销售动态、产品质量、生产关系技术发展,甚至原材料基地、生产用燃料和动力的保证能力、生产工艺水平、生产设备等。

(二)供应信息

供应信息提供材料的供求关系、供货能力和供货方式。包括基本建设信息、水利施工管理体制变化、项目管理方式、材料储备运输情况、供求动态、紧缺及滞销材料情况。

(三)价格信息

价格信息提供材料的准确价格和变化趋势。包括现行国家价格政策、市场交易价格及专业公司牌价、地区水利主管部门颁布的预算价格、国家公布的外汇交易价格等。

(四)市场信息

市场信息提供材料市场运作的有关政策和市场走向。包括生产资料市场及物资贸易中心的建立、发展及其市场占有率,国家有关生产资料市场的政策等。

(五)新技术、新产品信息

新技术、新产品信息提供新技术、新材料的材料特征、指标和可靠性。包括新技术、新产品的品种、性能指标、应用性能及可靠性等。

(六)政策信息

政策信息提供与材料相关的一切国家政策调整情况。包括国家和地方颁布的各种方针、政策、规定、国民经济计划安排,材料的生产、销售、运输、管理办法,银行贷款、资金政策,以及对材料采购发生影响的其他信息。

三、材料采购信息整理

为了有效高速地采集信息、利用信息,企业应建立信息员制度和信息网络,应用电子计算机等管理工具,随时进行检索、查询和定量分析。采购信息整理常用的方法有以下几种:

(1)运用统计报表的形式进行整理。按照需要的内容,从有关资料、报告中取得有关数据,分类汇总后,得到想要的信息。例如,根据历年材料采购业务工作统计,可整理出企业历年采购金额及其增长率、各主要采购对象合同兑现率等。

(2)对某些较重要的、经常变化的信息建立台账,做好动态记录,以反映该信息的发展状况。如按各供应项目分别设立采购供应台账,随时可以查询采购供应完成程度;建立重要的物资来源记录,以便需要时就能随时提出不同的供应商所能供应材料的规格性能及其可靠的相关信息;建立同一类目物资的价格目录,以便采购者能利用竞争性价格得到好处,比如商业折扣和其他优惠服务。

(3)以调查报告的形式就某一类信息进行全面的调查、分析、预测,为企业经常决策提供依据。如针对是否扩大企业经营品种,是否改变材料采购供应方式等展开调查,根据调查结果整理出“是”或“否”的经营意向,并提出经营方式、方法的建议。

四、材料采购信息使用

收集、整理信息是为了使用信息,为企业采购业务服务。信息经过整理后,应迅速反馈给有关部门,以便进行比较分析和综合研究,制定合理的采购策略和方案。

第三节 材料采购

一、材料采购管理模式

水利水电工程施工企业材料采购管理一般有3种管理模式:一是分散采购管理模式;二是集中采购管理模式;三是既集中又分散的采购管理模式。采购采用什么模式应由材料市场、企业管理体制及所承包的工程项目的具体情况等综合考虑。

(一)集中采购管理模式

集中采购管理模式是指企业在核心管理层建立专门的采购机构,统一组织企业所需物品的采购进货业务。

1.集中采购管理模式的优点

(1)有利于获得采购规模效益,降低进货成本和物流成本,争取经营主动权。

(2)有利于发挥业务职能特长,提高采购工作效率和采购主动权。

(3)易于稳定本企业与供应商之间的关系,得到供应商在技术开发、货款结算、售后服务等诸多方面的支持与合作。

2.集中采购管理模式的弊端

(1)采购量大,过程长,手续多。

(2)专业性强,责任加大。

(二)分散采购管理模式

分散采购管理模式指企业内部公司、工区(处)、施工队、施工项目以及零散维修用料、工具用料均自行采购。

1.分散采购管理模式的优点

(1)可以调动各级部门的积极性,有利于各部门各项经济指标的完成。

(2)可以及时满足施工需要,采购工作效率高。

(3)就某一采购部门内来说,流动资金量小,有利于部门内资金管理。

(4)采购价格一般低于多级多层次采购的价格。

2.分散采购管理模式的弊端

(1)难以形成采购批量,不易形成企业经营规模,影响企业的整体经济效益。

(2)局部资金占用少,但资金分散,其总体占用额度往往高于集中采购资金占用,资金总体效益和利用率下降。

(3)机构人员重叠,采购队伍素质相对较弱,不利于施工企业材料采购供应业务水平的提高。

(三)既集中又分散的采购管理模式

该模式是以上两种模式的综合。

二、工程材料的主要采购方式

为工程项目采购材料而选择供货商并与其签订物资购销合同或加工订购合同,多采用如下四种方式。

(一)直接订购

直接订购是指只能从唯一供货商处采购、不可预见的紧急情况采购、为了保证一致或配套服务从原供应商添购的采购,是一种非竞争性采购方式,也称单一来源采购。

该采购方式的最主要特点是没有竞争性。由于单一来源采购只同唯一的供应商、承包商签订合同,所以就竞争态势而言,采购方处于不利地位,有可能增加采购成本;并且在谈判过程中容易滋生索贿受贿现象,所以对这种采购方法的使用,都规定了严格的适用条件。

(二)询价采购

这种方式采用询价—报价—签订合同程序,即采购方对 3 家以上供货商就采购的标的物进行询价,对其报价经过比较后选择一家与其签订供货合同。这种方式实际上是一种议标的方式,无须采用复杂的招标程序,又可以保证价格有一定的竞争性,一般适用于采购施工材料或价值较小的标准规格产品。

1. 材料询价采购步骤

采购中的询价程序见表 4-2。

表 4-2　采购中的询价程序

序号	询价程序	内容
1	根据“竞争择优”的原则,选择可能成交的供应商	由于这是选定最后可能成交的供货对象,不一定找过多的厂商询价,以免造成混乱,通常对于同类材料,找 3 家左右有实际供货能力的厂商询价即可
2	向供应厂商询盘	这是对供货厂商销售材料的交易条件的询问,为使供货厂商了解所需材料的情况,至少应告知所需的品名、规格、数量和技术性能要求等,这种询盘可以要求对方做一般报价,还可以要求做正式的发盘
3	卖方的发盘	通常是应买方(承包商或业主)的要求而做出的销售材料的交易条件,通常的发盘是指发出“实盘”,这种发盘应当是内容完整、语言明确,发盘人明示或默示承受约束的。一项完整的发盘通常包括货物的品质、数量、包装、价格、交货和支付等主要交易条件
4	还盘、拒绝和接受	买方(承包商或业主)对于发盘条件不完全同意而提出变更的表示,即是还盘,也可称之为还价。如果供应商对还盘的某些更改不同意,可以再还盘。有时可能经过多次还盘和再还盘进行讨价还价,才能达成一致,进而形成合同

2. 材料采购的询价方法和技巧

(1)充分做好询价准备工作。

在材料采购实施阶段的询价,已经不是普通意义的市场商情价格的调查,而是签订采购合同的一项具体步骤。因此,事前必须做好准备工作。材料采购的询价准备工作见表 4-3。

表4-3 材料采购的询价准备工作

序号	询价程序	内容
1	询价项目的准备	首先要根据材料使用计划列出拟询价的物资的范围及其数量和时间要求。特别重要的是,要整理出这些拟询价材料的技术规格要求,并向专家请教,知道其技术规格要求的重要性和确切含义
2	对供应商进行必要和适当的调查	在国内外找到各类材料的供应商的名单及其通信地址和电传、电话号码等并非难事,在国内外大量的宣传材料、广告、商家目录,或者电话号码簿中都可以获得一定的资料,甚至会收到许多供应商寄送的样品、样本和愿意提供服务的意向信等自我推荐的函电。应当对这些潜在的供应商进行筛选,那些较大的和本身拥有生产制造能力的厂商或其当地代表机构可列为首选目标;而对于一些并无直接授权代理的一般性进口商和中间商则必须进行调查和慎重考核
3	拟定自己的成交条件预案	事先对拟采购的材料采取何种交货方式和支付办法有自己的设想,这种设想主要是从自身的最大利益(风险最小和价格在投标报价的控制范围内)出发的。有了这样成交条件预案,就可以对供应商的发盘进行比较,迅速做出还盘反应

(2)选择最恰当的询价方法。

由承包商或业主发出询盘函电邀请供应商发盘法是常用的一种方法,适用于各种材料的采购。但还可以采用其他方法,比如直接访问或约见供应商询价和讨论交货条件等方法,可以根据市场情况、项目的实际要求、材料的特点等因素灵活选用。

(3)材料采购应注意的询价技巧见表4-4。

表4-4 材料采购应注意的询价技巧

序号	询价技巧
1	为避免物价上涨,对于同类大宗物资最好一次将全工程的需用量汇总提出,作为询价中的拟购数量。这样,由于订货数量大而可能获得优惠的报价,待供应商提出附有交货条件的发盘之后,再在还盘或协商中提出分批交货和分批支付货款或采用"循环信用证"的办法结算货款,以避免由于一次交货即支付全部货款而占用巨额资金
2	在向多家供应商询价时,应当相互保密,避免供应商相互串通,一起提高报价;但也可适当分别暗示各供应商,他可能会面临其他供应商的竞争,应当以优质、低价和良好的售后服务为原则做出发盘
3	多采用卖方的"销售发盘"方式询价,这样可使自己处于还盘的主动地位。但也要注意反复地讨价还价可能使采购过程拖延过长而影响工程进度,在适当的时机采用"购买发盘",或者对不同的供应商分别采取"销售发盘"和"购买发盘",也是货物购销市场上常见的方式
4	承包商应当根据其对项目的管理职责的分工,由总部、地区办事处和项目管理组分别对其物资管理范围内材料进行询价活动。例如,属于现场采购的当地材料(砖瓦、砂石等)由项目管理组询价和采购;属于重要的材料则可由总部统一询价采购

（三）招标采购

招标采购方式适用于采购大宗的材料和较重要的或较昂贵的大型机具设备。承包商或业主根据项目的要求，详细列出采购物资的品名、规格、数量、技术性能要求，承包商或业主自己选定的交货方式、交货时间、支付货币和条件，以及品质保证、检验、罚则、索赔和争议解决等合同条件和条款作为招标文件，通过招标竞争择优签订购货合同，这种方式实际上是将询价和商签合同一起进行，在招标程序上与施工招标基本相同。

1. 招标及投标单位应具备的条件

目前建设工程中的材料采购，有的是由建设单位负责，有的是由施工单位负责，还有的是委托中介机构（或称代理机构）负责。招标投标活动应当遵循公开、公平、公正和诚实信用的原则。

1）招标单位一般应具备的条件

（1）具有法人资格。招标活动是法人之间的经济活动，招标单位必须具有合法身份。

（2）具有与承担招标业务和物资供应工作相适应的技术经济管理人员。

（3）有编制招标文件、标底文件和组织开标、评标、决标的能力。

（4）有对所承担的招标设备、材料进行协调服务的人员和设施。

2）投标单位应具备的条件

凡实行独立核算、自负盈亏、持有营业执照的国内生产制造厂家，具备投标的基本条件，均可参加投标或联合投标，但与招标单位或材料需方有直接经济关系（财务隶属关系或股份关系）的单位及项目设计单位不能参加投标。采用联合投标，必须明确一个总牵头单位承担全部责任，联合各方的责任和义务应以协议形式加以确定，并在投标文件中予以说明。

2. 材料招标方式

1）公开招标

公开招标又称为无限竞争招标，是由招标单位通过报刊、电台、电视台等信息媒介或委托招标投标管理机构发布材料采购招标信息，公开邀请投标单位参加投标竞争，凡符合招标单位规定条件的投标单位，可在规定时间内向招标单位申请投标。

这种招标方式的优点是：投标的承包商多、范围广、竞争激烈，业主有较大的选择余地，有利于降低材料采购价格，提高采购质量和缩短工期。其缺点是：由于投标的承包商多，投标工作量大，组织工作复杂，需投入较多的人力、物力，招标过程需用时间较长，因而此类招标方式主要适用于投资额度较大及重要材料的采购。

2）邀请招标方式

邀请招标又称为有限竞争性招标，是招标人以投标邀请书的方式直接邀请特定的潜在投标人参加投标，并按照法律程序和招标文件规定的评标标准和方法确定中标人的一种竞争交易方式。采用邀请招标方式招标的，发标人应当向 3 个以上具备承担招标项目的能力、资信良好的特定的法人或者其他组织发出投标邀请书。采购方作为招标方，事先提出采购的条件和要求，邀请众多单位参加投标，然后由采购方按照规定的程序和标准一次性地从中择优选定交易对象，并提出最有利条件的投标方签订协议的采购方式。适用于金额不大、供应商数有限、尽早交货的场合。

邀请招标优点：投标人相对较少，招标成本相对较低，项目专业较强，潜在投标人范围有限，时间比较紧迫，或者采用公开招标并不合算等情况下，采取邀请招标的方式更为有利。

不足是:因潜在投标人被限于被邀请的特定供应商之中,竞争力较弱,此外由于投标邀请书可以直接寄往被邀请的供应商处,而不必在公开媒体上发布,其信息透明程度较弱。

此外,保密工程应采用邀请招标方式。

3. 材料招标的程序

材料采购的招标投标是一个连续完整的过程,它涉及的单位较多,协作关系复杂,所以要按一定的程序进行。

(1)建立招标组织。

招标组织应具备一定的条件,必须经过招标投标管理机构审查批准后才可开展工作。招标组织的主要工作包括:各项招标条件的落实;招标文件的编制及向有关部门报批;组织或编制标底并报有关单位审批;发布招标公告或邀请书,审查投标企业资质;向投标单位发放招标文件和有关技术资料;组织投标单位对有关问题进行解释;确定评标办法;发出中标结果通知书;组织中标单位签订合同等。

(2)提出招标申请并进行招标登记。

由招标单位向招标投标管理机构提出申请,申请的主要内容有:招标建设项目具备的条件,准备采用的招标方式,对投标单位的资质要求或准备选择的投标企业。经过招标投标管理机构审查批准后,进行招标登记,领取有关招标投标用表。

(3)编制招标文件。

招标文件可以由招标单位自己编制,也可委托其他机构代办。招标文件是投标单位编制投标书的主要依据。主要内容有招标项目概况与综合说明、建筑材料项目清单和单价表、投标须知、合同主要条款及其他有关内容。

(4)发布招标公告或寄发投标邀请函。

采用公开招标的材料采购项目,由招标单位通过报刊等新闻媒介发布公告;采用邀请招标的项目,由单位向有承包能力的材料供应商发出招标邀请函。

(5)资格预审。

评审组织由招标单位及委托编制标的单位组成,在收到投标单位的资格预审申请后即开始评审工作。一般先检查申请书的内容是否完整,在此基础上拟订评审方法。

资格评审的主要内容包括法人地位、信誉、财务状况、技术资格、业绩经验等。

(6)发售招标文件。

招标单位向经过资格审查合格的投标单位分发招标文件、拟订项目材料需求计划和有关技术资料。

(7)接受投标单位的标书。

投标书须由投标单位编制,且盖有投标单位的印鉴,密封后在投标截止日期前送到指定地点。

(8)开标、评标、定标。

开标时间应当在招标文件确定的提交投标文件截止时间的同一时间公开进行,开标地点应当为招标文件中预先确定的地点。

评标由招标人依法组建的评标委员会负责。中标人的投标应当符合下列条件之一:①能够最大限度地满足招标文件中规定的各项综合评价标准;②能够满足招标文件的实质性要求,并且经评审的投标价格最低,但是投标价格低于成本的除外。若不符合前述条件或投标人少于3个的，招标人应当依法重新招标。

(9)发中标结果通知书。

中标人确定后，招标人应当向中标人发出中标通知书，并同时将中标结果通知所有未中标的投标人。

在招标投标过程中有下列情形之一的，中标结果无效：中标通知发出后，招标人改变中标结果的；招标代理机构违反保密义务或者招标人、投标人串通损害国家利益、社会公共利益或他人合法权益的；招标人有泄露应当保密情况行为的；投标人互相串通投标或者与招标人串通投标；弄虚作假，骗取中标的；违法进行实质性内容谈判的；中标候选人以外确定中标人的，依法必须招标的项目在所有投标被评标委员会否决后自行确定中标人的。

(10)组织签订合同、备案。

招标人和中标人应当自中标通知书发出之日起30日内，按照招标文件和中标人的投标文件订立书面合同。依法必须进行招标的项目，招标人应当自确定中标人之日起15日内，向有关行政监督部门提交招标投标情况的书面报告。

(四)网上采购

网上采购指通过互联网来完成企业材料采购的全过程，包括网上提交材料采购需求、网上确认采购资金和采购方式，网上发布采购信息、接受供应商网上投标报价、网上开标定标、网上公布采购结果以及网上办理结算手续等。网上采购是网络信息时代全新的电子商务交易方式。相对于传统采购方式，网购材料优点如下：

(1)网上采购运用现代信息手段，发挥网络媒体的优势，减少了采购需要的书面文档材料，减少了对电话、传真等传统通信工具的依赖，以其先进的网络技术大幅度地提高招标采购部门的工作效率，有效地降低了采购成本，使招标采购商机更加广布、信息交换更加迅捷、招标操作更加规范、采购过程更加透明，在一定程度上减少了采购过程中的人为干扰因素。

(2)网上采购能帮助施工企业敏锐掌握市场动向，迅速获得市场商机，借助于丰富的网络资源，全面收集国内市场经济环境、国内政策环境及国际贸易环境的变化信息，在激烈的市场竞争中发掘新的市场机会，为企业建立自己的材料采购信息系统提供平台和信息资源。

三、工程材料市场采购程序

(一)材料市场采购特点

材料市场采购主要具有如下特点：

(1)材料品种、规格复杂，采购工作量大，配套供应难度大。

(2)市场采购材料因生产分散、经营网点多、质量及价格不统一，采购成本不易控制和比较。

(3)受社会经济状况影响，资源与价格波动较大。

材料市场采购的上述特点使工程成本中材料部分的非确定因素增多，工程投标风险大。所以，控制采购成本成为企业确保工程成本的主要环节之一。

(二)材料市场采购的程序

材料市场采购的程序见表4-5。

表 4-5 材料市场采购的程序

序号	采购程序	内容
1	确定材料采购数量及品种规格	根据各施工项目提报的材料申请计划、期初库存量和期末库存量确定出材料供应量后，应将该量按供应措施予以分解，而其中分解出的材料采购量即成为确定材料采购数量和品种规模的基本依据。同时再参考资金情况、运输情况及市场情况确定实际采购数量及品种规格
2	确定材料采购批量	按照经济批量法，确定材料采购批量、采购次数及各项费用的预计支出
3	确定采购时间和进货时间	按照施工进度计划，考虑现场运输、储备能力和加工准备周期，确定进货时间
4	选择和比较可供材料的供货单位，确定采购对象	当同一种材料可供货源较多且价格、质量、服务差异较大时，要进行比较判断。 (1)选择供货单位标准： ①质量适当。供货单位供应的材质必须符合设计要求，还需供货单位有完整的质量保证体系，保证材质稳定。应注意，不能仅依靠样品判定材质，还应从库房、所供货物中随机抽查。 ②成本低。在质量符合要求的前提下，应选择成本低的供货单位。即在买价、包装、运输、保管等费用综合分析后选择供货单位。 ③服务质量好。除质量、价格外，供应单位的服务质量也是一项重要的选择标准。服务质量包括信誉程度、交货情况、售后服务等。 ④其他。如企业的资金能力、供应单位要求的付款方式等。 (2)经验判断和采购成本比较及采购招标等方法确定采购对象： ①经验判断法是根据专业采购人员的检验和以前掌握的情况进行分析、比较、综合判断，择优选定采购单位。 ②采购成本比较法是当几个采购对象均能满足材料的数量、质量、价格要求，只在个别因素上有差异时，可分别考核采购成本，选择低成本的采购对象。 ③采购招标法是材料采购管理部门提出材料需用的数量和基本性能指标等招标条件，各供应商根据招标条件进行投标，材料采购部门进行综合比较后进行评标和决标，与最终供货单位签订购销合同
5	签订合同	按照协商的各项内容，明确供需双方的权利义务，签订材料采购合同

(三)材料市场采购实例

【例 4-1】 已知采购某种材料 200 t，A、B、C、D 四个供应部门在数量、质量和供应时间上都能满足要求，但费用情况存在差异(见表 4-6)。

解：对其采购成本分别计算如下：

A 部门：$(330+10)\times 200+210=68\ 210$(元)

B 部门：$(330+10)\times 200+220=68\ 220$(元)

C 部门：$(300+20)\times 200+200=64\ 200$(元)

D 部门：$(290+30)\times 200+240=64\ 240$(元)

表 4-6 采购成本比较

供应部门	单价(元/t)	运费(元/t)	每次订购费用(元)
A	330	10	210
B	330	10	220
C	300	20	200
D	290	30	240

由以上采购成本计算结果比较而知,C 部门为最宜采购对象。

四、材料采购批量的管理

材料采购批量是指一次采购材料的数量。其数量的确定要以施工生产需要为前提,按计划分批采购。采购批量直接影响着采购次数、采购费用、保管费用和资金占用及仓库占用。所以,在某种材料总需用量中每次采购的数量要选择各项费用综合成本最低的批量,即经济批量或最优批量。

(一)材料采购批量确定的方法

经济批量的确定受多方因素影响,按照所考虑主要因素的不同有以下几种材料采购批量管理的方法。

1. 按照商品流通环节最少选择最优批量

向生产厂直接采购,所经过的流通环节最少,价格也最低。但有些生产厂的销售常有最低销售量限制,所以采购批量通常要符合生产厂的最低销售批量。这样减少了中间流通环节费用,也降低了采购价格,且还能得到适用的材料,降低了采购成本。

2. 按照运输方式选择经济批量

在材料运输中有公路运输、铁路运输、水路运输等不同的运输方式。每种运输中又分为整车(批)运输与零散(担)运输。在中、长途运输中,铁路运输和水路运输较公路运输价格低且运量大。而在铁路运输与水路运输中,又以整车运输费用较零散运输费用低。所以,一般采购应尽可能就近采购或达到整车托运的最低限额,以降低采购费用。

3. 按照采购费用和保管费用支出最低选择经济批量

材料采购批量越小,材料保管费用支出也就越低,但采购次数越多,采购费用也越高;反之,采购批量越大,保管费用就越高,但采购次数越少,采购费用就越低。所以,采购批量与保管费用成正比例关系,与采购费用成反比例关系。其采购批量与费用关系如图 4-1 所示。

某种材料的总需用量中每次采购数量,使其保管费与采购费之和最低,则该批量即为经济批量。在企业某种材料全年耗用量确定时,其采购批量与保管费及采购费之间的关系是:

$$\text{年保管费} = \frac{1}{2} \times \text{采购批量} \times \text{单位材料年保管费} \tag{4-1}$$

$$\text{年采购费} = \text{采购次数} \times \text{每次采购费} \tag{4-2}$$

$$\text{年总费用} = \text{年保管费} + \text{年采购费} \tag{4-3}$$

(二)材料采购批量管理实例

【例 4-2】 已知某企业全年耗用某种材料总量为 180 t,每次采购费是 80 元,年保管费

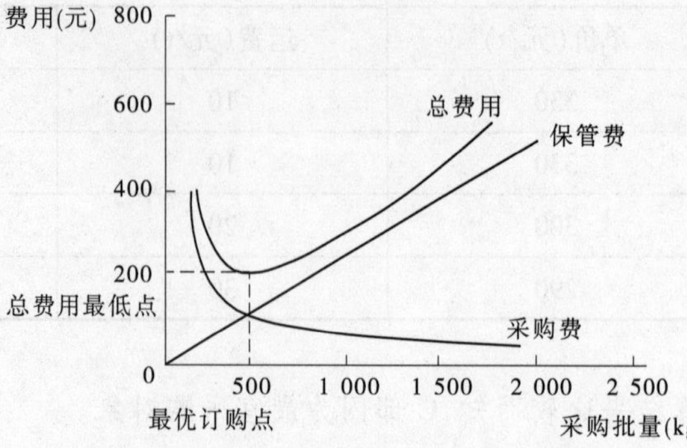

图4-1　采购批量与费用关系

用为材料平均储备价值的15%，材料单价为50元/t，求总费用最低的经济采购批量。

解：(1)设全年采购1次，则每次采购180 t，由式(4-1)、式(4-2)计算可得

$$年保管费=\frac{1}{2}\times180\times50\times15\%=675(元)$$

年采购费 $=1\times80=80$(元)

年总费用 $=675+80=755$(元)

(2)设全年采购3次，则每次采购：$180\div3=60$(t)

$$年保管费=\frac{1}{2}\times60\times50\times15\%=225(元)$$

年采购费 $=3\times80=240$(元)

年总费用 $=225+240=465$(元)

(3)设全年采购4次，则每次采购：$180\div4=45$(t)

$$年保管费=\frac{1}{2}\times45\times50\times15\%=168.75(元)$$

年采购费 $=4\times80=320$(元)

年总费用 $=168.75+320=488.75$(元)

(4)设全年采购5次，则每次采购：$180\div5=36$(t)

$$年保管费=\frac{1}{2}\times36\times50\times15\%=135(元)$$

年采购费：$5\times80=400$(元)

年总费用 $=135+400=535$(元)

上述计算过程可列表，见表4-7。

由表4-7可见，采购3次，每次采购60 t，采购费与保管费之和为465元(年保管费支出为225元，年采购费支出为240元)最低。因此得出60 t为该材料的经济采购批量。

另外可知：

平均供应间隔期 $=360\div$ 每年订购次数 $=360\div3=120$(d)

以上过程也可通过下式计算(直接计算法)：

$$C_j=\sqrt{\frac{2QC}{PA}}\tag{4-4}$$

式中 C_j——一次采购量,即经济批量;

Q——总采购量;

C——每次采购费用;

P——材料单价;

A——年保管费率(%)。

表4-7　材料采购数量及费用

总需用量(t)	采购次数(次)	采购量(t/次)	平均库存(t)	年保管费(元)	年采购费(元)	年总费用(元)
180	1	180	180/2	675	80	755
180	3	60	60/2	225	240	465
180	4	45	45/2	168.75	320	488.75
180	5	36	36/2	135	400	535

将各种数值直接代入式(4-4)得:

$$C_j = \sqrt{\frac{2 \times 180 \times 80}{50 \times 15\%}} = 60(\mathrm{t})$$

即最优经济批量为60 t,全年宜分 $N = \frac{180}{60} = 3$ 次采购,其保管费和采购费支出为:

年保管费 $= \frac{1}{2} \times 60 \times 50 \times 15\% = 225$(元)

年采购费 $= 3 \times 80 = 240$(元)

年总费用 $= 225 + 240 = 465$(元)

平均供应间隔期 $T_g = 360/N = 360/N = 360/3 = 120(\mathrm{d})$

五、材料采购质量的管理

材料采购质量的管理应符合表4-8的规定。

表4-8　材料采购质量的管理

序号	管理规定	内容
1	经审查认可方可进行采购	凡由承包单位负责采购的原材料、半成品或构配件等,在采购订货前应向工程项目业主、监理工程师申报;对于重要的材料,还应提交样品,供试验或鉴定,有些材料则要求供货单位提交理化试验单(如预应力钢筋的含硫、磷量等),经审查认可发出书面认可证明后,方可进行订货采购
2	满足有关标准和设计的要求	对于永久构配件,应按经过审批认可的设计文件和图纸组织采购订货,即构配件的质量应满足有关标准和设计的要求,交货期应满足施工及安装进度安排的需要
3	选择优良厂家订货	对于供货厂家的制造材料、半成品及构配件的质量应严格控制。为此对于大宗材料的采购应当实行招标投标采购的方式
4	供货方应提供质量保证文件	供货方应向需方(订货方)提供质量保证文件,用以表明其提供的货物能够完全达到需方在质量保证计划中提出的要求

六、材料供应商的选定、评定和评价

在工程项目材料采购活动中，施工项目方与材料供应商之间，由矛盾的双方已逐渐发展成为战略性伙伴关系，形成了企业的材料供应链，参与企业招标投标，利益共得，风险共担，对提高企业的竞争能力有至关重要的作用。

（一）材料供货商选定的管理职责

目前，大部分工程项目采购活动实行公司、项目部分层负责的管理方式，即既集中又分散的采购管理模式。在这种管理方式下，各层可根据 ABC 分类法确定的材料类别，对选定的材料供货商分别承担如下的管理职责：

（1）A、B 类材料采购前必须对材料供方进行评定，采购后定期对供方进行考核评估，各类材料的采购须在所评定的合格材料供方中进行采购。

（2）A、B 类材料的材料供方评定（事前）与考核评估（事后）工作一般应由公司物资部门负责牵头，项目经理部积极配合。

（3）C 类材料可不进行材料供方评定工作，由项目部根据施工现场周围材料供应情况建立相对固定的材料供方，并将材料供方汇编报公司物资部备案，在公司授权范围内进行采购供应。

（4）以大分包形式分包的工程，分包单位的材料供方评定工作由项目部负责。

（二）对材料供应商的评定

1. 评定方法

（1）对材料供方能力和产品质量体系进行实地考察与评定。

（2）对所需产品样品进行综合评定。

（3）了解其他使用者的使用效果。

（4）了解供方近 3 年材料供应合同签订情况。

2. 评定内容

（1）供方资质：供方的营业执照、生产许可证、安全生产证明、企业资质证明有效期的认定。

（2）供方质量保证能力：材料样品、说明书、产品合格证、试验结果。

（3）供方资信程度：供方生产规模、供方业绩、社会评价、财务状况。

（4）供方服务能力：供货能力，履约能力，后续服务能力。

（5）供方安全、环保能力：安全资格、环保能力、人员资格。

（6）供方遵守法律法规，履行合同或协议的情况。

（7）供货能力：批量生产能力、供货期保证能力与资质情况。

（8）付款要求：资金的垫付能力和流动资金情况。

（9）企业履约情况及信誉。

（10）售后服务能力。

（11）同等质量的产品单价竞争力。

3. 评定程序

（1）材料供方的评定工作由公司物资部负责。

（2）材料采购人员根据企业内部员工和外界人士推荐、参加各类展览会、互联网等查询所得到的及所需的供方资料，按“供应商资格预审/评价表”（见表 4-9）上的内容要求填写。

表 4-9　供应商资格预审/评价表

项目名称		编号	
供应商名称		法人代表	
产品名称		传真	
地址		联系人	
成立日期		联系电话	
网址		邮政编码	

<table>
<tr><td rowspan="25">审核内容</td><td colspan="6">供应商营业执照、资质证书(复印件)</td></tr>
<tr><td colspan="6">样品:□有□无　　样品:□有□无</td></tr>
<tr><td colspan="6">是否提供产品质量证明文件:□能□否　(验原件,留存复印件)</td></tr>
<tr><td colspan="5">生产许可证:□有□无　(验原件,留存复印件)</td><td rowspan="11">如供应商为经销商,应提供产品生产厂家的相应资料</td></tr>
<tr><td colspan="5">产品认证证书:□有□无　(验原件,留存复印件)</td></tr>
<tr><td colspan="5">准用证:□有□无　(验原件,留存复印件)</td></tr>
<tr><td colspan="5">质量认证体系证书:□有□无　(验原件,留存复印件)</td></tr>
<tr><td colspan="5">新技术、新产品的认证证书:□有□无　(验原件,留存复印件)</td></tr>
<tr><td colspan="5">当地行业主管部门备案证:□有□无　(验原件,留存复印件)</td></tr>
<tr><td colspan="5">质量标准:□有□无　(验原件,留存复印件)</td></tr>
<tr><td colspan="5">环保要求及执行标准:□有□无　(复印件)</td></tr>
<tr><td colspan="5">职业健康安全要求及执行标准:□有□无　(复印件)</td></tr>
<tr><td colspan="5">发明专利、实用新型专利: □有□无　(复印件)</td></tr>
<tr><td colspan="5">科研成果、获奖情况:□有□无　(复印件)</td></tr>
<tr><td colspan="6">售后服务内容:</td></tr>
<tr><td colspan="6">年销售总量:</td></tr>
<tr><td colspan="6">产品应用情况</td></tr>
<tr><td>工程名称</td><td>供应材料名称、规格型号</td><td>单位</td><td>数量</td><td>合同金额</td><td>合同日期</td></tr>
<tr><td></td><td></td><td></td><td></td><td></td><td></td></tr>
<tr><td></td><td></td><td></td><td></td><td></td><td></td></tr>
<tr><td></td><td></td><td></td><td></td><td></td><td></td></tr>
<tr><td></td><td></td><td></td><td></td><td></td><td></td></tr>
<tr><td colspan="6">有关情况说明

供应商法人代表(或授权人):　　　　　　　年　月　日　　公章</td></tr>
</table>

续表 4-9

<table>
<tr><td colspan="2">以下内容公司填写</td></tr>
<tr><td colspan="2">评价是否合格：

□合格　　□不合格</td></tr>
<tr><td>样品技术审核</td><td>样品及相关技术资料：
□合格　□不合格
签名：　　日期：</td></tr>
<tr><td>物资部审核</td><td>供应商资质、供货能力、质量保证能力、满足环保要求的能力：
□合格　□不合格
签名：　　日期：</td></tr>
<tr><td>批准意见</td><td>批准(是否可进入合格供应商品单或能否参加供应商的选择)：
□合格　□不合格
签名：　　日期：</td></tr>
</table>

(3)各级采购人员根据所审批的"供应商资格预审/评价表"按采购权限将材料供方进行分类整理,并按上述评定方法与内容,进行综合评定后填写评价意见。

(4)公司物资部审核后在"物资部审核"一栏中签署评价意见后报经公司有关主管领导审核。

(5)经公司主管领导审批后,将评定合格的材料供方列入公司合格供方花名册(见表4-10)中,作为公司或项目各类材料采购选择供方范围。

表 4-10　合格供方花名册

序号	类别	编号	供方名称	所供材料	地址	资料存放	联系人

制表人：　　　　　　　　　审核人：　　　　　　　　　审批人：

(三)对供应商的评价

对合格供方每年定期重新评估，即业绩评价，从而淘汰不符合要求的材料供方，以确保所供材料能够满足工程设计质量要求，使业主满意。每年更新供方名录，不合格的撤出，符合要求的及时评价、补充。

1. 评估的内容

(1)生产能力和供货能力。

(2)所供产品的价格水平和社会信誉。

(3)质量保证能力。

(4)履约表现和售后服务水平。

(5)产品环保、安全性。

2. 评估程序

(1)由采购员牵头，组织项目部有关人员对已供货的供方进行一次全面的评价，并填写"供应商评估表"(见表 4-11)。

(2)使用单位的有关部门和采购部门在"供应商评估表"中填写实际情况。

(3)公司物资部根据评估的内容签署意见，确定是否继续保留在合格供应商名单中。

对供应商进行选择和评估，除衡量其生产能力、供应能力、质量水平等外，还应考虑供应商所供材料与实际需求材料的匹配程度、价格水平和支付方式等。总之，选择供应商，要对其进行综合评估。对供应商做综合评估的最基本指标应该包括以下几项：技术水平，产品质量，供应能力，价格，地理位置，可靠性(信誉)，售后服务，提前期，交货准确率，快速响应能力。

供应商的评定和评价是一个多对象多因素(指标)的综合评价问题，有关此类问题的决策还可根据相关数学模型进行定量分析。目前所应用的几种数学模型进行定量分析的基本思路是相似的，都是先对各个评估指标进行权重确定，权重可用数字 1 ~ 10 的某个数值表示，可以是小数(也可取 0 ~ 1 的一个数值，并且规定全部的权重之和为 1)；然后对每个评估指标打分，也可用 1 ~ 10 的一个数值表示；再对所得分数乘以该指标的权重，进行综合处理后得到一个总分；最后根据每个供应商的总得分进行排序、比较和选择。

表4-11 供应商评估表

编号：

________项目部：

请对________供应商(档案编号：　　　　)

在　　　年　　　月至　　　年　　　月期间为你项目部供应物资的情况进行评估,将评估结果填入下表,并于　　　年　　　月前交回物资部。

物资部

日期：

	评估项目	评估			评估人
项目评估	产品质量	□好	□一般	□差	
	产品包装	□好	□一般	□差	
	售后服务	□好	□一般	□差	
	合作性	□好	□一般	□差	
	对纠正措施的执行	□好	□一般	□差	
	对环保保证函的执行	□好	□一般	□差	
	对重点影响单位环境、安全管理协议的执行	□好	□一般	□差	
部门评估	与其他供应商相比价格	□低	□相当	□高	
	与其他供应商相比供货周期	□短	□相当	□长	
	报价配合	□好	□一般	□差	

物资部经理批示：

该供应商 □可 □不可 继续保留在合格供应商名单内。

签名：　　　　日期：

第四节 材料采购合同管理

材料采购合同是供需双方为了有偿转让一定数量、质量的物资而明确的双方权利义务关系,依照法律规定而达成的协议。合同依法成立即具有法律效力。

一、材料采购合同的订立

(一)材料采购合同的订立方式

材料采购合同的订立可采用的方式见表4-12。

表4-12　材料采购合同的订立方式

符号	订立方式	内容
1	公开招标	由招标单位通过新闻媒介公开发布招标广告，以邀请不特定的法人或者其他组织投标，按照法定程序在所有符合条件的材料供应商、建材厂家或建材经营公司中择优选定中标单位的一种招标方式。大宗材料采购通常采用公开招标方式进行
2	邀请招标	招标人以投标邀请书的方式邀请特定的法人或者其他组织投标，只有接到投标邀请书的法人或其他组织才能参加投标的一种招标方式，其他潜在的投标人则被排除在投标竞争之外。一般邀请招标必须向3个以上的潜在投标人发出邀请
3	询价、报价、签订合同	物资买方向若干建材厂商或建材经营公司发出询价函，要求他们在规定的期限内做出报价，在收到厂商的报价后，经过比较，选定报价合理的厂商或公司并与其签订合同
4	直接订购	由材料买方直接向材料生产厂商或材料经营公司报价，生产厂商或材料经营公司接受报价、签订合同

（二）材料采购合同的签订要求

材料采购合同的签订主要应符合表4-13中的要求。

表4-13　材料采购合同的签订要求

序号	签订要求	内容
1	符合法律规定	购销合同是一种经济合同，必须符合《合同法》等法律法规和政策的要求
2	主体合法	合同当事人必须符合有关法律规定，当事人应当是法人、有营业执照的个体经营户、合法的代理人等
3	内容合法	合同内容不得违反国家的政策、法规，损害国家及他人利益。物资经营单位购销的物资，不得超过工商行政管理部门核准登记的经营范围
4	形式合法	购销合同一般应采用书面形式，由法定代表人或法定代表人授权的代理人签字，形式合法并加盖合同专用章或单位公章

（三）材料采购合同的签订程序

经合同双方当事人依法就主要条款协商一致，合同即告成立。签订合同人必须是具有法人资格的企事业单位的法定代表人或由法定代表人委托的代理人。签订合同的程序见表4-14。

表4-14　材料采购合同的签订程序

序号	签订程序	内容
1	要约	合同一方(要约方)当事人向对方(受要约方)明确提出签订材料采购合同的主要要约条款,以供对方考虑,要约通常采用书面或口头形式
2	承诺	对方(受要约方)对他方(要约方)的要约表示接受,即承诺。对合同内容完全同意,合同即可签订
3	反要约	对方对他方的要约要增减或修改,则不能认为承诺,叫作反要约,经供需双方反复协商取得一致意见,达成协议,合同即告成立

(四)材料采购合同的主要条款

依据《合同法》规定,材料采购合同的主要条款见表4-15。

表4-15　材料采购合同的主要条款

序号	主要条款
1	双方当事人的名称、地址,法定代表人的姓名,委托代理订立合同的,应有授权委托书并注明委托代理人的姓名、职务等
2	合同标的。它是供应合同的主要条款,主要包括购销材料的名称(注明牌号、商标)、品种、型号、规格、等级、花色、技术标准等,这些内容应符合施工合同的规定
3	技术标准和质量要求。质量条款应明确各类材料的技术要求、试验项目、试验方法、试验频率以及国家法律规定的国家标准强制性条文和行业标准强制性条文
4	材料数量及计量方法。材料数量的确定由当事人协商,应以材料清单为依据,并规定交货数量的正负尾差,合理磅差和在途自然减(增)量及计量方法,计量单位采用国家规定的度量标准。计量方法按国家的有关规定执行,没有规定的,可由当事人协商执行。一般建筑材料数量的计量方法有理论换算计量、检斤计量和计件计量,具体采用何种方式应在合同中注明,并明确规定相应的计量单位
5	材料的包装。材料的包装是保护材料在储运过程中免受损坏不可缺少的环节。材料的包装条款包括包装的标准和包装物的供应及回收,包装标准是指材料包装的类型、规格、容量以及印刷标记等。材料的包装标准可按国家和有关部门规定的标准签订,当事人有特殊要求的,可由双方商定标准,但应保证材料包装适合材料的运输方式,并根据材料特点采取防潮、防雨、防锈、防振、防腐蚀等保护措施。同时,在合同中规定提供包装物的当事人及包装品的回收等。除国家明确规定由买方供应外,包装物应由建筑材料的卖方负责供应。包装费用一般不得向需方另外收取,如买方有特殊要求,双方应当在合同中商定。如果包装超过原定的标准,超过部分由买方负担费用;低于原定标准的,应相应降低产品价格
6	材料交付方式。材料交付可采取送货、自提和代运3种不同方式。由于工程用料数量大、体积大、品种繁杂、时间性较强,当事人应采取合理的交付方式,明确交货地点,以便及时、准确、安全、经济地履行合同

续表 4-15

序号	主要条款
7	材料的交货期限。材料的交货期限应在合同中明确约定
8	材料的价格。材料的价格应在订立合同时明确,可以是约定价格,也可以是政府指定价或指导价
9	结算。结算指买卖双方对材料货款、实际交付的运杂费和其他费用进行货币清算和了结的一种形式。我国现行结算方式分为现金结算和转账结算两种。转账结算在异地之间进行,可分为托收承付、委托收款、信用证、汇兑或限额结算等方法;转账结算在同城进行,有支票、付款委托书、托收无承付和同城托收承付等方式
10	违约责任。在合同中,当事人应对违反合同所负的经济责任做出明确规定
11	特殊条款。如果双方当事人对一些特殊条件或要求达成一致意见,也可在合同中明确规定,成为合同的条款。当事人对以上条款达成一致意见形成书面后,经当事人签名盖章即产生法律效力,若当事人要求鉴证或公证的,则经鉴证机关或公证机关盖章后方可生效
12	争议的解决方式

二、材料采购合同的履行

材料采购合同订立后,应当依照《合同法》的规定予以履行,见表 4-16。

表 4-16　材料采购合同的履行内容

序号	履行内容	说明
1	按约定的标的履行	卖方交付的货物必须与合同规定的名称、品种、规格、型号相一致,除非买方同意按约定的标的履行,不允许以其他货物代替履行合同,也不允许以支付违约金或赔偿金的方式代替履行合同
2	按合同规定的期限、地点交付货物	交付货物的日期应在合同规定的交付期限内,实际交付的日期早于或迟于合同规定的交付期限,即视为提前或延期交货。提前交付,买方可拒绝接受,逾期交付的,应当承担逾期交付的责任。如果逾期交货,买方不再需要,应在接到卖方交货通知后 15 d 内通知卖方,逾期不答复的,视为同意延期交货。交付的地点应在合同指定的地点。合同双方当事人应当约定交付标的物的地点,如果当事人没有约定交付地点或者约定不明确,事后没有达成补充协议,也无法按照合同有关条款或者交易习惯确定,则适用下列规定:标的物需要运输的,卖方应当将标的物交付给第一承运人以便运交给买方;标的物不需要运输的,买卖双方在订立合同时知道标的物在某一地点的,卖方应当在该地点交付标的物;不知道标的物在某一地点的,应当在卖方合同订立时的营业地交付标的物

续表 4-16

序号	履行内容	说明
3	按合同规定的数量和质量交付货物	对于交付货物的数量应当当场检验,清点账目后,由双方当事人签字,对质量的说明检验,外在质量可当场检验,对内在质量,需做物理或化学试验的,试验的结果为验收的依据。卖方在交货时,应将产品合格证随同产品交买方据以验收。材料的检验,对买方来说既是一项权利也是一项义务,买方在收到标的物时,应当在约定的检验期间内检验,没有约定检验期间的,应当及时检验。当事人约定检验期间的,买方应当在检验期间内将标的物的数量或者质量不符合约定的情形通知卖方。买方怠于通知的,视为标的物的数量或者质量符合约定。当事人没有约定检验期限的,买方应当在发现或者应当发现标的物的数量或者质量不符合约定的合理期限内通知卖方。买方在合理期限内未通知或者自标的物收到之日起 2 年内未通知卖方的,视为标的物的数量或者质量符合约定,但又对标的物有质量保证期的,适用质量保证期,不适用该 2 年的规定。卖方知道或者应当知道提供的标的物不符合约定的,买方不受前两款规定的通知时间的限制
4	买方的义务	买方在验收材料后,应按合同规定履行支付义务,否则承担法律责任
5	违约责任	(1)卖方的违约责任。卖方不能按期交货的,应向买方支付违约金;卖方所交货物与合同规定不符的,应根据情况由卖方负责包换、包退、包赔造成的买方损失。 (2)买方违约责任。买方中途退货,应向卖方偿付违约金;逾期付款,应按中国人民银行关于延期付款的规定或合同的约定向卖方偿付逾期付款违约金

三、材料采购索赔

材料采购合同管理的一个重要内容是及时提出索赔。索赔是合法的正当权利要求。根据法律规定,对并非由于自己过错所造成的损失或者承担了合同规定之外的工作付出了额外支出,有权向承担责任方索回必要的损失。

第五节 材料进场验收及符合性判断

一、材料进场验收和复验的意义

建筑材料是施工项目的主要物资,是工程构成实体的组成要素,其质量的保证直接关系水利工程各种功能的实现,尤其关系到水利工程整个寿命周期内的安全及耐久性,具有关系国计民生的重要意义;水利工程投资高、使用环境不可测、诸多材料在工程结束后都处于隐蔽不可测状态;假冒伪劣产品用于工程,会造成严重的公共安全隐患。因此,材料的质量必须在生产和工程应用各阶段加强控制。

工程项目的材料进场验收是保证进入施工现场的物资满足工程预定的质量标准,满足用户使用,满足用户生命安全的重要手段和保证。因此,在相关国家规范和各地建设行政管理部门对建筑材料的进场验收和复验都做了严格的规定,要求施工企业加强对建筑材料的进场验收与管理,按规范应复验的必须复验,无相应检测报告或复验不合格的应予退货,严禁使用有害物质含量不符合国家规定的建筑材料,严禁使用国家明令淘汰的建筑材料和使用没有出厂检验报告的建筑材料,尤其不按规定对建筑材料的有害物质含量指标进行复验的,对施工单位和有关人员进行处罚。

应该注意的是,建筑材料的出厂检验报告与进场复验报告有本质的不同,不能替代。这是因为:其一,出厂检验报告为厂家在完成此批货物的情况下厂方自身内部的检测,一旦发生问题和偏离,不具有权威性;其二,进场复验报告为用货单位在监理方及业主方的监督下由本地质检权威部门出具的检验报告,具有法律效力;其三,出厂检验报告是每种型号、每种规格都出具的,而进场报告是施工部门在使用的型号规格内随机抽取的。

因此,进场验收和复验具有重要的意义。材料的验收必须要做到认真、及时、准确、公正、合理。

二、验收流程

材料进场验收及复验流程如图4-2所示。

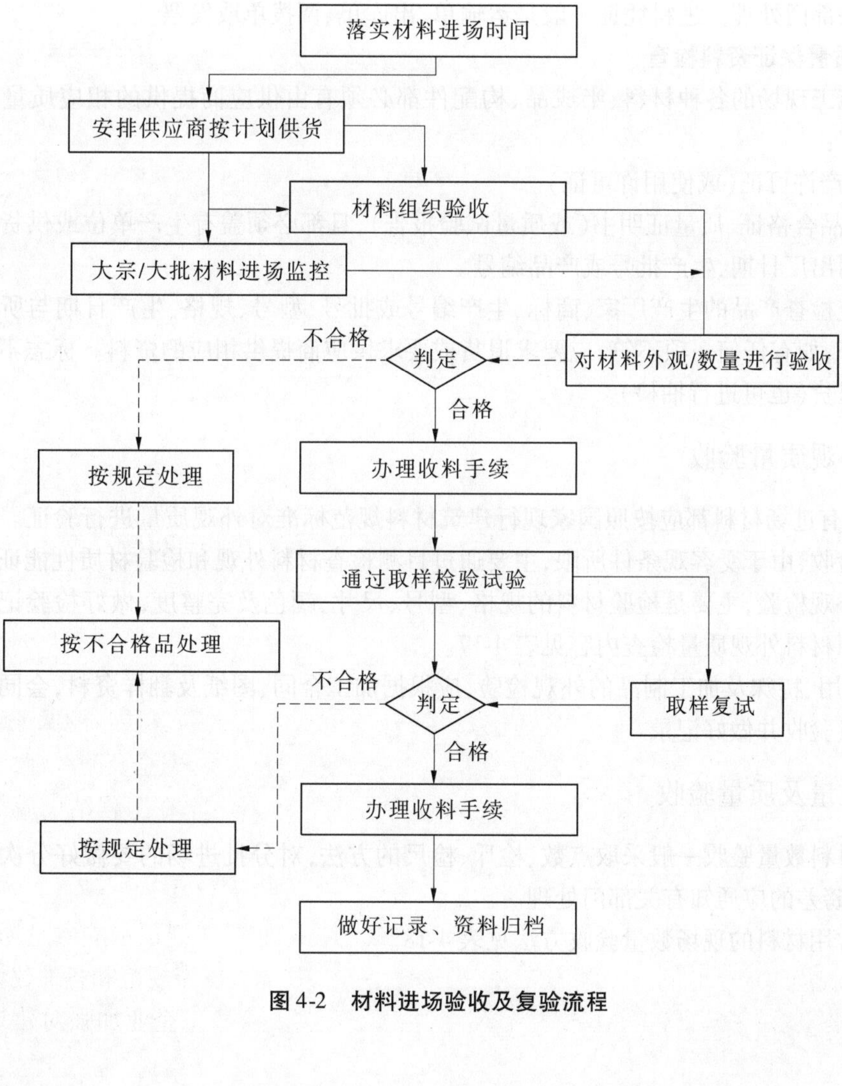

图4-2　材料进场验收及复验流程

三、验收准备

(1)场地和设施的准备。材料进场前,根据用料计划、现场平面布置图、物资保管规程及现场场容管理要求,进行存料场地及设施准备。场地应平整、夯实,并按需要建棚、建库。

(2)苫垫物品的准备。对进场露天存放、需要苫垫的材料,在进场前要按照物资保管规程的要求,准备好充足适用的苫垫物品,确保验收后的料具做到妥善保管,避免损坏变质。

(3)计量器具的准备。计量器具使用前应经计量部门检定或应在检定有效期内,根据不同材料计量特点,在材料进场前配齐所需的计量器具,确保验收顺利进行。

(4)有关资料的准备。包括用料计划、加工合同、翻样、配套表及有关材料的质量标准;砂石沉陷率、运输途耗规定等。

四、文字材料核对与检查

(一)凭证核对

确认是否为应收的材料,凡无进料凭证和经确认不属于应收的材料不得办理验收,并及时通知有关部门处理。进料凭证一般是运输单、出库单、调拨单或发票。

(二)质量保证资料检查

进入施工现场的各种材料、半成品、构配件都必须有由供应商提供的相应质量保证资料。主要有:

(1)生产许可证(或使用许可证)。

(2)产品合格证、质量证明书(或质量试验报告),且都必须盖有生产单位或供货单位的红章并标明出厂日期、生产批号或产品编号。

主要应检查产品的生产厂家、商标、生产编号或批号、型号、规格、生产日期与所提供资料是否相符,如有任何一项不符,应要求退货或要求供应商提供相应的资料。标志不清的材料可要求退货(也可进行抽检)。

五、外观质量验收

(1)所有进场材料都应按照国家现行建筑材料规范标准对外观质量进行验证。现场材料的质量验收,由于受客观条件所限,主要通过目测检查材料外观和检验材质性能证件。一般材料的外观检验,主要是检验材料的规格、型号、尺寸、颜色及完整度,做好检验记录。现场部分常用材料外观质量检查内容见表4-17。

(2)专用、特殊及加工制品的外观检验,应根据加工合同、图纸及翻样资料,会同有关部门进行质量验收并做好记录。

六、数量及质量验收

现场材料数量验收一般采取点数、检斤、检尺的方法,对分批进场的要做好分次验收记录,对超过磅差的应通知有关部门处理。

几种常用材料的现场数量验收方法见表4-18。

表4-17　现场部分常用材料外观质量检查内容

序号	类别	名称	外观检查质量的内容
1	钢材及制品	螺纹钢	裂纹、结疤、折叠、油污、弯曲、锈蚀、偏差值等
		盘圆	裂纹、结疤、折叠、油污、锈蚀、偏差值等
		预应力混凝土钢丝	裂纹、结疤、折叠、油污、锈蚀、偏差值等
		预应力混凝土钢筋	裂纹、结疤、折叠、油污,弯曲、锈蚀、偏差值
		预应力混凝土钢绞线	裂纹、结疤、折叠、油污,弯曲、锈蚀、偏差值
		型钢	弯曲、扭转、锈蚀、偏差值等
		无缝钢管	裂缝、折叠、轧折、离层、发纹、结疤等
		轻钢龙骨	弯曲、锈蚀等
2	木材及制品	木料	节子、腐朽、裂纹、夹皮、虫害、钝棱、弯曲、斜纹等
		胶合板	翘曲度、节子、夹皮、裂缝、虫孔、拼接缝、变色、腐朽、鼓泡
		刨花板	裂缝、局部松软、夹渣、边角缺损、压痕等
		细目工板	节子、夹皮、补片、变色、裂缝、虫孔、腐朽
3	凝胶材料	通用水泥	时效、结块、破损等
		白水泥	白度等级、结块、破损等
		生石灰粉	受潮、细度、破损等
		消石灰粉	细度、杂质、破损等
4	骨料	砂	含泥量、泥块、坚硬度、洁净度等
		石子	含泥量、粒形、针片状颗粒含量等
5	外加剂	外加剂	受潮、变质
7	石料	毛石	裂纹、风化、剥落、层裂、杂质等
		料石	尺寸、裂纹、风化、剥落、层裂、杂质等
8	土工合成材料	土工织物	整体连续性、老化、腐蚀等
		土工膜、模袋	整体连续性、老化、腐蚀等
		土工特种材料	整体连续性、老化、腐蚀、熔融等
9	止水材料	止水带	开裂、海绵状、凹痕、气泡、杂质、明疤等

续表 4-17

序号	类别	名称	外观检查质量的内容
10	水管	混凝土排水管	光洁平整度、蜂窝、露筋、椭圆度、承插口残留混凝土块、空鼓等
		硬 PVC 管及管件	光滑平整度、气泡、痕纹、凹陷、色差等
		钢管及管件	端口平整光滑、弯曲、焊缝无焊渣焊流、痕纹、凹陷、椭圆度等
		球墨铸铁管及管件	端口平整光滑、承插口结疤、弯曲、痕纹、凹陷、椭圆度等
		螺旋焊管及管件	端口平整光滑、承插口结疤、痕纹、凹陷、椭圆度等
		玻璃钢管及管件	光滑平整度、气泡、痕纹、凹陷、椭圆度、色差等
		PE 管及管件	光滑平整度、气泡、痕纹、凹陷、色差等
		PCCP 管	光洁平整度、蜂窝、露筋、椭圆度、空鼓等

表 4-18 几种常用材料的现场数量验收方法

序号	名称	现场数量验收方法
1	钢材	钢筋验收的方法有检斤和检尺。所谓检斤，就是按物资的实际质量验收。供应商在将钢材送到现场前进行过磅。现场验收人员可以采取去磅房监磅，按实际数量结算。也可采取现场复磅，一般采用电子称在现场复磅。二者之间的磅差不超过 ±3‰，按供应磅单结算，超过 ±3‰，按现场复磅数结算。双方有争议者，可采用到第三方复磅。所谓检尺，就是按理论换算的方式验收。供应商将钢材送到现场后，双方点根数，按实际根数和每米的质量进行计量验收。 无论运用何种方法，现场验收人员都应配备游标卡尺，进行直径或壁厚的检测，对照标准，偏差超过国家规范的作为不合格产品拒绝验收
2	水泥	袋装水泥在车上或卸入仓库后点袋计数，同时对袋装水泥实行抽检，以防每袋质量不足。破袋的要罐袋计数并过秤，防止质量不足而影响混凝土和砂浆强度，产生质量事故。 罐车运送的散装水泥，可按出厂秤码单计量净重，但要注意卸车时要卸净，检查的方法是看罐车上的压力表是否为零及拆下的泵管是否有水泥。压力表为零、管口无水泥即表明卸净。对怀疑质量不足的车辆，可采取单独存放，进行检查
3	板、方材	现场使用的木方常为 50 mm×100 mm×4 000 mm 和 100 mm×100 mm×4 000 mm 两种规格，验收时全部点数后。计算方法：50 mmm×100 mm×4 000 mm 规格木方的验收数量(m^3)=根数×0.02；100 mm×100 mm×4 000 mm 规格木方的验收数量(m^3)=根数×0.04。 板材的验收，一般是码整齐后，用量尺量长度和中间宽度，数层数。计算时： 板材数(m^3)=长度×(中间宽度－双方协商的板缝)×0.05×层数

续表 4-18

序号	名称	现场数量验收方法
4	砂石骨料	砂、石的数量按运输工具不同、条件不同而采取量方、过磅计量等方法。 ①量方验收。 进料后先做方,即把材料做成四梭台堆放在平整的地上。凡是出厂有计数凭证的(也称上量方)以发货凭证的数量为准,但应进行抽查。凡进场计数(也称下量方)一般在现场落地成方,检查验收,也可在车上检查验收。无论是上量方抽查,还是下量方检查,都应考虑运输过程的下沉量。成方后进行长、宽、高测量,然后计算体积: $V=\frac{h}{b}[ab+(a+a_1)(b+b_1)+ab]$ 式中,a、b 为砂石堆方底面边长;a_1、b_1 为砂石堆方顶面边长;h 为砂石堆高。 当砂石料以“t”为单位计量时,根据所求体积与其堆积密度计算出相应质量。 ②过磅计量。 发料单位经过地磅,每车随附秤码单送到现场时,应收下每车的秤码单,记录车号,在最后一车送到后,核对收到的秤码单和送货凭证是否相符。 ③其他计量。 水运码头接货无地磅,又缺乏堆方场地时,可直接在车船上抽查。 一种方法是利用船上载重水位线表示的吨位计算;另一种方法是在运输车上快速将黄砂拉平,量其装载高度,按照车型固定的长度计算体积,然后换算成质量

七、材料质量的复验

材料进场验收中,对需要做材质复验(亦称复试)的材料,应按规定的复验内容和验收批取样方法填写委托单,试验员按要求取样,送满足资质要求的试验单位(要求为独立第三方试验单位)进行检验,检验合格的材料方能使用。

除按规定项目对进场材料进行复验外,对于标志不清,或对质量保证资料有怀疑,或与合同规定不符的一般材料,或由工程重要程度决定进行一定比例试验的材料,或需要进行跟踪检验以控制和保证其质量的材料等,也应进行复验。对于进口的材料设备和重要工程或关键施工部位所用材料,则应进行全部检验。

(一)复验材料的取样

在每种产品质量标准中,均规定了取样方法,材料的取样必须按规定的部位、数量和操作要求来进行,确保所抽样品有代表性。抽样时,按要求填写材料见证取样表,明确试验项目。

在材料的质量标准中,均明确规定了产品出厂(矿)检验的取样频率,在一些质量验收规范中也对验收批给予了规定。必须确保取样频率不低于这些规定,这是控制材料质量的需要,也是工程顺利进行验收的需要。业主、政府主管部门、勘察单位、设计单位在工程施工过程中一般介入得不深,在主体或竣工验收时,主要是看质量保证资料和外观,如果取样频率不够,往往会对工程质量产生质疑,作为材料管理人员要重视这一问题。

材料取样后，应在规定的时间内送检，送检前，监理工程师必须考察试验单位的资质等级和规定的业务范围。

为了达到控制质量的目的，在抽取样品时应首先选取有疑问的样品，也可以由承发包双方商定增加抽样数量。

材料复验的取样原则如下所述：

(1)同一厂家生产的同一品种、同一类型、同一生产批次的进场材料应根据相应材料质量标准与管理规程、规范要求的代表数量确定取样批次，抽取样品进行复试，当合同另有约定时应按合同执行。施工单位对原材料和中间产品取样，由监理人员见证；监理机构平行检测取样，由业主见证。

(2)跟踪检测的项目和数量(比例)应在监理合同中约定。其中，混凝土试样不应少于承包人检测数量的7%，土方试样不应少于承包人检测数量的10%。施工过程中，监理机构可根据质量控制工作需要和工程质量状况等确定跟踪检测的频次和分布，但应对所有见证取样进行跟踪。

(3)每项工程的取样和送检见证人，由该工程的建设单位书面授权，委派在该工程现场的建设单位或监理人员1~2名担任。见证人应具备与工作相适应的专业知识。见证人及送检单位对试样的代表性、真实性负有法定责任。

(4)平行检测的项目和数量(比例)应在监理合同中约定。其中，混凝土试样不应少于承包人检测数量的3%，重要部位每种强度等级的混凝土至少取样1组；土方试样不应少于承包人检测数量的5%，重要部位至少取样3组。

(5)试验单位在接受委托试验任务时，须由送检单位填写委托单，委托单上要设置见证人签名栏。委托单必须与同一委托试验的其他原始资料一并由试验单位存档。

(6)各单位委托的检测单位的委托单、送样台账和检测报告台账应一一对应，确保用于本工程的材料质量具有可追溯性。

(二)复验结果处理

(1)试验单位必须单独建立不合格试验项目台账。若出现不合格项目，应及时向施工企业主管领导和当地政府主管部门、质量监督机构报告；其中，影响结构安全的建材应在24 h内向以上部门报告。

(2)试验检测单位出具的试验报告，是工程竣工资料的重要组成部分，当建设单位或监理人对施工企业实验室出具的试验报告有异议时，可委托法定检测机构进行抽检。如抽检结果与施工企业试验报告相符，抽检费用由建设单位承担；反之，由施工企业承担。

(3)依据标准需重新取样复试时，复试样品的试件编号应与初试时相同，但应后缀“复试”加以区别。初试与复试报告均应进入工程档案。

(三)主要材料进场复验项目与组批、取样

主要材料进场复验项目与组批、取样的规定见表4-19。

八、常用水利水电工程材料的验收方法及符合性判断

常用水利水电工程材料的验收方法及符合性判断见附录三。

表 4-19　主要材料进场复验项目与组批、取样

序号	材料类别	材料名称	复验项目	取样依据	组批及取样
1	水泥	通用硅酸盐水泥	3 d、28 d 抗压强度及抗折强度，细度、凝结时间、安定性、化学指标等	《通用硅酸盐水泥》(GB 175)	(1)散装水泥： ①组批：对同一水泥厂同期生产的同品种、同强度等级、同一出厂编号的水泥为一验收批，但一验收批的总量，不得超过 500 t； ②取样：随机从不少于 3 个车罐中各取等量水泥，经混拌均匀后，再从中称取不少于 12 kg 的水泥作为试样。 (2)袋装水泥： ①组批：对同一水泥厂同期出厂的同品种、同强度等级、同一出厂编号的水泥为一验收批，但一验收批的总量，不得超过 200 t； ②取样：随机从不少于 20 袋中各取等量水泥，经混拌均匀后，再从中称取不少于 12 kg 的水泥作为试样
2	钢筋	钢筋原材	外观质量及公称直径、抗拉强度、屈服点、伸长率、弯曲性能等	《钢筋混凝土用钢 第 1 部分：热轧光圆钢筋》(GB/T 1499.1) 《钢筋混凝土用钢 第 2 部分：热轧带肋钢筋》(GB 1499.2)	(1)组批：钢筋应按批进行检查和验收，每批由同一牌号、同一炉罐号、同一规格、同交货状态的钢筋组成。每批质量应不大于 60 t。超过 60 t 的部分，每增加 40 t(或不足 40 t 的余数)，增加一个拉伸试验试样和一个弯曲试验试样。 (2)取样：共 10 个。力学性能，2 个；弯曲性能：2 个；尺寸及质量偏差：5 个；化学成分，1 个。在切取试样时，应将钢筋端头的 500 mm 去掉后再切取 500 mm
		钢筋焊接	焊接接头质量：抗拉强度 对焊做抗拉强度、冷弯等	《钢筋焊接及验收规程》(JGJ 18) 《钢筋焊接接头试验方法标准》(JGJ/T 27)	(1)同规格同类型焊接接头 300 个取样一组。 (2)对焊一组 6 根试样，3 根冷拉，3 根冷弯；搭接焊一组 3 根，只做冷拉。每支试样长度不小于 550 mm

续表 4-19

序号	材料类别	材料名称	复验项目	取样依据	组批及取样
3	骨料	普通混凝土用砂	筛分析、含泥量、泥块含量、有机质含量、云母含量等	《混凝土用砂、石质量及检验方法标准》(JGJ 52)	以同一产地、同一规格每 400 m^3 或 600 t 为一验收批，不足 400 m^3 或 600 t 也按批计
		普通混凝土用碎石或卵石	筛分析、含泥量、泥块含量，针片状颗粒含量，压碎值指标等	《混凝土用砂、石质量及检验方法标准》(JGJ 52)	以同一产地、同一规格每 400 m^3 或 600 t 为一验收批，不足 400 m^3 或 600 t 也按批计
4	外加剂	外加剂	减水率、含固量、含气量、pH 值、细度、流动度等	《混凝土外加剂》(GB 8076)	(1)取样每批次取样 1 组。 (2)掺量≥1% 每 100 t 为一批；掺量 <1% 每 50 t 为 1 批；每批取样量 <0.2 t 水泥所需外加剂量
5	砂浆	砌筑砂浆	抗压强度	《建筑砂浆基本性能试验方法》(JGJ/T 70)	(1)建筑砂浆试验用料应从同一盘砂浆或同一车砂浆中取样。取样量不应少于试验所需量的 4 倍。 (2)当施工过程中进行砂浆试验时，砂浆取样方法应按相应的施工验收规范执行，并宜在现场搅拌点或预拌砂浆卸料点的至少 3 个不同部位及时取样。对于现场取得的试样，试验前应人工搅拌均匀。 (3)从取样完毕到开始进行各项性能试验，不宜超过 15 min
6	止水材料	橡胶止水带	拉伸强度、扯断伸长率、撕裂强度、老化等； 接头：强度。	《水工建筑物止水带技术规范》(DLT 52150)	一组/批
		铜及钢止水带	强度、伸长率； 接头：强度		一组/批
7	土料	土料	界限含水率、颗粒分析、击实试验	《土工试验方法标准》(GB/T 50123)	每种配比取一组，轻型击实取 20 kg 样土，重型击实取 50 kg 样土

续表 4-19

序号	材料类别	材料名称	复验项目	取样依据	组批及取样
8	粉煤灰	粉煤灰	细度、烧失量、需水量比、三氧化硫等	《粉煤灰混凝土应用技术规范》(GB/T 50146) 《用于水泥和混凝土中的粉煤灰》(GB/T 1596)	一组 200 t,不足 200 t 也应取 1 组
9	锚杆	锚杆	抗拔力、注浆密实度等	《锚杆喷射混凝土支护技术规范》(GB 50086) 《水利水电工程锚喷支护技术规范》(SL 377)	一组 300 根(或按设计要求),设计变更或材料变更时应另做一组;每组锚杆不得少于 3 根
10	砌筑块	砌筑块(砖)	抗压强度等	《烧结普通砖》(GB/T 5101)	每 3.5 万块为一试验批,不足 3.5 万块亦按一批计。用随机抽样法从外观质量和尺寸偏差检验合格的样品中抽取 15 块,其中 10 块做抗压强度检验,5 块备用
11	石料	抛石	块体密度、干燥状态下抗压强度、水饱和状态下抗压强度、软化系数	《水利水电工程岩石试验规程》(SL 264)	水下抛石取样数量和地点按合同专用条款执行,建议 10 000 m^3 至少取样 1 组,监理抽检为施工方 10%
		干砌块石、浆砌块石、灌砌块石	块体密度、干燥状态下抗压强度、水饱和状态下抗压强度、软化系数	《水利水电工程岩石试验规程》(SL 264)	每料源取样一组,一组至少 3 件

续表 4-19

序号	材料类别	材料名称	复验项目	取样依据	组批及取样
12	土工材料	长丝无纺土工布	1. 条带拉伸试验;2. 顶破强度;3. 单位面积质量;4. 厚度;5. 垂直渗透系数等	《土工合成材料长丝纺粘针刺非织造土工布》(GB/T 17639)	每批产品随机抽取 2% ~3%,但不少于 2 卷
		编织土工布		《土工合成材料裂膜丝机织土工布》(GB/T 17641)	每批产品随机抽取 2% ~3%,但不少于 2 卷
		复合土工膜		《土工合成材料非织造布复合土工膜》(GB/T 17642)	同一批同一规格数量不超过 50 卷,自检验批中最少抽取 2 卷;同一批同一规格数量超过 50 卷,自检验批中最少抽取 3 卷
		长丝机织土工布		《土工合成材料长丝机织土工布》(GB/T 17640)	同一批同一规格数量不超过 50 卷,自检验批中最少抽取 2 卷;同一批同一规格数量超过 50 卷,自检验批中最少抽取 3 卷
		土工栅格	单向土工栅格:每延米极限抗拉强度、标称抗拉强度下的伸长率,2%、5% 伸长率时的拉伸力。 双向土工栅格:每延米横、纵向极限抗拉强度,横、纵标称抗拉强度下的伸长率,横、纵 2%、5% 伸长率时的拉伸力	《土工合成材料塑料土工格栅》(GB/T 17689)	同一牌号的原料、同一配方、统一规格和同一生产工艺并稳定连续生产的一定数量产品为一批次,每批数量不超过 500 卷,每卷长度约 50 m,不足 500 卷则以 5 日产量为一批次,自检验批产品中随机抽取 5 卷

第六节　甲供材料验收

甲供材料供货方式是发包方(甲方)和施工单位之间材料供应、管理和核算的一种方法。通常在工程建设招标文件以及合同中约定,由发包方(甲方)直接采购和供应工程建设材料,承包方(乙方)只负责实施使用。它是发包方出于控制项目工程造价以及管理工程质量考虑,逐步运用和发展的一种工程管理方式,是发包方天然拥有的权利。

一、甲供材料特点

甲供材料管理实施中,甲方负责项目所需资金的筹备和资源组织,并按照施工企业编制的施工图预算负责材料的采购供应。施工企业只负责施工中材料的消耗及耗用核算。

为确保施工生产的顺利进行,施工企业必须按生产进度和施工要求及时提出准确的材料使用计划,甲方应根据计划按时、按质、按量、配套地供应材料。材料的价格风险由甲方承担,材料的数量风险由施工单位承担。

二、甲供材料现场验收

(一)现场验收

施工单位需指定专人现场接收甲供材料,并由甲方、监理共同参与对甲供材料验收,三方均应在《甲供材料进场验收单》上签字确认。如在夜间及下班时间内到货,施工单位指定的专人应保证随叫随到,及时进行验收。

监理检查产品的出厂合格证、检验报告等是否齐全,如果资料不齐全应及时向供货方索取。资料补齐后方可办理验收手续。检查同一批进场的产品型号、规格是否一致,产品质量是否符合要求,不合格材料坚决杜绝进场,并在《甲供材料进场验收单》上签署有关质量意见。

甲方、施工单位仔细检查产品实物与资料上的(送货单)内容和各项技术指标是否相符;检查产品的外观形状,包括其包装、标识及相关内容是否完好,检查其数量是否与送货单一致,如有短缺应由供货商补足。

甲方的监督人员需监督材料验收程序是否符合要求,当供货商在质量、数量、供应时间上等不符合合同要求时,需根据与供货商签订的供货合同有关条款进行处罚,经济处罚事项在付款实施时扣除,数量赔偿事项在下次送货时监督落实。

材料验收单由施工单位接收材料专人填写,参加验收人员共同签署意见,验收单须附送货单小票,甲方工程管理人员提交其计划部门汇总审核。验收单严禁随意涂放,如有涂改须有当事人的签章。

甲供材料经质检部门(或有资质检测单位)检验不合格需退货的,施工单位需出具书面退货申请,将申请、检验报告等证明文件一齐报甲方工程管理部门,经审核后办理相关手续。

由于施工单位施工原因或计划不周或不根据变更及时提报材料的变更增减计划等因素造成的退货申请,因退货所产生的费用由施工单位承担。

（二）不合格材料的处置

（1）质量不合格：监理、甲乙双方现场工程师共同参与材料验收，发现不合格的，由甲方负责联系供货商退货，并要求供货商承担由此产生的运输费用、保管费用等，造成工程施工延期的，由三方共同出具书面证明，由供货商承担由此造成的施工单位的损失。

（2）数量达不到要求：对总量不足或超额供应现场，现场工程师应及时要求供货商进行补足或退货，由此造成的费用由供货商进行承担，须在材料采购合同中做出详细说明；对抽查单批次达不到规范要求、影响工程质量、不能施工的材料，由甲方负责联系供货商退货。依据实际抽查实测数量，作为材料结算及付款依据。

三、甲供材料结算

甲供材料按图纸计算加上现行定额规定损耗率的数量施工单位包干使用，因设计变更增加部分，由甲方依据施工单位提交的计划按实补足。

将核对后的供货数量与现场签收的进场验收单数量进行核对，审核单上必须有本月供应数及累计供应数汇总，并有供货商和施工单位共同签字认可。甲供材料超供部分，依据施工单位签收的材料数量，甲供材料款在支付工程款的同时扣除。

四、甲控材料

甲控材料指的是招标投标过程中已明确甲控乙供的材料，即由乙方采购，甲方（监理）单位认可的材料。

甲控材料一般是发包人为了控制材料质量和供货时间，在招标文件专用条款中载明工程主要材料为甲控乙供的材料。甲控材料主要操作及验收规则如下：

（1）属甲控乙供的材料，甲方组织监理协助进行招标投标，与所确定供应商签订合同之后，乙方再与供应商、运输商等签订采购运输合同，甲方主要负责协调各方关系及代扣代缴材料款，乙方对采购材料质量负责。零星材料由乙方推荐不少于3家厂家，参建各方联合确定最终厂家。

（2）甲控材料的材料单价应在招标文件中明确，供货时间不得对施工工期造成延误。

（3）乙方要提前通知甲方材料到货时间和地点，以便甲方、监理跟踪检验，必要时甲方、监理将抽样检验，乙方应予以配合。

（4）凡发生材料货源与招标中标单位不符，或材料发票、质保书、炉批号与材料不符，甲方、监理有权通知乙方停止使用，清退出场。影响的工程进度由乙方负责。

（5）甲方、监理有权利委托有资质的检验部门对进场原材料进行检测，所发生的检测费由发包人承担，如乙方对检测结果有异议，则联合抽样检测，如检测结果不合格，则费用由乙方承担。

（6）凡乙方所购甲控乙供材料须在合同签订后及时在甲方处核备，采购中的供货发票的复印件应经甲方（监理）核对后提供给甲方物供部核备。

（7）凡需甲方通过招标投标形式选择供应商的少量和大宗材料，乙方必须根据自身计划安排提前50 d向甲方提出申请，否则影响供应的责任由乙方承担。

第五章 材料储存与使用

第一节 概 述

材料储存与使用管理是材料从流通领域进入施工企业的“监督关”,是材料投入施工生产消费领域的“控制关”;材料储存过程又是保质和保量的“监护关”,所以材料储存与使用管理工作负有重大的经济责任。

一、材料储存与使用管理特点

(1)为实现产品的使用价值服务。

储存与使用管理工作不创造使用价值,但创造价值。材料储存与使用管理是施工生产过程为使生产不致中断,而解决材料生产消费在时间与空间上的矛盾必不可少的中间环节。材料处在储存阶段虽然不能使材料的使用价值增加,但通过仓储保管可以使材料的使用价值不受损失,从而为材料使用价值的最终实现创造条件。因此,材料储存与使用管理工作是产品的生产过程在流通领域的继续,是为实现产品的使用价值服务的。储存与使用管理劳动是社会的必要劳动,它同样创造价值。储存及使用管理工作创造价值这一特点,要求储存及使用管理必须提高水平,尽可能减少材料的搬运、消耗损耗,使其使用价值得以实现。

(2)具有不平衡和不连续性的特点。

储存与使用管理工作具有不平衡和不连续的特点。这个特点给储存与使用管理工作带来一定的困难,这就要求管理人员在储存保管好材料的前提下,掌握各种材料的性能和运输特点,安排好进出库计划,均衡使用人力、设备及仓位,以保证储存及使用管理的正确运行。

(3)直接为生产服务。

储存与使用管理工作具有服务性质,直接为生产服务。储存与使用管理工作必须从生产出发,首先保证生产需要。同时要注意扩大服务项目,把材料的加工改制、综合利用和节约代用、组装、配套等提到管理工作的日程上来,使有限的材料发挥更大的作用。

二、材料储存与使用管理作用

(1)保证顺利施工。

材料储存与使用管理是保证施工生产顺利进行的必要条件,是保证材料流通不致中断的重要环节。

施工生产的过程是材料不断消耗的过程,储存与管理一定量的材料,是施工生产正常进行的物质保证。各种材料须经订货、采购、运输、现场验收、储存、发放等环节,才能到达施工班组。为防止供需脱节,企业必须依靠合理的材料储存与使用管理来进行平衡和调剂。

(2)是材料管理的重要组成部分。

储存与使用管理是材料管理的重要组成部分。仓储管理是联系材料供应、管理和使用三方面的桥梁。使用管理贯穿施工准备、施工过程、工程竣工收尾各个阶段。储存与使用管理的好坏,直接影响材料供应管理工作目标的实现。

(3)保持材料的使用价值。

储存与使用管理是保持材料使用价值的重要手段。材料在储存期间,从物理化学角度看,在不断地发生变化。这种变化虽然因材料本身的性质和储存条件的不同而有差异,但一般都会造成不同程度的损害。材料使用管理期间,从发放到耗用都需要严格管理,否则会造成材料的浪费和损耗。因此,材料的储存与使用管理中的合理保管、科学保养、程序发放,是防止新的积压、减少损害、降低损耗,保持其使用价值的重要手段。

(4)加速材料周转减少库存。

加强储存与使用管理,加速材料的周转,减少库存,防止新的积压,减少资金占用,从而可以促进物资的合理使用和节约流通费用。

第二节 材料储存管理

一、材料储存业务流程

材料储存业务流程指仓库业务活动按一定程序,在时间和空间上进行合理安排和组织,使仓库管理有序地进行。材料储存业务流程分为入库、储备和发运三个阶段。材料储存业务流程见图 5-1。

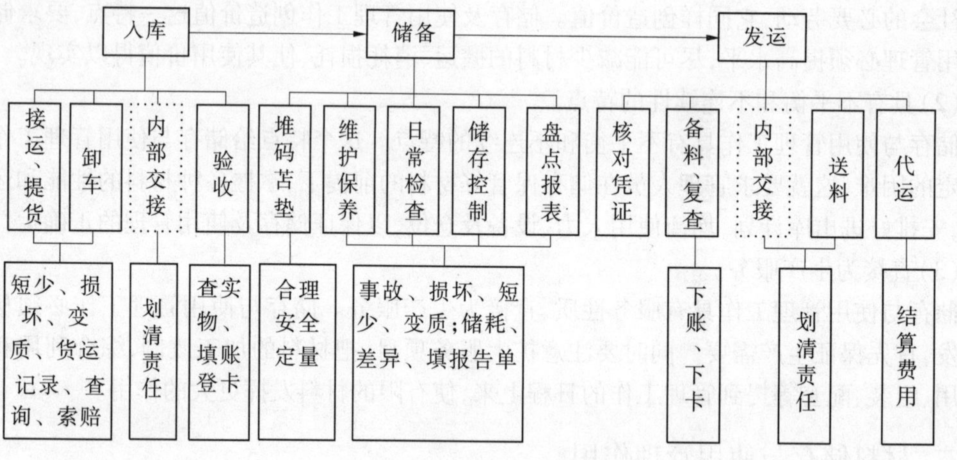

图 5-1 材料储存业务流程

二、材料入库

材料入库由接料、验收、入库三个环节组成。材料接料时必须认真检查验收,合格后再入库,材料验收入库是储存活动的开始,是划清企业内部与外部材料购销经济责任的界线。

验收是对到货材料入库前的质量、数量检验,并核对单据、合同,如发现问题,要划清买方、卖方、运方责任,填好相应记录,签好相应凭证,为今后的材料保管和发放提供条件,材料验收入库工作的基本要求是准确、及时、严肃,其工作顺序如下。

(一)入库前准备

(1)收集并熟悉验收凭证及有关资料,准备相应的检验工具,计划堆放位置及准备苫垫材料,安排搬运人员和工具,准备特殊材料防护设施,有要求时要通知相关部门或单位共同验收。

(2)仓库的交通应方便,便于材料的运输和装卸,仓库应尽量靠近路边,同时不得影响总体规划;仓库的地势应较高且地形平坦,便于排水、防洪、通风和防潮;油库、氧气、乙炔气等危险品仓库与一般仓库要保持一定距离,与居民区或临时工棚也要有一定的安全距离;合理布局水电供应设施,合理确定仓库的面积及相应设施。

(二)验收及入库

(1)由申请人填写入库申请单。工地所需的材料入库前,应进行材料的验收。材料保管员兼作材料验收员,材料验收时应以收到的材料清单所列材料名称、数量对照合同、规定、协议、技术要求、质量证明、产品技术资料、质量标准、样品等进行验收入库,验收数量超过申请数量者以退回多余数量为原则。必要时经领导核定审核批准后可以先办理入库手续,再追加相应手续。

(2)材料的验收入库应在材料进场时当场进行,并开具入库单,入库单上应详细地填写入库材料的名称、数量、型号、规格、品牌、入库时间、经手人等信息,且应在入库单上注明采购单号码,以便复核。如数量、品质、规格等有不符之处,应采用暂时入库形式,开具材料暂时入库白条,待完全符合或补齐时再开具材料入库单,同时收回入库白条,不得先开具材料入库单后补货。

(3)所有材料入库必须严格验收,在保证其质量合格的基础上实测数量,根据不同材料物件的特性,采取点数、丈量、过磅、量方等方法进行量的验收,禁止估约。

(4)对大宗材料、高档材料、特殊材料等要及时索要有效的"三证"(产品合格证、质量保证书、出厂检测报告),产品质量检验报告必须加盖印章。对不合格材料的退货也应在入库单中用红笔进行标注,并详细地填写退货的数目、日期及原因。

(5)入库单应一式三联。一联交于财务,以便于核查材料入库时数量和购买时数量是否一致。一联交于采购人员,并与材料的发票一起作为材料款的报销凭证。最后一联应由仓库保管人员留档备查。

(6)因材料数量较大或包装因素,一时无法将应验收的材料验收的,可以先将包装的个数、质量或数量及包装情况等做预备验收,待认真清理后再进行正式验收,必要时在出库时进行验收。

(7)材料入库后,公司有关部门认为有必要时,可对入库材料进行复验。对大宗材料、高档材料、特殊材料等的进场验收,必须由含保管员在内的两人及以上人员共同参与点验,并在送货单或相关票据上签字。对不能入库的材料,如周转材料钢材、模板、木材、脚手架等物资进行验收时,应由仓库员和使用该材料的施工班组指定人员共同参与点验并在送货单上签字,每批供货完成后据此验收依据一次性直接由工长开出限额领料单拨料给施工班组。

(8)验收入库的材料按先后顺序,分品种、规格、型号、材质、用途分别在仓库货架摆放或地上码放,并进行详细的标识。玻璃、陶瓷及易碎材料在入库时要轻拿轻放。

(三)材料入库的"六不入"原则

有送货单而没有实物的,不能办理入库手续;有实物而没有送货单或发票原件的,不能办理入库手续;来料与送货单数量、规格、型号不同的,不能办理入库手续;质监部门不通过的,且没有领导签字同意使用的,不能办理入库手续;没办入库而先领用的,不能办理入库手续;送货单或发票不是原件的,不能办理入库手续。

(四)验收中发现问题的处理

(1)再验收。危险品或贵重材料则按规定保管、进行代保管或先暂验收,待证件齐全后补办手续。

(2)若供方提供的质量证明书或技术标准与订货合同规定不符,应及时反映给业务主管部处理;按规定应附质量证明而到货无质量证明者,在托收承付期内有权拒付款,将产品妥善保存,并立即向供方索要质量证明书,供方应即时补送,超过合同交货期补交的,即做逾期交货处理。

(3)若发现部分产品的规格及质量不符合要求的,可先将合格部分验收,不合格的单独存放,妥善保存,并部分拒付货款,做好材料验收记录,交业务部门处理。

(4)若产品错发到货地点,供方应负责转运到合同所定地点外,还应承担逾期交货的违约金。需方在收到错发货物时,应妥善保存,通知对方处理。由于需方错填到货地点,所造成的损失,由需方承担。

(5)若数量不符,大于合同规定的数量,其超过部分可以拒收并拒付超过部分的货款,拒收的部分实物,应妥善保存。

(6)材料运输损耗,在规定损耗率以内的,仓库按数验收入库,不足数另填报运输损耗单冲消,达到账账相符。

(7)运输中发生损坏、变质、短少等情况,应在接运中办理运输部门的"普通记录"或"货运记录"。

所有重大验收问题,都要让供方复查确认。应保存好合同条款、验收凭证、供方或运方签认的记录作为索赔依据,在索赔期内向责任方提出索赔。验收单一式四联:库房存(作为收入依据)、财务(随发票报销)、材料部门(计划分配)、采购员(存查)。

三、材料保管与堆放

现场材料仓储保管,应根据现场材料的性能和特点,结合仓储条件进行合理的保管与堆放。进入施工现场的材料,必须加强库存保管,保证材料完好,便于装卸搬运、发料及盘点。

(一)选择进场材料保管场所

应根据进场材料的性能特点和储存保管要求,合理选择进场材料保管场所。施工现场储存保管材料的场所有仓库(或库房)、库棚(或货棚)和料场。

仓库(或库房)的四周有围墙、顶棚、门窗,是可以完全将库内空间与室外隔离开来的封闭式建筑物。由于其具有良好的隔热、防潮、防水作用,因此通常存放不宜风吹日晒、雨淋,对空气中温度、湿度及有害气体反应较敏感的材料,如各类水泥、镀锌钢管、镀锌钢板、混凝土外加剂、五金设备、电线电料等。同时做好仓库周边的排水措施,保证仓库通风透光。

库棚(或货棚)的四周有围墙、顶棚、门窗,但一般未完全封闭起来。这种库棚虽然能挡风遮雨、避免暴晒,但库棚内的温度、湿度与外界一致。通常存放不宜雨淋日晒,而对空气中温度、湿度要求不高的材料,如陶瓷、石材等。

料场即为露天仓库,是指地面经过一定处理的露天储存场所。一般要求料场的地势较高，地面经过一定处理（如夯实处理）。主要储存不怕风吹、日晒、雨淋，对空气中温度湿度及有害气体反应不敏感的材料，如钢筋、型钢、砂石、砖等。

（二）仓库面积的确定

仓库和料场面积的确定，是规划和布局时需要首先确定的问题。可根据各种材料的最高储存数量、堆放定额和仓库面积利用系数进行计算。

1. 仓库有效面积的确定

仓库有效面积是指实际堆放材料的面积或摆放货架货柜所占用的面积，不包括仓库内的通道、材料与架之间的空地面积。其计算公式为

$$F = \frac{P}{V} \tag{5-1}$$

式中　F——仓库有效面积，m^2；

P——仓库最高储存材料的数量，t 或 m^3；

V——每平方米面积定额堆放数量。

材料堆放面积定额见表 5-1。

表 5-1　每平方米有效面积材料储存量及仓库面积利用系数

材料名称	单位	保管方法	堆高（m）	每平方米面积定额堆置（V）	储存方法	仓库面积利用系数 a	备注
水泥	t	堆垛	1.5～1.6	1.3～1.5	仓库、料棚	0.45～0.60	
水泥	t		2.0～3.0	2.5～4.0	封闭式料斗机械化	0.70	
圆钢	t	堆垛	1.2	3.1～4.2	料棚、露天	0.66	
方钢	t	堆垛	1.2	3.2～4.3	料棚、露天	0.68	
扁、角钢	t	堆垛	1.2	2.1～2.9	料棚、露天	0.45	
钢板	t	堆垛	1.0	4.0	料棚、露天	0.57	
工字钢、槽钢	t	堆垛	0.5	1.3～2.6	料棚、露天	0.32～0.54	
钢管	t	堆垛	1.2	0.8	料棚、露天	0.11	
铸铁管	t	堆垛	1.2	0.9～1.3	露天	0.38	
铜线	t	料架	2.2	1.3	仓库	0.11	
铝线	t	料架	2.2	0.4	仓库	0.11	
电线	t	料架	2.2	0.9	仓库、料架	0.35～0.40	
电缆	t	堆垛	1.4	0.4	仓库、料架	0.35～0.40	
盘条	t	叠放	1.0	1.3～1.5	棚式	0.50	
钉、螺栓铆钉	t	堆垛	2.0	2.5～3.5	仓库	0.60	
炸药	t	堆垛	1.5	0.66	仓库、料架	0.45～0.60	
电石	t	堆垛	1.2	0.90	仓库	0.35～0.40	
油脂	t	堆垛	1.2～1.8	0.45～0.80	仓库	0.35～0.40	
玻璃	箱	堆垛	0.8～1.5	6.0～10.0	仓库	0.45～0.60	
油毡		堆垛	1.0～1.5	15.0～22.0	仓库	0.35～0.45	
石油沥青	t	堆垛	2	2.2	仓库	0.50～0.60	

续表 5-1

材料名称	单位	保管方法	堆高(m)	每平方米面积定额堆置(V)	储存方法	仓库面积利用系数(a)	备注
胶合板	张	堆垛	1.5	200～300	仓库	0.50	
石灰	t	堆垛	1.5	0.85	料棚	0.55	
五金	t	叠放、堆垛	2.2	1.5～2.0	仓库 料架	0.35～0.50	
水暖零件	t	堆垛	1.4	1.30	料棚、露天	0.15	
原木	m^3	叠放	2～3	1.3～2.0	露天	0.40～0.50	
锯材	m^3	叠放	2～3	1.2～1.8	露天	0.40～0.50	
混凝土管	m	叠放	1.5	0.3～0.4	露天	0.30～0.40	
卵石、砂、碎石	m^3	堆垛	5～6	3～4	露天	0.60～0.70	机械堆放
卵石、砂、碎石	m^3	堆垛	1.5～2.5	1.5～2.0	露天	0.60～0.70	人工堆放
毛石	m^3	堆垛	1.2	1.0	露天	0.60～0.70	
砖	块	堆垛	1.5	700	露天		
煤炭	t	堆垛	2.25	2.0	露天	0.60～0.70	
劳保	套	叠放		1	料架	0.30～0.35	

2. 仓库总面积计算

仓库总面积为包括有效面积、通道及材料架之间的空地面积在内的全部面积。其计算公式为

$$S = F/a \tag{5-2}$$

式中　S——仓库总面积，m^2；

F——仓库有效面积，m^2；

a——仓库面积利用系数（见表 5-1）。

（三）材料的堆放

材料的合理堆放关系到材料保管的质量，材料码放形状和数量必须满足材料性能、特点、形状等要求。材料堆码应遵循“合理、牢固、定量、整齐、节约和便捷”的原则。

1. 堆放的原则

（1）合理。对不同的品种、规格、质量、等级、出厂批次的材料都应分开，按先后顺序堆码，以便先进先出。特别注意，性能互相抵触的材料应分开码放，防止材料之间发生相互作用而降低使用性能。占用面积、垛形、间隔均要合理。

（2）牢固。材料码放数量应视存放地点的负荷能力而确定，以垛基不沉陷，材料不受压变形、损坏为原则，垛位必须有最大的稳定性，不偏不倒，苫盖物不怕风雨。

（3）定量。每层、每堆力求成整数，过磅材料分层、分捆计重，做出标记，自下而上累计数量。

（4）整齐。纵横成行，标志朝外，长短不齐、大小不同的材料、配件，靠通道一头齐。

(5)节约。一次堆好,减少重复搬运;堆码紧凑,节约占用面积。节省费用,包装材料尽量做到能重复利用。

(6)便捷。堆放位置要便于装卸搬运、收发保管、清仓盘点、消防安全。

2. 定位和堆码的方法

定位和堆码的主要方法见表5-2。

表5-2　定位和堆码的主要方法

序号	定位和堆码方法	内容
1	四号定位	四号定位是在统一规划、合理布局的基础上进行定位管理的一种方法。四号定位就是定仓库号、货架号、架层号、货位号(简称库号、架号、层号、位号)。料场则是区号、点号、排号和位号。固定货位、定位存放、“对号入座”。对各种材料的摆放位置做全面、系统、具体的安排,使整个仓库堆放位置有条不紊,便于清点与发料,为科学管理打下基础 四号定位编号方法:材料定位存放,将存放位置的四号联起来编号。例如,普通合页规格50 mm,放在2号库房、11号货架、2层、6号位。材料定位编号为2－11－2－06
2	五五化堆码	五五化堆码是材料保管的堆码方法。它是根据人们计数习惯以五为基数计数的特点,如五、十、十五、二十、…、五十、…、一百、一千等进行计数。将这种计数习惯用于材料堆码,使堆码与计数相结合,便于材料收发、盘点计数,这就是“五五摆放”。如果全部材料都按五五摆放,则仓库就达到了五五化。五五化是在四号定位的基础上,即在固定货位、“对号入座”的货位上具体摆放的方法。按照材料的不同形状、体积、质量,大的五五成方,高的五五成行,矮的五五成堆,小的五五成包(捆),带眼的五五成串(如库存不多,亦需按定位堆放整齐),堆成各式各样的垛形。要求达到横看成行、竖看成线、左右对齐、方方定量、过目成数,便于清点,整齐美观
3	四号定位与五五化堆码的关系	四号定位与五五化堆码是全局与局部的关系。两者互为补充,互相依存,缺一不可。如果只进行四号定位,不进行五五化堆码,对仓库全局来说,有条理、有规律,定位合理,而在具体货位上既不能过目成数,也不整齐美观。反之,如果只进行五五化堆码,不进行四号定位,则在局部货位上能过目成数,达到整齐美观;但从库房全局看,还是堆放紊乱,没有规律。所以,两者必须配合使用

(四)材料的标识

保存保管材料应“统一规划、分区分类、统一分类编号、定位保管”,并要使其标识明确、整齐有序,以便于转移记录和具备可追溯性。

1. 现场存放的物资标识

进场物资应进行标识,标识包括产品标识和状态标识,状态标识包括待验、检验合格、检验不合格。

(1)钢筋原材、型钢原材要挂牌标识名称、规格、厂家、质量状态。

(2)加工成型的钢筋及铁件要挂牌标识名称、规格、数量、使用部位。

(3)水泥、外加剂要挂牌标识名称、规格、厂家、生产日期、质量状态。

(4)砂子、石子、白灰要挂牌标识名称、规格、产地(矿场)、质量状态。

(5)砖、砌块,石材、门窗、构件、装饰型材、风道、管材、建材制成品等要挂牌标识名称、规格、厂家、质量状态。

2. 库房存放的物资标识

(1)五金、物料、水料、电料,土产、电器、电线、电缆、暖卫品、防水材料、焊接材料、装饰细料、墙面砖、地面砖等要挂卡标识名称、规格、数量、合格证。

(2)化工、油漆、燃料、气体缸瓶等有毒、有害、易燃、易爆物资要分别设立专业危险品库房,悬挂警示牌,各类物资分别挂卡标识名称、规格、数量、合格证和使用说明书。

(3)入库、出库手续完备,做到账、卡、物相符。

3. 标识转移记录和可追溯性

为便于可追溯,材料员填写进场时间、数量、供方名称、质量合格证编号、外观检查结果等。具体内容如表5-3所示。

表5-3 标识转移记录和可追溯性

序号	内容
1	工程物资主要材料进场要将材质单、合格证、复试报告单等质保资料的唯一编号计入材料验收记录。 商品混凝土进场要随车带有完整的质保资料,运输单要写明混凝土的出厂时间、强度等级、品种、数量、坍落度、生产厂家、工程名称和使用部位,逐项记入混凝土验收和使用
2	物资进场的运输单、验收单、入库单、调拨单、耗料单都要进行可追溯性的唯一编号,确保与材料验收记录、耗料账表相吻合。耗料单要写明使用部位、材质单号
3	用于隐蔽工程、关键工序、特殊工序,分部分项单位工程的材料要与材料验收记录、耗用记录以及材料质保资料的唯一编号相吻合

(五)材料的安全消防

每种进场材料的安全消防方式应视进场材料的性能而确定。液体材料燃烧时,可采用干粉灭火器或砂子灭火,避免液体外溅,扩大火势,且消防器材和消防砂数量应与仓库的面积和材料存放的数量相匹配。固体材料燃烧时,可采用高压水灭火,如果同时伴有有害气体挥发,应用砂子灭火并覆盖。

(六)材料的维护保养

材料的维护保养,即采取一定的技术措施或手段,保证所储存保管材料的性能或使受到损坏的材料恢复其原有性能。由于材料自身的物理性能、化学成分是不断发生变化的,这种变化在不同程度上影响着材料的质量。其变化原因主要是自然因素的影响,如温度、湿度、日光、空气、雨、雪、露、霜、尘土、虫害等,为了防止或减少损失,应根据材料本身的性质,事前采取相应技术措施，控制仓库的温度与湿度，创造合适的条件来保管和保养。反之，如果忽视这些自然因素，就会发生变质，如霉腐、熔化、干裂、挥发、变色、渗漏、老化、虫蛀、鼠伤，甚至会发生爆炸、燃烧、中毒等恶性事故。不仅失去了储存的意义，反而造成了损失。

材料维护保养工作，必须坚持“预防为主，防治结合”的原则。具体要求是：

(1)安排适当的保管场所。

根据材料的不同性能，采取不同的保管条件，如仓库、库棚、料场及特种仓库，尽可能适应储存材料性能的要求。

(2)做好堆码、苫垫及防潮防损。

有的材料堆码要稀疏，以利通风；有的要防潮，有的要防晒，有的要立放，有的要平置等；对于防潮、防有害气体等要求高的，还须密封保存，并在搬码过程中轻拿轻放，特别是仪器、仪表、易碎器材，应防止剧烈震动或撞击，杜绝损坏等事故发生。

(3)严格控制温度、湿度。

对于温度、湿度要求高的材料(如焊接材料)，要做好温度、湿度的调节控制工作。高温季节要防暑降温，梅雨季节要防潮防霉，寒冷季节要防冻保温，还要做好防洪水、台风等灾害性侵害的工作。

(4)强化检查。

要经常检查，随时掌握和发现保管材料的变质情况，并积极采取有效的补救措施。对于已经变质或将要变质的材料，如霉腐、受潮、黏结、锈蚀、挥发、渗漏等，应采取干燥、晾晒、除锈涂油、换桶等有效措施，以挽回或减少损失。

(5)严格控制材料储存期限。

一般说来，材料储存时间越长，对质量影响越大。特别是规定有储存期限的材料，要特别注意分批堆码，先进先出，避免或减少损失。

(6)做好仓库卫生及库区环境卫生。

经常清洁，做到无垃圾、杂草，消灭虫害、鼠害。加强安全工作，做好消防管理，加强电源管理，做好保卫工作，确保仓库安全。

四、库存控制与分析

(一)材料储备的种类

材料储备是为保证施工生产正常进行而做的材料准备。材料离开生产过程进入再生产消耗过程前以在途、在库、待验以及再加工等形态停留在流通领域和生产领域，这就形成了材料储备。施工企业材料储备分为经常储备、保险储备以及季节储备，见表5-4。

(二)库存量的控制

1. 定量库存控制法

定量库存控制法(也称为订购点法)是以固定订购点和订购批量为基础的一种库存控制法。即当某种材料库存量不大于规定的订购点时，即提出订购，每次购进固定的数量。这种库存控制方法的特点是：订购点与订购批量固定，订购周期和进货周期不定。订购周期是指两次订购的时间间隔；进货周期是指两次进货的时间间隔。确定订购点是定量控制中的重要问题。若订购点偏高，将提高平均库存量水平，增加资金占用与管理费支出；若订购点偏低，则会使供应中断。订购点由备运期间需用量与保险储备量两部分构成。

表 5-4 施工企业材料储备分类

序号	储备名称	内容
1	经常储备	又叫周转储备，指在正常情况下，前后两批材料进料间隔期中，为保证生产的进行而需经常保持的材料具有的合理储存数量标准。 经常储备量在进料时达到最大值，以后随陆续投入使用而逐渐减少，到下批材料进料前储备量为最小，最终可能降到零。它是不断消耗又不断补充，周而复始地呈周期性变动的。两次到料之间的时间间隔称为供应间隔期，以天数计算，每批到货量称为到货批量。经常储备示意图如图 5-2 所示
2	保险储备	是为了预防材料在采购、交货或运输中发生误期或施工生产消耗突然增大，致使经常储备中断，为保证施工生产需要而建立的材料储备。这种储备一般不动用（施工现场工完场清时例外），当紧急动用时，即暴露供需之间已发生脱节，应采取补救措施及时补充。 保险储备无周期性变化规律，大部分时间保持某种水平的数量堆放在库内。因此它是一个常量，即平时不动用，在情况紧急时动用，动用后要立即补充。对于那些容易补充、对施工生产影响不大、可以用其他材料代用的材料，不必建立保险储备。保险储备与经常储备的关系如图 5-3 所示
3	季节储备	是指某些材料的资源因受季节性影响，有可能造成生产供应中断而建立的一种材料储备。为保证施工生产的供应需要，必须在供应中断前建立一定量的材料储备（见图 5-4），以确保进料中断期正常供料。 季节储备的特征是将材料中断期间的全部需要量，在中断前一次或分批购进、储存，以备不能进料期间的消费，直到材料恢复生产可以进料时再转为经常储备。由于某些材料在施工消费上有季节性，一般不需建立季节储备，而只在用料季节建立季节性经常储备

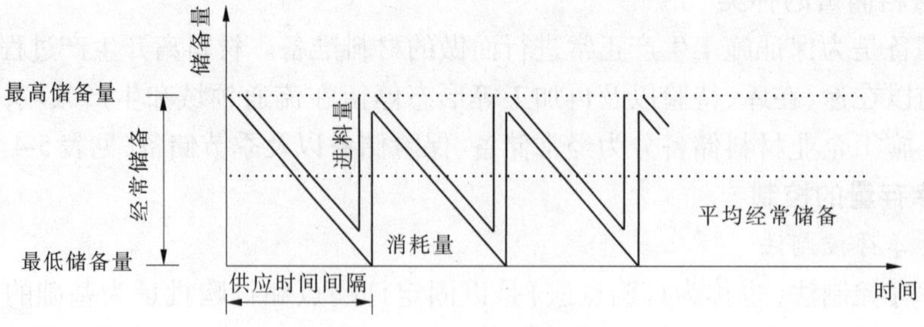

图 5-2 经常储备示意图

$$订购点 = 备运期间需用量 + 保险储备量$$
$$= 平均备运天数 \times 平均每日需要量 + 保险储备量 \quad (5\text{-}3)$$

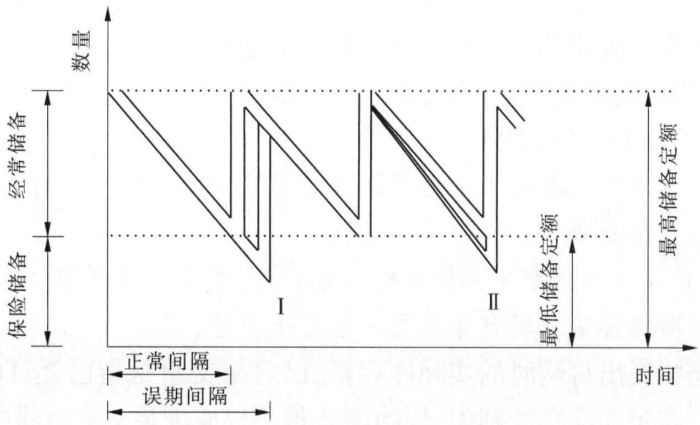

Ⅰ— 进料误期；Ⅱ—消耗增大

图 5-3　保险储备与经常储备关系示意图

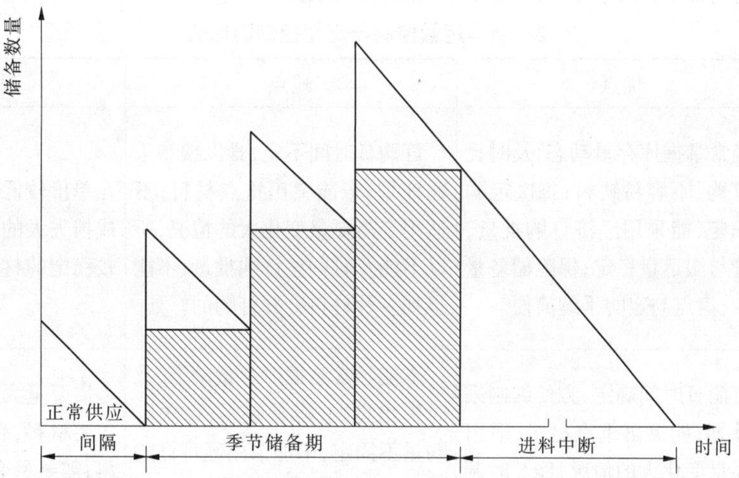

图 5-4　季节储备示意图

备运期间指自提出订购到材料进场并能投入使用所需的时间，包括提出订购及办理订购过程的时间、在途运输时间、供货单位发运所需的时间、到货后验收入库时间以及使用前的准备时间。实际上每次所需的时间不一定相同，在库存控制中通常按过去各次实际需要备运时间计算平均值来求得。

采用定量库存控制法来调节实际库存量时，每次固定的订购量通常为经济订购批量。定量库存控制法在仓库保管中可采用双堆法（也称为分存控制法）。它是将订购点的材料数量从库存总量分出来，单独堆放（或画以明显的标志），当库存量的其余部分用完只剩下订购点一堆时，应提出订购，每次购进固定数量的材料。还可将保险储备量再从订购点一堆中分出来，即为三堆法。双堆法或三堆法，可以直观地识别订购点，及时订购，方便易行。此控制方法适用于价值较低、用量不大、备运时间较短的材料。

2. 定期库存控制法

1）定期库存控制法概述

定期库存控制法是以固定时间的查库及订购周期为基础的库存量控制方法。它按固定的时间间隔检查库存量,并随即提出订购,订购批量是按照盘点时的实际库存量和下一个进货周期的预计需要量而确定的。这种库存量控制方法的特征是:订购周期固定,若每次购的备运时间相同,则进货周期也固定,而订货点和订购批量不固定。

订购批量(进货量)的计算公式为

订购批量=订购周期需要量+备运时间需要量+保险储备量-现有库存量-已订未交量

=(订购周期天数+平均备运天数)×平均每日需要量+保险储备量-现有库存量-已订未交量 (5-4)

现有库存量是指提出订购时的实际库存量;已订未交量是指已经订购并在订购周期内到货的期货数量。在定期库存控制中,保险储备量不仅应满足备运时间内需要量的变动,且要满足整个订购周期内需要量的变动。所以,对同一种材料来说,定期库存控制法要比定量库存控制法有更大的保险储备量。

2)定量控制与定期控制比较

定量控制与定期控制各自的优缺点及适用性见表5-5。

表5-5 定量控制与定期控制的比较

控制方法	优点	缺点	适用性
定量控制	经常掌握库存量动态,及时提出订购,不容易缺料;每次定购量固定,能采用经济订购批量,保管与搬运量稳定;保险储备量较少;盘点与定购手续简便	订购日时间不定,难以编制采购计划;未能突出重点材料;不适用于需要量变化大的情况,所以不能及时调整订购批量;不能得到多种材料合并订购的好处	单价较低的材料;缺料造成损失大的材料;需要量比较稳定的材料
定期控制	订购日时间确定,方便编制采购计划;能突出重点材料;适用需要量变化大的情况,能及时调整订购批量;能得到多种材料合并订购的好处	不能经常掌握库存量动态,及时提出订购,容易缺料;每次定购量不固定,不能采用经济订购批量,保管与搬运量不稳定;保险储备量较多;盘点与定购手续复杂	需要量大,要严格管理的主要材料,有保管期限的材料;需要量变化大而且可预测的材料;发货频繁且库存动态变化大的材料

3.最高最低储备量控制法

对已核定了材料储备定额的材料,以其最高储备量和最低储备量为依据,采用定期盘点(或永续盘点),使库存量保持于最高储备量和最低储备量之间的范围内。当实际库存量高于最高储备量(或低于最低储备量)时,要积极采取有效措施,使材料保持在合理库存的控制范围内,既要避免供应脱节,也要防止其呆滞积压。

4.警戒点控制法

警戒点控制法是从最高最低储备量控制法演变而来的,也是定量控制的又一种方法。为了减少库存,若以最低储备量作为控制依据,常会因来不及采购运输而造成缺料,所以根据各种材料的具体供需情况,规定比最低储备量稍高的警戒点,当库存降到警戒点时,即提出订购,订购数量根据计划需要而定,此控制方法能减少发生缺料现象,可利于降低库存。

5. 类别材料库存量控制

以上的库存控制是对材料具体品种及规格而言的，对类别材料库存量，通常用类别材料储备资金定额来控制。材料储备资金是库存材料的货币表现，储备资金定额通常是在确定的材料合理库存量的基础上核定的，要加强储备资金定额管理，就要加强库存控制。以储备资金定额为标准与库存材料实际占用资金数进行比较，如高于（或低于）控制的类别资金定额，应分析原因，并找出问题的症结，以便采取有效的措施。即便没有超出类别材料资金定额，也可能存在库存品种、规格及数量等不合理的因素，如类别中应该储存的品种未储存，有的用量少但储量大，有的规格、质量不符合要求等，都要进行库存控制。

【例 5-1】　已知某种材料每月需用量为 300 t，备运时间为 10 d，保险储备量为 40 t，求订购点。

解：订购点：$300 \div 30 \times 10 + 40 = 140(t)$

【例 5-2】　已知某种材料每月订购一次，平均每日需用量为 6 t，保险储备量 40 t，备运时间为 8 d，提出订购时实际库存量为 80 t，原已订购下月到货的合同有 60 t。求该种材料下月的订购量。

解：下月订购量：$(30+8)\times 6+40-80-60=128(t)$

（三）库存控制规模——ABC 分类法

1. ABC 分类法原理

ABC 分类法是一种从种类繁多、错综复杂的多项目或多因素事物中找出主要矛盾、抓住重点，照顾一般的管理方法。施工企业所需的材料种类繁多，势必难以管理好，且经济上也不合理，只有实行重点控制，才能达到有效管理。在一个企业内部，材料的库存价值和品种数量之间存在一定比例关系，可以描述为“关键的少数，次要的多数”。有 5% ~15% 的材料，资金占用额达 60% ~80%；有 15% ~25% 的材料，资金占用额为 15% ~25%；还有 60% ~80% 的大多数材料，资金占有额仅为 5% ~15%。根据这一规律，将库存材料分为 ABC 三类，见表 5-6。

表 5-6　材料 ABC 分类

分类	分类依据	品种数	资金占用量（%）
A 类	品种较少但需要量大、资金占用额较高	5 ~ 15	60 ~ 80
B 类	品种不多、资金占用额中等	15 ~ 25	15 ~ 25
C 类	品种很多、资金占用额却较少	60 ~ 80	5 ~ 15
合计		100	100

材料储备 ABC 分析如图 5-5 所示。

根据 ABC 三类材料的特点，可分别采用不同的库存管理方法。A 类材料是重点管理的材料，对其中每种材料都要规定合理的经济订货批量，尽可能减少安全库存量，并对库存量随时进行严格盘点。把这类材料控制好了，对资金节省起重要作用。对 B 类材料也不能忽视，应认真管理，控制其库存。对 C 类材料，可采用简化的方法管理，如定期检查，组织在一起订货或加大订货批量等。三类材料的管理方法比较见表 5-7。

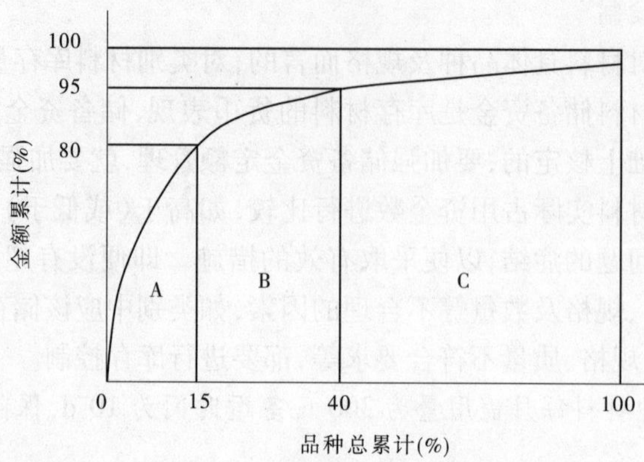

图 5-5　材料储备 ABC 分析示意图

表 5-7　ABC 分类管理方法

管理类型		材料的分类		
		A	B	C
价值		高	一般	低
定额的综合程度		按品种或规格	按大类品种	按该类的总金额
定额的检查方法	消耗定额	技术计算法	写真计算法	经验估算法
	库存周转定额	按库存量的不同条件下的数学模型计算		经验估算法
检查		经常检查	一般检查	季或年度检查
统计		详细统计	一般统计	按全额统计
控制		严格控制	一般控制	金额总量控制
安全库存量		较低	较大	允许较高

2. 分类法工作步骤

(1)计算每一种材料年累计需用量。

(2)计算每一种材料年使用金额和年累计使用金额,并按年使用金额大小的顺序排列。

(3)计算每一种材料年需用量和年累计需用量占各种材料年需用总量的比例。

(4)计算每一种材料使用金额和年累计使用金额占各种材料使用金额的比例。

(5)编制 ABC 分类汇总表。

(6)画制 ABC 分析图。

(7)进行分类控制。

五、仓储管理信息化

信息网络平台的搭建是实现仓储信息化的有效手段,通过综合运用科学管理方法和现代信息技术手段,合理有效地组织、指挥、调度、监督物资的入库、出库、储存、装卸、搬运、计量、保管、财务、安全保卫等各项活动,达到仓储管理作业的高质量、高效率,取得较好的经济效益。信息化平台搭建关键点见表5-8。

表5-8　信息化平台搭建关键点

关键点	内容
可视化出入库管理	主要涵盖材料入库、出库等。实现仓库实时数据在管理中心的可视化管理,真正做到实物流与数据流实现同步
库位管理	实现存放和转运位置的实时追踪,结合电子化(数字化)的库位管理,可以为可视化的仓储管理提供必要的数据基础。通过对仓库物理空间分区域划分,每个物理空间分配一标签标识,有效对库位定位、快速检索
实时盘点	通过使用手持机(或移动盘点机),对现场实物进行扫描识别,生成实物信息,与记录数据进行对比,生成盘点信息表,保证账、物一致
相关系统接口	仓储管理系统不应该是一个独立的系统,相关数据通过一定的接口应能和单位现有的生产管理等相关系统实现及时交互,以满足实际管理需求
实现物流统一	传统的仓储管理,因技术条件的限制,不可避免地面临实时数据滞后问题,无法实时准确地反映仓储库存及物流情况,导致信息流和实物流脱节严重。而且通过人工识别货物信息,不仅效率低下且容易出错,工作量较大。要通过引入有效的技术手段,最终实现仓储管理中信息流和实物流的统一,实现实时可视化的仓储物流管理

六、常用材料的保管

(一)水泥的现场保管及受潮水泥的处理

1.水泥的现场仓储管理

1)进场入库验收

水泥进场入库必须附有水泥出厂合格证或水泥进场质量检测报告。进场时应检查水泥出厂合格证或水泥进场质量检测报告单上水泥品种、强度等级与水泥包装袋上印的标志是否一致,不一致的要另外码放,待进一步查清;检查水泥出厂日期是否超过规定时间,超过的要另行处理;若遇到两个单位同时到货的情况,应详细验收,分别码放,挂牌标明,防止水泥生产厂家、出厂日期、品种、强度等级不同而混杂使用。水泥入库后应按规范要求进行复检。

2)仓储保管

水泥仓储保管时,必须注意防水防潮,应放入仓库保管。仓库地坪要高出室外地面20~30 cm,四周墙面要有防潮措施。袋装水泥在存放时,应用木料垫高超出地面30 cm,四周离墙30 cm,码垛时一般码放10袋,最高不得超过15袋。储存散装水泥时,应将水泥储存于专用的水泥罐中,以保证既能用自卸汽车进料,又能人工出料。

3)临时存放

如遇特殊情况,水泥须在露天临时存放,必须设有足够的遮垫措施,做到防水、防雨、防潮。

4)空间安排

水泥储存时要合理安排仓库内出入通道和堆垛位置,以使水泥能够实行先进先出的发放原则,避免部分水泥因长期积压在不易运出的角落里,从而造成水泥受潮变质。

5)储存时间

水泥的储存时间不能过长,水泥会吸收空气中的水分缓慢水化而降低强度。袋装水泥储存3个月后强度降低10%~20%,6个月后强度降低15%~30%,1年后强度降低25%~40%。水泥的储存期自出厂日期算起,通用硅酸盐水泥出厂超过3个月、铝酸盐水泥出厂超过2个月、快凝快硬硅酸盐水泥出厂超过1个月,应进行复检,并按复检结果使用。

6)库房环境

水泥库房要经常保持清洁,落地灰及时清理、收集、灌装,并应另行收存使用。

水泥应避免与石灰、石膏以及其他易于飞扬的粒状材料同存,以防混杂,影响质量。包装如有损坏,应及时更换以免散失。

2.受潮水泥的处理

水泥在储存保管过程中很容易吸收空气中的水分产生水化作用,凝结成块,降低水泥强度,影响水泥的正常使用。对于受潮水泥可以根据受潮程度,按表5-9的方法做适当处理。

表5-9 受潮水泥的鉴别与处理方法

受潮程度	水泥外观	手感	强度降低	处理方法
轻微受潮	水泥新鲜,有流动性,肉眼观察完全呈细粉	用手捏碾无硬粒	强度降低不超过5%	正常使用
开始受潮	内有小颗粒,但易散成粉末	用手捏碾无硬粒	强度降低5%以下	用于要求不严格的工程部位
受潮加重	水泥细度变粗,有大量小球粒和松块	用手捏碾,球粒可成细粉,无硬粒	强度降低15%~20%	将松块压成粉末,降低强度等级,用于要求不严格的工程部位
受潮较重	水泥结成粒块,有少量硬块,但硬块较松,容易被击碎	用手捏碾,球粒不能变成细粉,有硬粒	强度降低30%~50%	用筛子筛除硬粒、硬块,降低强度等级,用于要求较低的工程部位
受潮严重	水泥中有很多硬粒、硬块,难以被压碎	用手捏碾不动	强度降低50%以上	不能用于工程中

(二)钢材的现场保管

1.钢材的现场保管注意事项

水利水电工程中使用的建筑钢材主要有两大类,一类是钢筋混凝土结构用钢材,如热轧钢筋、钢丝、钢绞线等;另一类则为钢结构用钢材,如各种型钢、钢板、钢管等。

(1)钢材应按不同的品种、规格,分别堆放。对于优质钢材、小规格钢材,如镀锌板、镀锌管、薄壁电线管、高强度钢丝等最好放入仓库储存保管。库房内要求保持干燥,地面无积水、无污物。

(2)钢材只能露天存放时,料场应选择在地势较高而又平坦的地面,经平整、夯实,预设排水沟,做好垛底、苫垫后方可使用。为避免因潮湿环境而导致钢材表面锈蚀,雨雪季节应用防雨材料进行覆盖。

(3)施工现场堆放的钢材应注明钢材生产企业名称、品种、规格、进场日期与数量等内容,并以醒目标识标明建筑钢材合格、不合格、在检、待检等产品质量状态。

(4)施工现场应由专人负责钢材的储存保管与发料。

(5)成型钢筋是指由工厂加工成型后运到现场绑扎的钢筋。一般会同生产班组按照加工计划验收规格和数量,并交班组管理使用。钢筋的存放场地要平整,没有积水,分等级、规格码放整齐,用垫木垫起,防止水浸锈蚀。

2. 选择适宜的场地和库房

(1)保管钢材的场地或仓库,应选择在清洁干净、排水通畅的地方,远离产生有害气体或粉尘的厂矿。在场地上要清除杂草及一切杂物,保持钢材干净。

(2)在仓库里不得与酸、碱、盐、水泥等对钢材有侵蚀性的材料堆放在一起。不同品种的钢材应分别堆放,防止混淆,防止接触腐蚀。

(3)大型型钢、钢轨、薄钢板、大口径钢管、锻件等可以露天堆放。

(4)中小型型钢、盘条、钢筋、中口径钢管、钢丝及钢丝绳等,可在通风良好的料棚内存放,但必须上苫下垫。

(5)一些小型钢材、薄钢板、钢带、硅钢片、小口径或薄壁钢管、各种冷轧、冷拔钢材以及价格高、易腐蚀的金属制品,可存放入库。

(6)库房应根据地理条件选定,一般采用普通封闭式库房,即有房顶、有围墙、门窗严密、设有通风装置的库房。

(7)库房要求晴天注意通风,雨天注意关闭防潮,经常保持适宜的储存环境。

(8)钢材在入库前要注意防雨淋或混粘杂质,已经淋雨或弄污的钢材要将杂质清理干净。

3. 合理堆码

(1)堆码的要求是在码垛稳固、确保安全的条件下,做到按品种、规格码垛,防止混淆和相互腐蚀。

(2)禁止在垛位附近存放对钢材有腐蚀作用的物品。

(3)垛底应垫高、坚固、平整,防止材料受潮或变形。

(4)同种材料按入库先后分别堆码,便于遵循先进先发的原则。

(5)露天堆放的型钢,下面必须有木垫或条石,垛面略有倾斜,以利排水,并注意材料安放平直,防止造成弯曲变形。

(6)堆垛高度,人工作业的不超过1.2 m,机械作业的不超过1.5 m,垛宽不超过2.5 m。

(7)垛与垛之间应留有一定的通道,检查道一般为0.5 m,出入通道视材料大小和运输机械而定,一般为1.5～2.0 m。

(8)垛底垫高,若仓库为朝阳的水泥地面,垫高0.1 m即可;若为泥地,须垫高0.2～0.5 m。若为露天场地,水泥地面垫高0.3～0.5 m,沙泥地面垫高0.5～0.7 m。

(9)露天堆放角钢和槽钢应俯放,即口朝下;工字钢应立放,钢材的I形槽面不能朝上,以免积水生锈。

4. 保护材料的包装和保护层

钢材出厂前涂的防腐剂或其他镀覆及包装是防止材料锈蚀的重要措施,在运输装卸过程中注意保护,不能损坏,以延长材料的保管期限。

5. 保持仓库清洁、加强材料养护

(1)材料在入库前要注意防止雨淋或混入杂质,对已经淋雨或弄污的材料要按其性质采用不同的方法擦净。硬度高的可用钢丝刷,硬度低的用布、棉等物。

(2)材料入库后要经常检查。如有锈蚀,应清除锈蚀层。

(3)一般钢材表面清除干净后,不必涂油,但对优质钢、合金薄钢板、薄壁管、合金钢管等,除锈后其内外表面均需涂防锈油后再存放。

(4)对锈蚀较严重的钢材,除锈后不宜长期保管,应尽快使用。

(三)各类易损、易燃、易变质材料保管

1. 易损材料保管

易损物品是指在搬运、存放、装卸过程中容易发生损坏的物品,如玻璃和陶瓷制品、精密仪表等。对易损物品管理时,应减少单次装卸量、减少搬运次数和搬运强度,并尽量保持原包装状态,通常按如下的方法实施管理:

(1)严格执行小心轻放、文明作业。

(2)尽可能在原包装状态下实施搬运和装卸作业。

(3)不使用带有滚轮的储物架。

(4)不与其他物品混放。

(5)利用平板车搬运时要对码层做适当捆绑后进行。

(6)一般情况下不允许使用吊车作业。

(7)严格限制摆放的高度。

(8)使用明显标识标明其易损的特性。

(9)严禁滑动方式搬运。

2. 易燃易爆材料保管

易燃材料是指具有易燃性质,在运输、装卸、生产、使用、储存、保管过程中,于一定条件下能引起燃烧,导致人身伤亡和财产损失的材料,如竹模板、木模板、油漆、氧气、乙炔、电石、装修中的木制品和布艺制品等。建筑施工常用易燃材料管理要点如下:

(1)木材类材料。木材进场及加工后的成品、半成品,要在干燥、平坦、坚实的场地按规格及长度分别存放。木材堆放在木工棚内,应设专人管理,分规格堆放整齐,离木工棚 10 m 内不得有明火,并设置灭火器。现场明火作业远离木材存放现场,现场严禁吸烟。木材堆放场地附近要设置消防器材和消火栓,一旦出现火灾可及时进行扑救。

(2)油漆类材料。建筑工程施工使用的油漆稀释剂,都是挥发性强、闪点低的一级易燃易爆化学流体材料,诸如汽油、松香水等易燃材料。现场要单独设置油漆、化工材料库房,按品种、规格存放在干燥、通风、阴凉的库房内,严格与火源、电源隔离,储存温度保持在 5 ~ 30 ℃。存放时要保持包装完整及密封,码放位置要平稳、牢固,防止倾斜与碰撞,油漆工在休息室内不得存放油漆和稀释剂,必须设库存放,容器必须加盖。库房悬挂防火标志,配备防火器材。

(3)氧气、乙炔类。氧气瓶存放场所必须符合防火要求、远离明火,防止阳光暴晒,并且悬挂防火标志,在附近设置消防器材。存放场所不得堆放其他物品,不设电气装置,要有安全管理制度,存放要固定牢固,防止倾倒;要有“严禁烟火”标志。存放场所采用钢材等不燃材料制成封闭的门、有锁、通风良好,有防雨措施。氧气、乙炔存放时要保证安全距离,不得混放。搬运氧气瓶时要轻起轻放,严禁碰撞、抛掷、滚滑,瓶阀不得对准人。气瓶尽量避免沾染油污。不得用有油污的车辆运输气瓶,不得穿粘有油污的衣服、手套装卸气瓶。

(4)电石类。电石本身不会燃烧,但遇水或受潮会迅速分解出乙炔气体。在装箱搬运、开箱使用时要严格遵守以下要求:严禁雨天运输电石,途中遇雨或必须在雨中运输时应采取可靠的防雨措施。搬运电石时,要轻搬轻放,严禁用滑板或在地上滚动、碰撞或敲打电石桶。电石桶不要放在潮湿的地方,库房必须是耐火建筑。有良好的通风条件,库房周围 10 m 内严禁明火。库内不准设气、水管道,以防室内潮湿。库内照明设备应用防爆灯,开关采用封闭式并安装在库房外。禁止穿带钉子的鞋进入库内,以防摩擦产生火花。

(5)防腐材料。环氧树脂、呋喃、酚醛树脂、乙二胺等都是建筑工程常用的树脂类防腐材料,都是易燃液体材料。它们都具有燃点和闪点低、易挥发的共同特性。遇火种、高温、氧化剂都有引起燃烧爆炸的危险。与氨水、盐酸、氟化氢、硝酸、硫酸等反应强烈,有爆炸的危险。因此,在储存、使用、运输时,都要注意远离火种,严禁吸烟,温度不能过高,最好不超过 280 ℃。防止阳光直射。应与氧化剂、酸类分库存放,库内要保持阴凉通风。搬运时要轻拿轻放,防止包装破坏外流。

(6)石灰。生石灰能与水发生化学反应,并产生大量热,足以引燃燃点较低的材料,如木材、席子等。因此,储存石灰的房间不宜用可燃材料搭设,最好用砖石砌筑。石灰表面不得存放易燃材料,且有良好的通风条件。

(7)火工材料。炸药、雷管必须建设炸药仓库,且应远离居民区、油库或加油站、闹市区。仓库设置防雷、防静电等装置和消防器材,且炸药、雷管分别存放。配备保安人员轮流值班,仓库周边安装视频监控。

3. 易变质材料保管

易变质在本质上体现的是材料的耐久性。材料的耐久性是指用于建筑物的材料,在环境的多种因素作用下不变质、不破坏,长久地保持其使用性能的能力。耐久性是材料的一种综合性质,诸如抗冻性、抗风化性、抗老化性、耐化学腐蚀性等均属耐久性的范围。此外,材料的强度、抗渗性、耐磨性等也与材料的耐久性有密切关系。

建筑材料在使用中逐步变质失效,有其内部因素和外部因素,且外部因素往往和内部因素结合而起作用,各外部因素之间也可能互相影响。这些内外因素最后都归结为机械的、物理的、化学的以及生物的作用,单独或复合地作用于材料,抵消了它在使用中可能同时存在的有利因素的作用,使之逐步变质而导致丧失其使用性能。

在建筑材料中,金属材料主要易被电化学腐蚀:水泥砂浆、混凝土、砖瓦等无机非金属材料,主要是通过干湿循环、冻融循环、温度变化等物理作用,以及溶解、溶出、氧化等化学作用而失效;高分子材料主要由于紫外线、臭氧等所起的化学作用(见高分子材料的耐久性),使材料变质失效;木材主要是由于腐烂菌引起腐朽和昆虫引起蛀蚀而使其失去使用性能,但环境的温度、湿度和空气又为菌类、虫类提供生存与繁殖的条件。

为提高材料耐久性,可根据实际情况和材料的特点采取相应的措施,预防为主,如合理选用材料,减轻环境破坏的作用,提高材料的密实度,采用表面覆盖层等。同时要做好材料的保管保养,如做好堆码及防潮防损工作,控制温度、湿度和光照,经常检查、及时发现变质情况并采取补救措施,严格控制材料储存期限等。

1)提高金属材料耐久性

钢材和铸铁材料储存时与空气、雨水接触,水汽和雨水会在金属表面形成溶膜并溶入 O_2 和 CO_2 而形成电解质液,导致电化学腐蚀。大气中含有的各种工业气体和微粒也能加剧腐蚀。近海地区的海盐微粒,可在金属表面形成氯盐液膜面具有很强的腐蚀性。铁锈的质地疏松,不能阻止腐蚀的发展。因此,提高金属材料耐久性,可以采用有机涂层作防护层,在钢材中加入少量磷、铜等合金元素等方法,有效地增强抗大气腐蚀性能。

2)提高高分子材料耐久性

在建筑材料中,高分子材料由于受气候、热、光、紫外线、臭氧等作用,可能引起变色、变脆、强度降低等。这种使材料的外观和性能随时间而变坏的现象称老化。高分子材料最常见、破坏性最强的老化类型有热氧老化、臭氧老化、光氧老化、疲劳老化等,在建筑施工过程中不常见的老化类型有金属离子催化老化、生物老化、水解老化等。

高分子材料防老化的防护措施主要有:

(1)选用添加抗氧剂、抗疲劳剂、抗臭氧剂、金属离子钝化剂等的材料。

(2)选用聚合或成型加工工艺,或改用橡塑共混、改性材料。

(3)选用有抗老化表面涂层的材料,或者使用防护蜡、防护油。

(4)做好防潮、防雨措施,避免受潮、浸水。

(5)室内储存或密封储存,避免直接暴露于大气中或日光的照射下。

(6)避免经常搬运、折叠存放,减少疲劳老化。

3)提高木材耐久性

木材易遭到虫害或微生物的侵蚀,也属于易燃材料,提高木材耐久性要从防腐、防虫、防火三个方面采取措施:

(1)不要直接将木料放在阳光能直射到的地方或是阴暗潮湿的地方。

(2)将木料尽量放置在通风干燥的环境中。

(3)装饰板水平放置,避免竖着或斜靠墙面摆放。

(4)木材表面涂层采用防水性好的涂料。

(5)木料储存场地和施工现场尽量远离有明火和电源插头的地方。

(6)潮湿条件下的木材易滋生真菌寄生和繁殖,需要在刷涂层前刷好底漆。

(四)其他材料的仓储保管

1. 木材

木材应按材种、规格、等级不同而分别码放,要便于抽取和保持通风,板、枋材的垛顶部要遮盖,以防日晒雨淋。经过烘干处理的木材,应放进仓库储存保管。木材各表面水分蒸发不一致,常常容易干裂,应避免日光直接照射。采用狭而薄的衬条或用隐头堆积,或在端头设置遮阳板等。木材存料场地要高,通风要好,清除腐木、杂草和污物。必要时用5%的漂白粉溶液喷洒。

2. 砂、石料

砂、石料均为露天存放,存放场地要砌筑围护墙,地面必须硬化,且地面有一定坡度,以利雨季排水。若同时存放砂和石,则砂石之间必须砌筑高度不低于1 m的隔墙。

3. 成品、半成品

成品、半成品包括混凝土构件、铁件等。在一般的混合结构项目中,这些成品、半成品占材料费的30%左右，是很重要的材料，因此进场的材料成品、半成品必须严加保护。

1）混凝土构件

混凝土构件一般在工厂生产，再运到施工现场安装。由于混凝土构件有笨重、量大和规格型号多的特点，码放时一定要对照加工计划，分层分段配套码放，混凝土构件与构件之间用垫木隔开，防止构件之间挤压或碰撞，码放高度不宜超过2 m或满足最下层的构件承载力的要求。构件存放场地要平整，整木规格一致且位置上下对齐，保持平整和受力均匀。码放在吊车的悬臂回转半径范围以内，以避免场内的二次搬运。要认真核对品种、规格、型号，检验外观质量，及时登记台账，掌握配套情况。混凝土构件一般按工程进度进场，防止过早进场，阻塞施工场地。

2）铁件

铁件主要包括金属结构、预埋铁件、楼梯栏杆、垃圾斗、水落管等。铁件进场应按加工图纸验收，复杂的要会同技术部门验收。铁件一般在露天存放，精密的放入库内或棚内。露天存放的大件铁件要用垫木垫起，小件可搭设平台，分品种、规格、型号码放整齐，并挂牌标明，做好防雨、防撞、防挤压保护。由于铁件分散堆放、保管困难，要经常清点，防止散失和腐蚀。

第三节　材料使用管理

一、现场材料的发放

发放与领用是现场材料管理的中心环节，为确保材料发放与领用方向的正确，必须严格颁发依据、明确领发责任、健全领发手续。

（一）发料依据

现场发料的依据是下达给施工班组、专业施工队的班组计划任务书。根据任务书上签发的工程项目和工程量计算出材料需用量，通过限额领料单（见表5-10）执行票证与凭证，办理材料的领发手续。由于施工班组、专业施工队伍各工种所担负的施工部位和施工项目有所不同，因此除任务书外，还需根据不同的情况办理一些其他领发料手续。

表5-10　限额领料单

领料日期：　　　　　　　　　　　　　　编号：

<table>
<tr><td>领料单位</td><td colspan="2"></td><td>工程名称</td><td colspan="2"></td><td>用途</td><td colspan="2"></td></tr>
<tr><td>发料仓库</td><td colspan="2"></td><td>工程编号</td><td colspan="2"></td><td>任务单号</td><td colspan="2"></td></tr>
<tr><td rowspan="2">材料编号</td><td rowspan="2">类别</td><td rowspan="2">名称</td><td rowspan="2">规格</td><td rowspan="2">单位</td><td colspan="2">数量</td><td rowspan="2">计划</td><td rowspan="2">定额数量</td></tr>
<tr><td>请领数</td><td>实发数</td></tr>
<tr><td></td><td></td><td></td><td></td><td></td><td></td><td></td><td></td><td></td></tr>
<tr><td></td><td></td><td></td><td></td><td></td><td></td><td></td><td></td><td></td></tr>
<tr><td></td><td></td><td></td><td></td><td></td><td></td><td></td><td></td><td></td></tr>
</table>

材料主管：　　　　　保管员：　　　　　领料主管：　　　　　领料人：

（1）大堆材料、主要材料及成品、半成品等，凡属于工程用料的必须以限额领料单作为发料依据，但在实际生产过程中，因设计变更、施工不当等各种因素造成工程量增减的，材料需用量也会发生变化，这时如果限额领料单不能及时下达或修正，应由工长填制、项目主管人员审批工程暂借用料单（见表5-11）并凭此发放材料。限额领料单应在3日内补齐并交到材料部门作为正式发料凭证，否则将停止发料。

表5-11　工程暂借用料单

班组：　　工程名称：　　工程量：　　年　月　日

施工项目	规格	计量单位	应发数量	实发数量	原因	领料人

项目经理（主管工长）：　　发料：　　领料：

（2）凡属于施工组织设计以内的工程暂设用料，一律按工程用料以限额领料单作为发料依据。施工组织设计以外的临时零星用料，则须凭工长填制、项目经理审批的工程暂设用料申请单（见表5-12）办理领料手续。

表5-12　工程暂设用料申请单

单位：　　施工班组：　　年　月　日

材料名称	规格	计量单位	请发数量	实发数量	用途

项目经理（主管工长）：　　发料：　　领料：

（3）调出项目以外其他部门或其他施工项目的材料，须凭项目材料主管人或上级主管部门签发的材料调拨单（见表5-13）发放。

表5-13　材料调拨单

收料单位：　　编号：　　发料单位：　　年　月　日

材料名称	规格	单位	请发数量	实发数量	实际价格		计划价格		备注
					单价	金额	单价	金额	

主管：　　收料：　　发料：　　制表：

(4)行政及公共事务用料,应根据工程项目主管人员批准的用料计划到材料部门领料,且办理材料调拨手续。

(二)材料发放程序

材料发放工作是仓储工作直接与生产建设单位发生业务联系的一个环节,能否准确、及时、完好地把材料发放出去,是衡量仓储工作生产建设服务质量的一个重要指标,也是加速流通领域资金周转的关键。

材料发放应本着先进先出、专料专用、准确及时的原则,面向生产,为生产服务,保证生产正常进行。

1. 发放准备

一般内容是按出库计划,做好计量工具、装卸设备、倒运设备、人力以及随货发出的有关证件的准备。将材料管理人员签发的限额领料单下达到使用部门,工长要做好用料的交底。

2. 核对出库凭证

材料员持限额领料单向材料部门领料,出库的材料必须具有符合规定的出库凭证。保管员应检查出库凭证上的材料名称、规格、数量及印件是否齐全、正确,无误后方可备料。非正式凭证一律不予发放。已放数量可直接记录在限额领料单上,也可开具领料小票。若限额领料单一次签发的材料数量太大需多次发放,应在发放记录上逐日记录实际领料数量,领料单和发放记录都需要双方签字确认。

3. 备料

按凭证所列内容,分库房、货位进行备料。同批到达、分批发出材料的技术证件,技术资料应复制,原件由仓库保存。

4. 复核与点交

保管员对单据和实物进行复核,与领料员当面点交,防止差错。复核的内容一般包括:所备材料的品种、规格、质量、数量是否与出库单相符,应随材料出库的有关证件是否正确,实物卡是否已经注销,实物卡的结存是否与实物相符。

5. 清理善后工作

材料出库后要及时销账,清理场地、货位,集中整理苫垫材料,做好封垛、并垛等善后工作。

当领用数量超过限额数量时,应及时向材料部门主管人员说明情况,分析原因,并采取措施。经核实确需超限额发料时,应由工长填制、项目主管人员签认工程暂借用料单,办理多用材料的领发手续。

(三)材料发放方法

在现场材料管理中,各种材料的发放程序基本上是相同的,而发放方法却因材料的品种、规格不同而有所不同。

1. 大堆材料

土料、砂石料等都属于大堆材料,一般都是露天存放、多工种使用。根据有关规定,大堆材料的进出场及现场发放都要经过计量检测,这样可以保证材料进出场及发放数量的准确性,也可以保证施工质量。大堆材料按限额领料单的数量进行发放,还要做到在指定的料场清底使用。对混凝土、砂浆所使用的砂、石,应按水泥的实际用量比例进行计量控制发放;也可按混凝土、砂浆不同强度等级的配合比,分盘计算发料的实际数量,并做好分盘记录,办理发料手续。

2. 主要材料

主要材料包括水泥、钢材、木材等，一般是库发材料，或在指定的露天料场和大棚内保管存放，由专人办理领发手续。主要材料以限额领料单为发放凭据，并根据有关的技术资料和使用方法进行发放。

3. 成品及半成品

成品及半成品主要包括混凝土构件、成型钢筋等材料，一般存放在指定的场地库房内，由专人管理。凭限额领料单及工程进度，办理领发手续安排发放。

4. 其他材料

工具、五金和其他辅助材料，一般存放在库房，是凭限额领料单或材料主管人员签发的需要计划进行发放的。

（四）材料发放中应注意的事项

材料发放过程中应针对现场材料管理的薄弱环节，做好以下各方面工作：

（1）提高材料人员的业务素质和管理水平。及时深入地了解正在进行中的工程概况、施工进度计划、材料性能及工艺要求，配合施工生产。

（2）按照国家计量法规定，根据施工生产需要，配备足够且适用的计量器具，严格执行材料进场及发放的检测制度。

（3）认真执行定额用料制度，核实工程量、材料品种、规格及定额用量，保证施工生产的顺利进行。

（4）严格执行材料管理制度，各种材料均按相关规定发放、使用，避免浪费。

（5）对价值高、易丢失的材料、要实行承包责任制，防止发生丢失损失和重复领料。领发双方在发放时须当面点清，认真签字，并做好发放记录。

二、施工余料的管理

施工余料是指已进入现场，由于种种因素而不再使用的材料。这些材料有新有旧，有的完好无损，有的已经损坏，由于不再使用，往往导致管理上容易忽略，造成材料的丢失、损坏、变质。

（一）施工余料产生的原因及对策

1. 因设计变更造成材料的剩余积压

在设计阶段，应加强设计变更管理。设计图纸不完善和频繁的设计变更是大量施工余料产生的原因。因此，项目业主在选择设计单位时应经过充分的市场调查，选择合适的设计单位，确保施工图纸质量，尽量避免施工过程中的设计变更。

2. 由于施工单位技术因素，导致材料用量变化

（1）谨慎编制施工组织设计。

在施工组织设计的编制中应做到合理的施工进度安排、科学合理的施工方案、施工废弃物处置计划以及处置设备。合理的施工进度有利于有效利用资源，减少材料损耗，可以同时考虑施工方案的选择和施工废弃物处置计划的制订，即在选择施工方案时，分析考虑各种材料的消耗情况。在自身条件允许下，因地制宜，优先选择无污染、少污染的施工设计方案并制订合适的材料使用方案，如通过选择填挖平衡的设计方案来减少施工废弃物的外运量等。

(2)应该重视施工图纸的会审工作。

在水利水电施工领域,有时会因为设计图纸与实际施工的脱节,而产生不必要的材料剩余。施工企业的技术人员应加强施工图纸会审工作,就图纸中与施工脱节和易导致材料用量变更的部位和做法向建设和设计单位提出建议和解决方案,避免产生不必要的材料剩余。

(3)应加强技术交底工作。

工程中经常因为工程质量低劣和不合格而导致不必要的返工或补救,从而导致材料用量出现较大变动。要做好技术交底工作,施工图设计单位应使参与施工的相关技术人员对设计的意图、技术要求、施工工艺等有一定的了解,从面避免因质量不合格导致不必要的返工和补救。

(4)做好施工的预检工作。

预检是防止质量事故发生的技术工作之一,做好这项工作可以避免因发生质量事故而造成施工材料的结余或超支。应重点检查对工程质量影响重大的结构部位的施工,杜绝施工过程中偷工减料、以次充好,降低工程质量的现象,避免因质量问题而进行修补处理时产生不必要的用量变动。

(5)提高施工水平和改善施工工艺。

通过提高施工水平和改善施工工艺来达到减少施工垃圾目的的事例较多。比如使用可循环利用的钢模代替木模,可减少废木料的产生。采用装配式替代传统的现场制作,也可以控制剩余材料的数量。

由于施工单位备料计划或现场发料控制等因素,造成材料余料的多余。在材料的采购管理中,要按照合同和图纸规定的要求进行材料采购,并通过严格的计量和验收,确保材料采购的渠道正规,严把建材质量关,加强对建材运输和装卸过程中的监管工作,认真核算材料消耗水平,严格执行限额领料制度。施工材料限额领料制度是对施工材料进行控制的有效手段,是降低物资消耗、减少施工材料浪费的重要措施。施工单位应根据编制的材料消耗计划和施工进度计划中确定的材料量,严格执行限额领料制度。

(二)施工余料的管理与处置

施工现场余料的处置,直接影响项目的成本核算,所以必须加强施工余料的管理。

1.施工余料管理的内容

施工过程中,应加强现场巡视,现场巡视监督有利于及时发现现场存在的剩余材料,便于及时更正和处理,并做好现场材料的退料工作。几种退料单见表5-14、表5-15。

表5-14　退料单

编号:

退料部门	××项目	原领料批号	×××	退料日期	××××年××月××日
序号	退料名称	料号	退料量	实收量	退料原因
1					
2					
3					
⋮					

主管:　　点收人:　　登账人:　　退料人:

表 5-15　材料退料单

编号：

品名	规格	材料编号	退回数额	单价	金额	原领料价格	该批实际材料价格	退料原因说明

审核人：　制表人：　日期：

各项目部材料人员在工程接近收尾阶段，要经常掌握现场余料情况，预测未完工程所需材料数量，严格控制现场进料，避免工程结束材料积压。现场余料能否内部调拨利用，往往取决于企业的管理。企业或工程项目部应建立统一的管理方法，合理确定材料调拨价格及费用核算方法，促进剩余材料的流通及合理应用。施工余料应由项目材料部门负责，做好回收、退库和处理工作。

2. 施工余料的处置措施

因建设单位设计变更造成材料剩余的，应由监理工程师审核签字，由项目物资部会同合同部与业主商谈，余料退回建设单位，收回料款或向建设单位提出相应索赔。

施工现场的余料如有后续工程，应尽可能用到新开工的工程项目上，由公司物资部调剂，冲减原项目工程成本。

为鼓励新开项目在保证工程质量的前提下，积极使用其他项目的剩余物资和加工设备，将所用其他工程的剩余、废旧物资作为积压、账外物资审核，给予所使用项目奖励。

项目经理部在本项目竣工期内，或竣工后承接新的工程，剩余材料须列出清单，经稽核、办理转库手续后方可进入新的工程使用，此费用冲减原项目成本。

当项目竣工，又无后续工程时，剩余物资由公司物资部与项目协商处理，当不具备调拨使用条件，可以与供货商协商，由供货商进行回收或变卖处理。处理后的费用冲减原项目工程成本。

工程竣工后的废旧物资，由公司物资部负责处理。公司物资部有关人员严格按照国家和地方的有关规定进行办理。办理过程中，须会同项目经理部有关人员进行定价、定量处理后，所得费用冲减项目材料成本。

（三）常见剩余材料处理方式

（1）施工过程中产生的钢筋、模板、土方、混凝土、砂浆、砌块等余料分为有可利用价值和无可利用价值两种，对于无可利用价值的余料应按规格、型号分类堆放。

（2）对于有可利用价值的余料应进行回收利用，对无可利用价值的余料应按规定进行清理。

（3）余料的处理应满足职业健康安全、环境保护等方面的要求。

（4）施工方案编制和优化过程中应充分考虑余料的回收利用。

（5）钢筋余料可作为端体模板支顶钢筋、安全防护预防钢筋、各类预埋件锚固筋等。

（6）模板、木方余料加工后可作为预留洞口模板、小型材料存放箱、简易木桌、木凳等。模板、木方余料应及时进行回收或清理，避免造成火灾。

(7)混凝土浇筑过程中应严格控制混凝土量,尽量减少混凝土余料的产生,对产生的混凝土余料严禁倾倒,混凝土余料可用于制作混凝土垫块、混凝土预制梁或用于施工。

(8)砂浆应随拌随用,砂浆余料应及时清理。

(9)在进行砌筑前应进行试摆,避免因砌块布置不合理造成砌块的浪费,砌块余料应放到指定位置。

(10)施工余料的变卖应向项目部提出书面申请,项目经理批准后才可进行。变卖应在商务部、财务部有关人员共同监督下进行,所得收入应按财务流程入账。

(11)施工过程中应加强材料管控,尽量减少施工余料的产生。

三、甲供材料保管及出库

(一)材料保管

所有甲供材料均应由施工单位统一保管,保管费用在施工合同中明确。

施工单位对出入库材料要及时登记,做到当日事当日毕。时刻保证账、物一致,严格报送制度和盘点制度。对于主要原材料,要向本单位及甲方的现场负责人报送收支存月报,日清月结。对盘盈、盘亏、报废情况,要说明原因。

(二)材料出库

严格材料出库审批制度,根据施工进度计划和施工技术交底记录,审批材料出库数量,检查监督施工现场工完料净情况、余料堆放或归库情况,保证安全合理使用出库材料。

(三)对数量不足或失窃材料的处理

凡因施工单位保管不善,施工单位进库前未严格验收材料批次数量,现场施工造成失窃,施工单位施工期间照管不善等情况,施工单位须及时报甲方现场负责人,提出补货要求,由此产生的材料费用和工程延期,应由施工单位负责。

第四节 工器具设备及周转材料管理

一、机具设备的管理

(一)机具设备管理的内容

1. 储存管理

机具设备验收入库后应按品种、质量、规格、新旧残废程度分开存放。同样的机具设备不得分存两处,成套的机具设备不得拆开存放,不同的机具设备不得叠压存放。制定机具设备的维护保养技术规程,如防锈、防刃口碰伤、防易燃物品自燃、防雨淋和日晒等制度。对损坏的机具设备及时修复,延长机具设备的使用寿命,使之处于随时可投入使用的状态。

2. 发放管理

按机具设备费定额发出的机具设备,要根据品种、规格、数量、金额和发出日期登记入账,以便专核班组查看机具设备费定额的情况。出租或临时借出的机具设备,要做好详细记录并办理有关租赁或借用手续,以便按期、按质、按量归还。坚持“交旧换新”和“修旧利废”等行之有效的制度,做好废旧机具设备的回收、修理工作。

3. 使用管理

根据不同机具设备的性能和特点，制定相应的机具设备使用技术规程、机具设备维修保养制度。监督、指导班组按照机具设备的用途和性能合理使用。

(二)机具设备管理的方法

1. 工具租赁管理方法

企业对生产工具实行租赁的管理方法，需进行以下几步工作：

(1)建立正式的工具租赁机构。确定租赁工具的品种范围，制定有关规章制度，并设专人负责办理租赁业务。班组亦应指定专人办理租用、退租及赔偿事宜。

(2)测算租赁单价。租赁单价或按照工具的日摊销费确定的日租金额，计算公式如下：

$$\text{某种工具的日租金} = \frac{\text{该种工具的原值} + \text{采购、维修、管理费}}{\text{使用天数}} \tag{5-5}$$

式中，采购、维修、管理费按工具原值的一定比例计数，一般为原值的1% ~2%；使用天数可按本企业的历史水平计算。

(3)工具出租者和使用者签订租赁协议或合同。协议的内容及格式见表5-16。

表5-16 工具租赁协议表

根据×××××工程施工需要，租方向供方租用如下一批工具。

名称	规格	单位	需用数	实租数	备注

租用时间：自_____年_____月_____日起至_____年_____月_____日止，租金标准、结算办法、有关责任事项均按租赁管理办法执行。

本合同一式_____份(双方管理部门_____份，财务部门_____份)，双方签字盖章生效，退租结算清楚后本租赁协议实效。

租用单位：　　　　供应单位：

负责人：　　　　负责人：

年　月　日　　　　年　月　日

(4)根据租赁协议，租赁部门应将实际出租工具的有关事项登入租金结算。工具租金结算明细表见表5-17。

表5-17 工具租金结算明细表

施工单位：　　　　工程名称：

工具名称	规格	单位	租用数量	计费时间		计费天数	租金计算	
				起	止		每日	合计

租用单位：　　负责人：　　供应单位：　　负责人：

年　月　日

(5)租赁期满后，租赁部门根据租金结算台账填写租金及赔偿结算单。如有发生工具的损坏、丢失，将丢失损坏金额一并填入“赔偿费”栏内。结算单中合计金额应等于租金和赔偿费之和。租金及赔偿结算单见表5-18。

表5-18　租金及赔偿结算单

合同编号：　　　　　　　　　　　　　　本单编号：

工具名称	规格	单位	租金			赔偿费						合计金额
			租用天数	日租金	租赁费	原值	损坏量	赔偿比例	丢失量	赔偿比例	金额	

制表：　　　　　　　　　材料主管：　　　　　　　　　财务主管：

2. 工具定包管理办法

工具定包管理是“工具定额管理、包干使用”的简称，是指施工企业对班组自有或个人使用的工具设备，按定额数量配给，由使用者包干使用，实行节奖超罚的管理办法。

工具定包管理，一般在瓦工组、抹灰工组、木工组、油漆组、电焊工组、架子工组、水暖工组、电工组实行。实行定包管理的工具品种，包括除固定资产及实行个人工具费补贴的个人随手工具外的所有工具。

班组工具定包管理是按各工种的工具消耗定额，对班组集体实行定包。实行班组工具定包管理，需进行以下几步工作：

(1)实行定包的工具，所有权属于企业。企业材料部门指定专人为工具定包员，专门负责工具定包的管理工作。

(2)测定各工种的工具费定额。定额的测定，由企业材料部门负责，分三步进行：

①在向有关人员调查的基础上，查阅不少于2年的班组使用工具资料。确定各工种的品种、规格、数量，并以此作为各工种的标准定包工具。

②确定各工种工具的使用年限和月摊销费，月摊销费的计算公式如下：

$$\text{某种工具的月摊销费} = \frac{\text{该种工具的单价}}{\text{该种工具的使用期限(月)}} \tag{5-6}$$

式中，工具的单价采用企业内部不变价格，以避免因市场价格的经常波动，影响工具费定额。

③测定各工种的日工具费定额，计算公式如下：

$$\text{某工种人均日工具费定额} = \frac{\text{该工种全部标准定包工具月摊销费总额}}{\text{该工种班组额定人数} \times \text{月工作日}} \tag{5-7}$$

式中，班组定额人数为由企业劳动部门核定的某工种的标准人数；月工作日按22 d计算。

(3)确定班组月度定包工具费收入，计算公式如下：

$$\text{某工种班组月度定包工具费收入} = \text{班组月度实际作业工日} \times \text{该工种人均日工具费定额} \tag{5-8}$$

班组工具费收入可按季或按月，以现金或转账的形式向班组发放，用于班组向企业使用定包工具的开支。

(4)企业基层材料部门，根据工种班组标准定包工具的品种、规格、数量，向有关班组发放工具。班组可按标准定包数量足量领取，也可根据实际需要少领。自领用日起，按班组实领工具数量计算摊销,使用期满以旧换新后继续摊销。但使用期满后能延长使用时间的工具,应停止摊销收费。凡因班组责任造成的工具丢失和因非正常使用造成的损坏,由班组承担损失。

(5)实行工具定包的班组需设立兼职工具员,负责保管工具,督促组内成员爱护工具和记录保管手册。

零星机具工具可按定额规定使用期限,由班组交给个人保管,丢失赔偿。

企业应参照有关工具修理价格,结合本单位各工种实际情况,制定工具修理取费标准及班组定包工具修理费收入,这笔收入可记入班组月度定包工具费收入,统一发放。

(6)班组定包工具费的支出与结算。此项工作分以下三步进行:

①根据班组工具定包及结算台账,按月计算班组定包工具费支出,其计算公式为

$$\text{某工种班组月度定包工具费支出} = \sum_{i=1}^{n}(\text{第 } i \text{ 种工具数} \times \text{该种工具的日摊销费}) \times \text{班组月实际作业天数} \tag{5-9}$$

$$\text{某种工具的日摊销费} = \frac{\text{该种工具的月摊销费}}{22\ \text{d}} \tag{5-10}$$

②按月或按季结算班组定包工具费收支额,其计算公式为

$$\text{某工种班组月度定包工具费收支额} = \text{该工种班组月度定包工具费收入} - \text{月度定包工具费支出} - \text{月度租赁费用} - \text{月度其他支出} \tag{5-11}$$

式中,租赁费若班组已用现金支付,则此项不计;其他支出包括应扣减的修理费和丢失损失费。

③根据工具费结算结果,填制工具定包结算单。工具定包结算单见表 5-19。

表 5-19 工具定包结算单

班组名称: 工种:

月份	工具费收入(元)	工具费支出(元)					盈亏金额(元)	奖罚金额(元)
		小计	定包支出	租赁费	赔偿费	其他		

制表: 班组: 财务: 主管:

(7)班组工具费结算若有盈余,为班组机具工具节约,盈余额可全部或按比例,作为工具节约奖,归班组所有;若有亏损,则由班组负担。企业可将各工种班组实际的定包工具费收入作为企业的工具费开支,计入工程成本。

企业每年年终应对工具定包管理效果进行总结分析,找出影响因素,提出有针对性的处理意见。

二、周转材料的管理

周转材料,是指能够多次应用于施工生产,有助于产品形成但不构成产品实体的各种材料,是有助于建筑产品的形成而必不可少的手段。如浇筑混凝土所需的模板和配件;施工中搭设的脚手架及其附件等。

从材料的价值周转方式来看,材料的价值是一次性全部转移到施工中去的。而周转材料不同,它能在几个施工过程中被多次地反复使用,并不改变其本身的实物形态,直至完全丧失其使用价值。它的价值转移是根据其在施工过程中损耗程度,逐步转移到产品中去,成为建筑产品价值的组成部分,并从建筑物的价值中逐步得到价值补偿。

(一)周转材料分类

周转材料分类见表 5-20。

表 5-20 周转材料的分类

序号	分类标准	类型	内容
1	按周转材料的用途分	模板	指浇筑混凝土用的木模、钢模等,包括配合模板使用的支撑材料、滑膜材料和扣件等在内。按固定资产管理的固定钢模和现场使用的固定大模板则不包括在内
		挡板	指土方工程用的挡板等,包括用于挡板的支撑材料
		架料	指搭脚手架用的竹竿、木杆、竹木跳板、钢管及其扣件等
		其他	指除以上各类外,作为流动资产管理的其他周转材料,如塔吊使用的轻轨、枕木以及施工过程中使用的安全网等
2	按周转材料的自然属性分	钢制品	如钢模板、钢管脚手架等
		木制品	如木脚手架、木跳板、木挡土板、木制混凝土模板等
		竹制品	如竹脚手架、竹跳板等
		胶合板	如竹胶合板、木胶合板等
3	按周转材料的使用对象分	混凝土工程用周转材料	如钢模板、木模板、竹胶合板等
		结构工程用周转材料	如脚手架、跳板等
		安全防护用周转材料	如安全网、安全带、安全绳、挡土板等

(二)周转材料管理内容

(1)使用。指为了保证施工生产正常进行或有助于产品的形成而对周转材料进行拼装、支搭以及拆除的作业过程。

(2)养护。指例行养护,包括除去灰垢、涂刷防锈剂或隔离剂,使周转材料处于随时可投入使用的状态。

(3)维修。修复损坏的周转材料,使之恢复或部分恢复原有功能。

(4)改制。对损坏且不可修复的周转材料,按照使用和配套的要求进行大改小、长改短的作业。

(5)核算。包括会计核算、统计核算和业务核算 3 种核算方式。会计核算主要反映周转材料投入和使用的经济效果及其摊销状况,它是资金(货币)的核算;统计核算主要反映数量规模、使用状况和使用趋势，它是数量的核算；业务核算是材料部门根据实际需要和业务特点而进行的核算，它既有资金的核算，也有数量的核算。

（三）周转材料管理方法

周转材料的管理方法主要有租赁管理、费用承包管理、实物量承包管理等。

1. 租赁管理

1）租赁管理的内容

（1）周转材料费用测算。应根据周转材料的市场价格变化及摊销额度要求测算租金标准，并使之与工程周转材料费用收入相适应。其计算公式为

$$日租金 = \frac{月摊销费 + 管理费 + 保养费}{月度日历天} \tag{5-12}$$

式中，管理费和保养费均按周转材料原值的一定比例计取，一般不超过原值的2%。

（2）签订租赁合同，在合同中应明确租赁的品种、规格、数量，附有租用品明细表以便查核；租用的起止日期、租用费用以及租金结算方式；规定使用要求、质量验收标准和赔偿办法；双方的责任和义务；违约责任的追究和处理等。

（3）考核租赁效果。租赁效果通过考核出租率、损耗率、周转次数等指标进行评定，针对出现的问题，采取措施提高租赁管理水平。其计算公式为

$$某种周转材料的出租率 = \frac{期内平均出租数量}{期内平均拥有量} \times 100\% \tag{5-13}$$

式中，

$$期内平均出租数量 = \frac{期内租金收入（元）}{期内单位租金（元）}$$

期内平均拥有量是以天数为权数的各阶段拥有量的加权平均值。

$$某种周转材料的损耗率 = \frac{期内损耗率总金额（元）}{期内出租数量总金额（元）} \times 100\% \tag{5-14}$$

2）租赁管理的方法

（1）租用。项目确定使用周转材料后，应根据使用方案制订需求计划，由专人向租赁部门签订租赁合同，并做好周转材料进入施工现场的各项准备工作，如整理存放及拼装场地等。租赁部门必须按合同保证配套供应并登记周转材料租赁台账，周转材料租赁台账见表5-21。

表5-21　周转材料租赁台账

租用单位：　　　　　　　　　　　　　工程名称：

租用日期	名称	规格型号	计量单位	租用数量	合同终止日期	合同编号

（2）验收和赔偿。租赁部门应对退库周转材料进行数量及外观质量验收。如有丢失损坏，应由租用单位按照租赁合同规定进行赔偿，赔偿标准一般按以下原则进行：对丢失或严重损坏（指不可修复的，如管体有死弯、板面严重扭曲）按原值的50%赔偿；一般性损坏（指

可修复的,如板面打孔、开焊等)按原值的30%赔偿;轻微损坏(指不需使用机械,仅用手工即可修复的)按原值的10%赔偿。

租用单位退租前必须清理租赁物品上的灰垢,确保租赁物品干净,为验收创造条件。

(3)结算。租金的结算期限一般自提运的次日起至退租之日止,租金按日历天数考核,逐日计取,按月结算。租用单位实际支付的租赁费用包括租金和赔偿费两项。

$$租赁费用 = \sum(租用数量 \times 相应日租金 \times 租用天数 + 丢失损坏数量 \times 相应原值 \times 相应赔偿率) \quad (5\text{-}15)$$

根据结算结果由租赁部门填制租金及赔偿结算单。

2. 费用承包管理

费用承包管理是指以单位工程为基础,按照预定的期限和一定的方法测定一个适当的费用额度交由承包者使用,实行节奖超罚的管理。它是适应项目管理的一种管理形式,也是项目管理对周转材料管理的要求。

1)承包费用的确定

(1)承包费用的收入。

承包费用的收入即承包者所接受的承包额。承包额有两种确定方法,一种是扣额法,另一种是加额法。扣额法是指按照单位工程周转材料的预算费用收入,扣除规定的成本降低额后的费用;加额法是指根据施工方案所确定的使用数量,结合额定周转次数和计划工期等因素所限定的实际使用费用,加上一定的系数额作为承包者的最终费用收入。所谓系数额,是指一定历史时期的平均耗费系数与施工方案所确定的费用收入的乘积。承包费用收入的计算公式为

$$扣额法费用收入 = 预算费用收入 \times (1 - 成本降低率) \quad (5\text{-}16)$$

$$加额法费用收入 = 施工方案确定的费用收入 \times (1 + 平均耗费系数) \quad (5\text{-}17)$$

$$平均耗费系数 = \frac{实际耗用量 - 定期耗用量}{实际耗用量} \quad (5\text{-}18)$$

(2)承包费用的支出。

承包费用的支出是在承包期限内所支付的周转材料使用费(租金)、赔偿费、运输费、二次搬运费以及支出的其他费用之和。

2)费用承包管理的内容

费用承包管理的内容见表5-22。

3)费用承包效果的考核

承包期满后要对承包效果进行严肃认真的考核、结算和奖罚。

承包的考核和结算是将承包费用收、支对比,出现盈余为节约;反之为亏损。如实现节约,应对参与承包的有关人员进行奖励。可以按节约额进行全额奖励,也可以扣留一定比例后再予奖励。奖励对象应包括承包班组、材料管理人员、技术人员和其他有关人员,按照各自的参与程度和贡献大小分配奖励份额。如出现亏损,则应按奖励对等的原则对有关人员进行罚款。费用承包管理方法是目前普遍实行的项目经理责任制中较为有效的方法,企业管理人员应不断探索有效的管理措施,提高承包经济效果。

表 5-22 费用承包管理的内容

序号	管理内容	说明
1	签订承包协议	承包协议是对承、发包双方的责、权、利进行约束的内部法律文件。一般包括工程概况，应完成的工程量，需用周转材料的品种、规格、数量及承包费用、承包期限、双方的责任与权利、不可预见问题的处理以及奖罚等内容
2	承包额的分析	分解承包额。承包额确定之后，应进行大概的分解。以施工用量为基数将其还原为各个品种的承包费用。 分析承包额。在实际工作中，常常是不同品种的周转材料分别进行承包，或只承包某一品种的费用，这就需要对承包效果进行预测，并根据预测结果提出有针对性的管理措施
3	周转材料进场前的准备工作	根据承包方案和工程进度认真编制周转材料的需要计划，注意计划的配套性（如周转材料的品种、规格、数量及时间的配套），要留有余地，不留缺口。 根据配套数量同企业租赁部门签订租赁合同，积极组织材料进场并做好进场前的各项准备工作，包括选择、平整存放和拼装场地、开通道路等，对现场狭窄的地方应做好分批进场的时间安排，或事先另选存放场地

提高承包经济效果的基本途径有以下两种：

(1)在使用数量既定的条件下努力提高周转次数。

(2)在使用期限既定的条件下努力减少占用量。同时应减少丢失和损坏数量，积极实行和推广组合钢模的整体转移，以减少停滞、加速周转。

3. 实物量承包管理

周转材料实物量承包管理是指项目班子或施工队根据使用方案按定额数量对班组配备周转材料，规定损耗率，由班组承包使用，实行节奖超罚的管理办法。周转材料实物量承包的主体是施工班组，也称为班组定包。

实物量承包是费用承包的深入和继续，是保证费用承包目标值的实现和避免费用承包出现断层的管理措施。

1)定包数量的确定

以组合钢模为例，说明定包数量的确定方法。

(1)模板用量的确定。根据费用承包协议规定的混凝土工程量编制模板配模图，据此确定模板计划用量，加上一定的损耗量即为交由班组使用的承包数量，即

$$\text{模板定包数量}(m^2) = \text{计划用量}(m^2) \times (1 + \text{定额损耗率}) \quad (5\text{-}19)$$

式中，定额损耗率一般不超过计划用量的1%。

(2)零配件用量的确定。

零配件定包数量根据模板定包数量来确定。

$$\text{零配件定包数量(件)} = \text{计划用量(件)} \times [1 + \text{定额损耗率}(\%)] \quad (5\text{-}20)$$

式中

$$\text{计划用量(件)} = [\text{模板定包量}(m^2)/10\,000(m^2)] \times \text{相应配件用量(件)}$$

每万平方米模板零配件的用量分别为:U 型卡,14 万件;插销,30 万件;外拉杆,2.4 万件;三型扣件,3.6 万件;勾头螺栓,1.2 万件;紧固螺栓,1.2 万件。

2)定包效果的考核和核算

定包效果的考核主要是损耗率的考核。即用定额损耗量与实际损耗量相比,如有盈余,为节约;反之,为亏损。如实现节约,则全额奖金给定包班组;如出现亏损,则有班组赔偿全部亏损金额,根据定包及考核结果,对定包班组兑现奖罚。

(四)周转材料租赁、费用承包和实物量承包间的关系

周转材料的租赁、费用承包和实物量承包是三个不同层次的管理,是有机联系的统一整体。实行租赁是企业对工区或施工队所进行的费用控制和管理;实行费用承包是工区或施工队对单位工程或承包标段所进行的费用控制和管理;实行实物量承包是单位工程或承包标段对使用班组所进行的数量控制和管理,这样便形成了既有不同层次、不同对象,又有费用和数量的综合管理体系。降低企业周转的费用消耗,应该同时搞好三个层次的管理。

限于企业的管理水平和各方面的条件,作为管理初步,可于三者之间任选其一。如果实行费用承包,则必须同时实行实物量承包,否则费用承包易出现断层,出现“以包代管”的状况。

第五节　危险物品及废弃物管理

一、危险物品的管理

(一)材料、设备的安全管理责任制

(1)凡购买的各种机电设备、脚手架等料具或直接用于安全防护的料具及设备,必须执行国家标准及市有关规定,必须有产品介绍或说明的资料,严格审查其产品合格证明材料,必要时做抽样试验,回收的必须检修。

(2)做好各类施工现场料具管理,保证安全。

①安全网、安全带、安全绳、安全帽,必须进行张拉、冲击试验,合格后方可入库验收使用。

②钢材、水泥、商品混凝土等重要物资,须送交有关部门验收合格后方可购进。

③对进入施工现场的料具做好交验工作,凡是不合格的料具要坚决退场,不准使用。

④材料保管人员负责对入库料具进行验收和签认。

⑤采购的劳动保护用品,必须符合国家标准及地方有关规定,并向主管部门提供情况,接受对劳动保护用品的质量监督检查。

⑥认真执行相关规定及施工现场平面布置要求,做好材料堆放和物品储存,对物品运输应加强管理、保证安全。

⑦对设备的租赁,要建立安全管理制度,确保租赁设备完好、安全可靠。

⑧对新购进的机械、锅炉、压力容器及大修、维修、外租回厂后的设备必须严格检查和把关,新购进的要有出厂合格证及完整的技术资料,使用前制定安全操作规程,组织专业技术培训,向有关人员交底,并进行鉴定验收。

⑨组织机械操作人员的安全技术培训,坚持持证上岗,机械操作人员必须按规定戴好防

护用品。

⑩参加施工组织设计、施工方案的会审，提出设备材料涉及安全方面的具体意见和措施，同时负责督促岗位落实，保证实施。

⑪对涉及设备材料相关特种作业人员定期培训、考核。

⑫参加因工伤亡及重大未遂事故的调查，根据事故设备材料认真分析事故原因，提出处理意见，制定防范措施。

（二）危险物品的检查

依据国务院国家安全委员会《关于实施遏制重特大事故工作指南全面加强安全生产源头管控和安全准入工作的指导意见》（安委办〔2017〕7 号）和水利部办公厅关于印发《水利水电工程施工危险源辨识与风险评价导则（试行）》，危险源是指可能导致人员伤害或疾病、物质财产损失、工作环境破坏或这些情况组合的根源或状态的因素。虽然危险源的表现形式不同，但从本质上说，能够造成危害后果的（如伤亡事故、人身健康受损害、物体被破坏和环境污染等），均可归结为能量的意外释放或约束、限制能量和危险物质措施失控的结果。

1. 危险源定义及分类

根据危险源在事故发生发展中的作用，危险源分为两大类，即第一类危险源和第二类危险源。

第一类危险源是指可能发生意外释放的能量（能源或能量载体）或危险物质。其危险性的大小主要取决于能量或危险物质的量、释放的强度或影响范围。如现场易爆材料（如雷管、氧气瓶）属于第一类危险源。

第二类危险源是指造成约束、限制能量和危险物质措施失控的各种不安全因素的危险源。第二类危险源主要体现在设备故障或缺陷（物的不安全状态）、人为失误（人的不安全行为）和管理缺陷等几个方面。这是导致事故的必要条件，决定事故发生的可能性。如现场材料堆放过高或易发生剧烈化学反应的材料混存都属于第二类危险源。

2. 危险源与事故

事故的发生是两类危险源共同作用的结果，第一类危险源是事故发生的前提，第二类危险源的出现是第一类危险源导致事故的必要条件。在事故的发生和发展过程中两类危险源相互依存，相辅相成。第一类危险源是事故的主体，决定事故的严重程度；第二类危险源出现的难易决定事故发生的可能性大小。

危险源造成的安全事故的主要诱因见表 5-23。

表 5-23 危险源分类

危险源因素	内容
人的因素	主要指人的不安全行为因素，包括身体缺陷、错误行为、违纪违章等
物的因素	包括材料和设备装置的缺陷
环境因素	主要包括现场杂乱无章、视线不畅、交通阻塞、材料工具乱堆乱放、粉尘飞扬、机械无防护装置等
管理因素	主要指各种管理上的缺陷，包括对物的管理、对人的管理、对工作过程（作业程序、操作规程、工艺过程等）的管理，以及对采购、安全监控、事故防范措施的管理失误

根据危险可能会对人员、设备及环境造成的伤害,一般将其严重程度划分为四个等级,具体内容见表5-24。

表5-24 危险程度分级

类别	程度	内容
Ⅰ类	灾难性的	由于人为失误、设计误差或设备缺陷等,导致严重降低系统性能,进而造成系统损失,或者造成人员伤亡或严重伤害
Ⅱ类	危险的	由于人为失误、设计缺陷或设备故障,造成人员伤害或严重的设备破坏,需要立即采取措施来控制
Ⅲ类	临界的	由于人为失误、设计缺陷或设备故障使系统性能降低,或设备出现故障。但能控制住严重危险的产生,或者说还没有产生有效的破坏
Ⅳ类	安全的	由于人为失误、设备缺陷、设备故障,不会导致人员伤害和设备损坏

3. 危险源的辨识

危险源辨识就是识别危险源并确定其特性的过程。常用的有以下几种方法:

(1)实地调查法:包括现场观察法和询问、交谈法两种。

现场观察法是到施工现场观察各类设施、场地、材料使用,分析操作行为、材料和设备全使用、安全管理状况等,获取危险源资料。

询问、交谈法是与生产现场的管理、施工人员和技术人员交流讨论,获取危险源资料。

(2)安全检查表法:是指实施安全检查和诊断项目的明细表。运用已编制好的安全检查表,进行系统的安全检查,识别工程项目存在的危险源。

(3)事故树分析法:是指针对各种使用和管理实例、安全事故等进行分析,并按事故树分析要求展开和绘制图形,获取危险源资料。

(4)专家调查法:是指通过向有经验的专家咨询、调查、识别、分析和评价危险源的一类方法。其优点是简便、易行,其缺点是受专家的知识、经验和占有资料的限制,可能出现遗漏。

4. 危险物品的检查

经过危险源辨识环节,工程中可能涉及的危险物品分类如下:

(1)爆炸品。这类物质具有猛烈的爆炸性。当受到高热摩擦、撞击、振动等外来因素作用或与其他性能相抵触的物质接触时,就会发生剧烈的化学反应,产生大量的气体和高热,引起爆炸。爆炸性物质如储存量大,爆炸时威力更大。

(2)氧化剂。具有强烈的氧化性。遇酸、碱、受潮、强热或与易燃物、有机物、还原剂等性质有抵触的物质混存能发生分解,引起燃烧和爆炸,对这类物质可以分为:

①一级无机氧化剂。性质不稳定,容身引起燃烧和爆炸。如加碱金属和碱土金属的氯酸盐、硝酸盐、过氧化物、高氯酸盐及其盐、高锰酸盐等。

②一级有机氧化剂。既具有强烈的氧化性,又具有易燃性,如过氧化二苯甲酰。

③二级无机氧化剂。性质较一级氧化剂稳定,如重铬酸盐、亚硝酸盐等。

④二级有机氧化剂。如过乙酸。

(3)压缩气体和液化气体。气体压缩后储于耐压钢瓶内,使其具有危险性。钢瓶如果在太阳下暴晒或受热,当瓶内压力升至大于容器耐压限度时,即能引起爆炸。钢瓶内气体的性质分为四类:剧毒气体,如液氯、液氨等;易燃气体,如乙炔、氢气等;助燃气体,如氧气等;不燃气体,如氮、氩、氦等。

(4)自燃物品。此类物质暴露在空气中,依靠自身的分解、氧化产生热量,使其温度升高到自燃点即能发生燃烧。如白磷等。

(5)遇水燃烧物品。此类物质遇水或在潮湿空气中能迅速分解,产生高热,并放出易燃易爆气体,引起燃烧爆炸。如金属钾、钠、电石等。

(6)易燃液体。这类液体极易挥发成气体,遇明火即燃烧。可燃液体以闪点作为评定液体火灾危险性的主要根据,闪点越低,危险性越大。闪点在45 ℃以下的称为易燃液体,闪点在45 ℃以上的称为可燃液体(可燃液体不纳入危险品管理)。易燃液体根据其危险程度分为两级:

①一级易燃液体闪点在28 ℃以下(包括28 ℃)。如乙醚、汽油、甲醇、苯、甲苯等。

②二级易燃液体闪点在29~45 ℃(包括45 ℃)。如煤油等。

(7)易燃固体。此类物品着火点低,如受热、遇火星、受撞击、摩擦或氧化剂作用等能引起急剧的燃烧或爆炸,同时放出大量毒害气体。如硫黄、硝化纤维素等。

(8)毒害品。这类物品具有强烈的毒害性,少量进入人体或接触皮肤即能造成中毒甚至死亡。毒害品分为剧毒品和有毒品。剧毒品如氯化物、硫酸二甲酯等。有毒品如氟化钠、一氧化铅、四氯化碳、三氯甲烷等。

(9)腐蚀物品。这类物品具有强腐蚀性,与其他物质如木材、铁等接触,使其因受腐作用引起破坏,与人体接触引起化学烧伤。有的腐蚀物品有双重性和多重性。如苯酚既有腐蚀性还有毒性和燃烧性。腐蚀物品有硫酸、盐酸、硝酸、氢氧化钠、氯氧化钾、氨水、甲醛等。

(10)放射性物品。此类物品具有放射性。人体受到过量照射或吸入放射性粉尘而得放射病。如而得放射性矿物等。

(三)现场危险物品的管理

施工现场设备材料中若有危险物品,则其储存、发放、领用和使用监督应符合现场统一的安全管理规定。

以下是针对几种现场设备材料常见的危险源在管理上应采取的措施。

1. 化学品类材料的安全管理

(1)危险化学品管理人员应掌握其性能、保管方法、应急措施等相关知识。

(2)危险化学品的运输应选择具有相应资质的供方,并保存其资质或准运证的复印件。

(3)碰撞、相互接触容易引起燃烧、爆炸或造成其他危险的物品,以及化学性质或防护、灭火方法互相抵触的物品,不得混合装运;遇热、遇潮容易引起燃烧、爆炸或产生有毒有害气体的物品,在装运时应当采取隔热、防潮措施。

(4)危险化学品应储存在通风良好的专用仓库,定期检查,采取有效的防火措施和防泄露、防挥发措施,并配置防毒、防腐用具。保管区域应严格管理火种及火源,在明显的地方设立醒目的“严禁烟火”标志。应按规定配足消防器材和设施。严格控制进入特殊库房油库、炸药库等的人员,入库口应设明显警示标牌,标明入库须知和作业注意事项。

(5)危险化学品应分类存放,堆垛之间的主要通道应有安全距离,不得超量储存。与化学性质或防护、灭火方法相抵触的,不得储存在一起。受阳光照射容易燃烧、爆炸或产生有毒有害气体的物品和桶装、罐装等易燃液体、气体应在阴凉通风地点存放。各种气瓶的存放,要距离明火 10 m 以上。氧气瓶、乙炔瓶必须套有垫圈、盖有瓶盖,并分库直立存放,两库间距不小于 5 m,设灭火器和严禁烟火标识牌,保持通风和有防砸、防晒措施。氧气瓶、乙炔瓶要定期进行压力检验,不合格气瓶严禁使用。

(6)使用人员应严格执行操作规程或产品使用说明。在使用过程中应使用必要的安全防护措施和用具;场地狭窄时,要注意通风。

(7)各种气瓶在使用和存放时,应距离明火 10 m 以上,搬动时不得碰撞;氧气瓶、乙炔瓶必须套有垫圈和瓶盖,氧气的或压器上应有安全阀,严禁沾染油脂、不得曝晒、倒放,与乙炔瓶工作间距不小于 5 m。

2. 易燃易爆材料的安全管理

(1)从事爆破作业人员应持有公安机关颁发的爆破作业人员许可证。

(2)危险品仓库内不准设办公室、休息室,不准住人。

(3)储存易燃、易爆物料的库房、货场区的附近,不准进行封焊、维修、动用明火等可能引起火灾的作业。如因特殊需要进行这些作业,必须经批准,采取安全措施,派人员进行监护,备好足够的灭火器材。作业结束后,现场认真进行检查,切实查明未留火种后,方可离开现场。

(4)受阳光照射容易燃烧、爆炸的化学易燃物品,不得露天存放。

(5)装卸危险物品时严禁使用明火灯具照明。

3. 夏季、雨季的危险源

(1)油库、易燃物品库房、塔吊、卷扬机架、脚手架、正在施工的高层建筑工程等部位及设施都应安装避雷设施。

(2)易燃液体、电石、乙炔气瓶、氧气瓶等,禁止露天存放,防止受雷雨、日晒发生起火事故。

(3)生石灰、石灰粉的堆放应远离可燃材料,防止因受潮或雨淋产生高热,引起周围可燃材料起火。

4. 现场火灾易发危险源

(1)一般临时设施区,每 100 m^2配备两个 10 L 灭火器,大型临时设施总面积超过 1 200 m^2 的应具备专供消防用的太平桶、积水桶(池)、黄砂池等器材设施。

(2)木工间、油漆间、机具间等每 25 m^2应配置一个合适的灭火器;油库、危险品仓库应配备足够数量、种类的灭火器。

(3)仓库或堆料场内,应根据灭火对象的特性,分组布置泡沫、清水、二氧化碳等灭火器。每组灭火器不少于 4 个,每组灭火器之间的距离不大于 30 m。

二、施工废弃物的管理

(一)施工废弃物的危害

施工废弃物主要有以下几方面的危害:一是占用土地存放;二是对水体、大气和土壤造成污染;三是严重影响了市容和环境卫生等。

1. 占用土地存放

大部分施工废弃物不做任何处理直接运往郊外堆放。这种方式不仅占用了大量的土地资源,而且加剧了我国人多地少的矛盾。随着我国城市化进程的加快,建筑垃圾产量的增加,土地资源紧缺的矛盾会更加严重。另外,施工废弃物的堆放也会对土壤造成污染,垃圾及其渗滤水中包含了大量有害物质,它会改变土壤的物理结构和化学性质,影响植物生长和微生物活动。

2. 污染水体和空气

施工废弃物在堆放场放置的过程中,经受雨水淋湿和渗透,会渗滤出大量的污水,严重污染周边的地表水和地下水,如不采取任何措施任其流入江河或渗入地下,受污染的区域就会被扩散。水体受到污染后会对水生物的生存和水资源的利用造成不利影响和危害。

施工废弃物在堆放过程亦会对空气造成污染,一方面,废弃物长期在温度、水分等作用下,其中的有机物质会发生分解而产生某些有害气体;另一方面,废弃物在运输和堆放过程中,其中的细菌和粉尘等随风吹散,也会对空气造成污染。另外,少量施工废弃物中可燃性物质经过焚烧会产生有毒的致癌物质,对空气造成二次污染。

3. 影响市容

施工废弃物的露天堆放或简易填埋处理也严重影响了城市的市容市貌和环境卫生。大多数垃圾采用非封闭式运输车运送,所以在运送的过程中容易引起垃圾撒落、尘土飞扬等问题,从而破坏城市的容貌和卫生。

(二)施工废弃物的分类

按照来源分类,施工废弃物可分为土地开挖、道路开挖、旧建筑物拆除、建筑施工和建材生产五类。

按照可再生和可利用价值,施工废弃物分 3 类:可直接利用的材料可以用于回收的材料,以及没有利用价值的废料。

还有其他一些分类方法,如将建筑废弃物按成分分为金属类和非金属类;按能否燃烧分为可燃物和不可燃物。

(三)施工废弃物的处理

1. 施工废弃物处理原则

工程施工单位在施工组织管理中对废弃物的处理应遵循减量化、资源化和再生利用原则。在保证工程安全与质量的前提下,制订节材措施,进行施工方案的节材优化、工程施工废弃物减量化,尽量利用可循环处理等。

工程施工废弃物应按分类回收,根据废弃物类型、使用环境以及老化程度等进行分选。工程施工废弃物回收可划分为混凝土及其制品、模板、砂浆、砖瓦等分项工程,各分项工程应遵守与施工方式一致且便于控制废弃物回收质量的原则。

工程施工废弃物循环利用主要有三大原则,即减量化原则、循环利用原则、再生利用原则,简称 3R 原则。减量化是废弃物处置和管理的基本原则,按照循环经济理论中废弃物管理的 3R 原则,减量化排在最优先位置。我国住房和城乡建设部颁布的《城市施工废弃物管理规定》也提出建筑废弃物处置实行减量化、资源化、无害化和谁产生谁承担处置责任的原则。

减量化原则要求用较少的原料和能源投入来达到既定的生产目的或消费目的,进而从经济活动的源头开始注意节约资源和减少污染。它是一种以预防为主的方法,旨在减少资源的投入量,从源头上开始节约资源,减少废弃物的产生。针对产业链的输入端——资源,尽可能地以可再生资源作为生产活动的投入主体,从而达到减少对不可再生资源的开采与利用的目的。在生产过程中,通过减少产品原料的使用和改造制造工艺来实现清洁生产。

循环利用原则,即回收利用,要求延长产品的使用周期,属于过程性方法,以最大限度地延长产品的使用寿命为目的。它通过多次或以多种方式使用产品来避免产品过早地成为垃圾。在生产过程中,制造商可以采用标准尺寸进行设计,以便拆除、修理和再利用使用过的产品,从而提高资源的利用率。在消费过程中,人们可以持久利用产品以延长产品的使用寿命,减缓资源的流动速度,或者将可维修的物品返回市场体系来降低资源消耗和废物产生。施工废弃物回收利用过程包括下列4个连续阶段:

(1)现场废弃物的收集、运输及储存。

(2)不同类别的建筑废弃物分类拣选。

(3)把拣选后的建筑废弃物运输到工地外的回收处理厂。

(4)建筑废弃物的质量计算和回收处理厂的准入许可。

再生利用原则,要求生产出来的产品在完成其使用功能后能重新成为可以利用的资源,而不是不可恢复的废弃物,属于输出端方法,旨在尽可能多地减少最终的污染排放量,它通过对废弃物的回收和综合利用,把废弃物再次变成资源,重新投入到生产环节,以减少最终的处理量。在生产过程中,厂商应提升资源化技术水平,在经济和技术可行的条件下对废弃物进行回收再造,实现废弃物的最少排放;消费过程中,应提倡和鼓励购买再生产品来促进整个循环经济的实现。按照循环经济思想,再循环有两种情况,一种是原级再循环,即废品被循环用来生产同类型的新产品;另一种是次级再循环,即将废弃物资源转化成其他产品的原料。施工废弃物再生利用所产生的成本主要包含以下几个阶段:

(1)现场废弃物的收集、运输及储存。

(2)不同类别的建筑废弃物分类拣选。

(3)把拣选后的建筑废弃物运输到工地场外或放置在现场根据需要进一步加工(现场资源化)。

(4)加工材料的再生利用。

2. 施工废弃物的减量化

施工废弃物的减量化指的是减少产生量和排放量,是对施工废弃物的数量、体积、种类、有害物质的全面管理。它要求不仅从数量、体积上减少建筑废弃物,而且要尽可能地减少其种类,降低其有物质的成分,并消除或减弱它对环境的危害性。在我国,长期以来实行的是末端治理政策,就是先污染、后治理。这种事后处理的方式不仅对环境的污染大,并且会产生更多的处理成本。相比而言,源头减量控制这种方式更为有效,它可以减少对资源开采、节约制造成本、减少运输和对环境的破坏。施工废弃物的减量化管理实际上是对整个生产领域实现全过程管理,即从设计、施工到拆除的各个阶段进行减量化控制管理。

1)设计阶段的施工废弃物减量化管理

施工废弃物的产生贯穿于施工、维修、设施更新、建筑解体和施工废弃物再生利用等各个环节。所以,对施工废弃物的减量化管理应从设计、施工管理和建筑拆除等各个环节做起。施工废弃物减量化设计指的是通过设计本身,运用减量化设计理念和方法,尽可能减少

垃圾在建造过程中的产生量,并且对已产生的垃圾进行再利用。目前,在实践过程中施工废弃物减量化设计策略主要有:

(1)推广预制装配式结构体系设计。

装配式建筑结构设计采用工厂生产的预制标准、通用的建筑构配件或预制组件,有利于节省建材资源,减小建材损耗,消除建材和构件因尺寸不符二次切割而产生的废料,减少施工废弃物量。其次,在施工过程中摒除了传统的湿作业和现浇混凝土浇捣方式,更多地使用机械化作业和干作业,抑制了湿作业过程中产生的大量废水和废浆污染以及避免了垃圾源的产生。同时各类构配件按施工顺序设计安放,有利于施工废弃物现场回收利用,且符合清洁生产的要求。最后,在设计阶段可预先考虑建筑未来拆除,为未来的建筑物选择性拆除或结构拆除做好准备,可以有效避免传统施工旧建筑物的破坏性拆除,减少拆除过程中产生的垃圾量。

(2)优先使用绿色建材。

绿色建材也可称为生态建材、健康建材和环保建材。绿色建材与传统建材相比,在生产原料上,节约天然资源,大量使用废渣、废料等废弃物。在生产过程中,采用低能耗制造工艺和无污染生产技术。在使用过程中,有利于改善生态环境,不损害人体健康,同时在建筑拆除时绿色建材也可以再循环或回收再利用,对生态环境的污染较小。

(3)为拆解而设计。

“为拆解而设计”指的是设计出来的产品可以拆卸、分解,各部件可以翻新和重复使用,这样既保护环境,又减少了资源的浪费。“拆解”是实现有效回收策略的重要手段,要实现产品最终的高效回收,就必须在产品设计的初始阶段就考虑报废后的拆解问题。“为拆解而设计”,着眼于产品的再利用、再制造和再循环,旨在以尽可能少的代价获取可再循环利用的原材料。建筑拆解设计可以使建筑材料的再循环率从20%左右提高到70%以上。

(4)其他施工废弃物减量化的设计要求。

包括:第一,加强设计变更管理,确保设计质量。第二,杜绝“三边”工程。目前,我国建筑施工中存在着许多边设计、边施工、边修改的“三边”工程,此类工程不仅存在着严重的质量隐患,影响建筑物的耐久性,而且必然会造成人力、物力资源的浪费和施工废弃物的大量产生。第三,保证建筑物的质量和耐久性。这样可以减少本来不该有的维修和重建工作,也就是减少施工废弃物产生的可能性。同时,建筑物的质量越好,在拆除时产生的建筑废料资源化质量越高。

2)施工阶段的施工废弃物减量化管理

施工过程是产生施工废弃物的直接过程。在施工阶段影响施工废弃物产量的因素很多,比如在实际操作中往往会由于工程承包商管理不当或者缺乏节约意识,没有准确核算所需材料数量,造成边角料增多;或者由于工人施工方法不当、操作不合理,导致施工中施工废弃物增多;或者由于承包商对材料采购缺乏精细化管理,采购的建材不符合设计要求,超量订购或少订以及材料在进场后管理不到位而造成的材料浪费等都是产生施工废弃物的因素。施工阶段的各个方面都会对施工废弃物的产量造成直接影响,因此加强施工阶段施工废弃物减量化管理尤为重要。施工阶段的施工废弃物减量化管理内容见表5-25。

3)建筑拆除阶段的施工废弃物减量化管理

“大拆大建”“短命建筑”是促使施工废弃物产量增加的影响因素之一,尤其是在近几年来,此类问题不断出现。这不仅造成了社会财富的极大浪费,并引起了生态环境、社会、资源浪费等方面的诸多问题。目前,在我国为了加快拆除速度,很多大型、高层建筑都采用了破坏性的建筑拆除技术,比如爆破拆除、推土机或重锤锤击的机械拆除等。这种破坏性的拆除方式会严重降低旧建筑的再生利用率。相比之下,采用优化的拆除方法,如选择性拆除等方法能够有效提高建材拆除再生利用率。

表 5-25　施工阶段的施工废弃物减量化管理

序号	内容	说明
1	从技术管理方面控制施工废弃物	在施工组织设计的编制中体现施工废弃物减量化的思想；重视施工图纸会审工作;加强技术交底工作;做好施工的预检工作;提高施工水平和改善施工工艺
2	从成本管理方面控制施工废弃物	严把采购关;正确核算材料消耗水平,坚持余料回收;加强材料现场管理;实行班组承包制度
3	从制度管理方面控制施工废弃物	建立限额领料制度;加强现场巡视制度;实行严格的奖惩制度;开展不定期的教育培训制度

4)工程废弃物减量措施

(1)制订工程使用废弃物减量化计划。

包括:加强工程施工废弃物的回收再利用,工程施工废弃物的再生利用率应达到30%,建筑物拆除产生的废弃物的再生利用率应大于40%。对于碎石、土石类工程施工废弃物,可采用地基处理、铺路等方式提高再利用率,其再生利用率应大于50%;施工现场应设密闭式废弃物中转站,施工废弃物应进行分类存放,集中运出;危险性质废弃物必须设置统一的标识进行分类存放,收集到一定量后统一处理。

(2)工程施工废弃物减量化采取的措施。

包括:避免图纸变更引起返工;减少砌筑用砖在运输、砌筑过程的报废;减少砌筑过程中砂浆落地灰;避免施工过程中因混凝土质量问题引起返工;避免抹灰工程因质量问题引起砂浆浪费;泵送混凝土量计算准确。

3. 常见施工废弃物的再生利用

工程施工废弃物的再生利用应符合国家现行有关安全和环境保护方面的标准和规定。工程施工废弃物处理应满足资源节约和环境保护的要求。施工单位宜在施工现场回收利用工程施工废弃物。施工之前,施工单位应编制施工废弃物再生利用方案,并经监理单位审查批准。建设单位、施工单位、监理单位依据设计文件中的环境保护要求,在招标投标文件和施工合同中明确各方在工程施工废弃物再生利用的职责。设计单位应优化设计,减少建筑材料的消耗和工程施工废弃物的产生。优先选用工程施工废弃物再生产品以及可以循环利用的建筑材料。工程施工废弃物回收应有相应的废弃物处理技术预案、健全的施工废弃物回收管理体系、回收质量控制和质量检验制度。

1)废混凝土再生利用

废混凝土按回收方式可分为现场分类回收和场外分类回收。废混凝土经过破碎加工,成为再生骨料。

再生骨料根据国家标准分为Ⅰ类、Ⅱ类和Ⅲ类。Ⅰ类再生粗骨料可用于配制各强度等级的混凝土；Ⅱ类再生粗骨料宜用于C40及以下强度等级的混凝土；Ⅲ类再生粗骨料可用于C25及以下强度等级的混凝土,但不得用于有抗冻性要求的混凝土。Ⅰ类再生细骨料可用于C40及以下强度等级的混凝土；Ⅱ类再生细骨料可用于C25及以下强度等级的混凝土；Ⅲ类再生细骨料不宜用于配置混凝土。

对不满足国家现行标准规定要求的再生骨料,经试验试配合格后,可用于垫层混凝土等非承重结构以及道路基层渣料中。

再生骨料可用于生产相应强度等级的混凝土、砂浆或制备砌块、墙板、地砖等混凝土制品。再生骨料混凝土构件包括再生骨料混凝土梁、板、柱、剪力墙等。

再生骨料添加固化类材料后也可用于公路路面基层。

再生细骨料可配制成砌筑砂浆、抹灰砂浆和地面砂浆。再生骨料地面砂浆宜用于找平层,不宜用于面层。

根据相关规范,下列情况混凝土不宜回收利用:废混凝土来自于轻骨料混凝土;废混凝土来自于沿海港口工程、核电站、医院放射间等有特殊使用要求的混凝土;废混凝土受硫酸盐腐蚀严重;废混凝土已被重金属污染;废混凝土存在碱-骨料反应;废混凝土中含有大量不易分离的木屑、污泥、沥青等杂质;废混凝土受氯盐腐蚀严重;废混凝土受有机物污染,废混凝土碳化严重,质地疏松。

2)废模板再生利用

废模板按材料不同,可分为废木模板、废塑料模板、废钢模板、废铝合金模板、废复合模板。

(1)大型钢模板生产过程中产生的边角料,可直接回收利用;对无法直接回收利用的,可回炉重新冶炼。

(2)工程施工中发生变形扭曲的钢模板,经过修复、整形后可重复使用。

(3)塑料模板施工使用报废后可全部回收,经处理后可制成再生塑料模板或其他产品。

(4)废木模板、废竹模板、废塑料模板等可加工成木塑复合材料、水泥人造板、石膏、人造板的原料。废木模板经过修复、加工处理后可生成再生模板。废木楞、废木方经过接长修复后可循环使用。

3)废砖瓦再生利用

废砖瓦破碎后应进行筛分,按所需土石方级配要求混合均匀。废砖瓦可用作工程回填材料。

(1)废砖瓦可用作桩基填料,加固软土地基,碎砖瓦粒径不应大于120 mm。

(2)废砖瓦可用于生产再生骨料砖。再生骨料砖包括多孔砖和实心砖。

(3)废砖瓦可用于生产再生骨料砌块。

(4)废砖瓦可作为泥结碎砖路面的骨料,粒径控制在40~60 mm。

4)工程渣土再生利用

工程渣土按工作性能分为工程产出土和工程垃圾土两类。

工程渣土应分类堆放。工程产出土可堆放于采土场、采砂场的开采坑,可作为天然沟谷的填埋,也可作为农地及住宅地的填高工程等。当具备条件时工程产出土可直按作为土工材料使用。

工程垃圾土宜在垃圾填埋场或抛泥区进行废弃处理，如工程垃圾土作为填方材料进行使用，必须改良其高含水率、低强度的性质。

5）废塑料、废金属再生利用

废塑料、废金属应按材质分类、储运。

作为原料再利用的废塑料、废金属，其有害物质的含量不得超过国家现行有关标准的规定。

废塑料可用于生产墙、天花板和防水卷材的原材料。

6）其他废木质材料再生利用

工程建设过程中产生的废木质材料应分类回收。废木质包装物、废木脚手架和废竹脚手架宜再生利用。

废木质再生利用过程中产生的剩余物，可作为生产木陶瓷的原材料。废木质材料中尺寸较大的原木、方木、板材等，回收后可作为生产细木工板的原料。

在利用废木材料时，应采取节约材料和综合利用的方式，优先选择对环境更有利的途径和方法。废木质材料的利用应视复用、素材利用、原料利用、能源利用、特殊利用的顺序进行。对尚未明显破坏的木材可直接再利用；对破损严重的木质构件可作为木质再生板材的原材料或造纸等。

7）其他工程施工废弃物再生利用

工程施工过程中产生的废瓷砖、废面砖宜再生利用。废瓷砖、废面砖颗粒可作为瓷质地砖的耐磨防滑原料。

工程施工过程中产生的废保温材料宜再生利用。废保温材料可作为复合隔热保温产品的原料。

再生骨料可用于再生沥青混凝土，为了保证再生沥青混凝土的稳定性，再生骨料用量宜小于骨料的20%，废路面沥青混合料可按适当比例直接用于再生沥青混凝土。

4. 固体废物的主要处理方法

1）回收利用

回收利用是对固体废物进行资源化的重要手段之一。粉煤灰在建设工程领域的广泛应用就是对固体废弃物进行资源化利用的典型范例。又如发达国家炼钢原料中有70%是利用回收的废钢铁。

2）减量化处理

减量化是对已经产生的固体废物进行分选、破碎、压实浓缩、脱水等处理，减少其最终处置量，减低处理成本，减少对环境的污染。在减量化处理的过程中，也包括和其他处理技术相关的工艺方法，如焚烧、热解、堆肥等。

3）焚烧处理

焚烧用于不适合再利用且不宜直接予以填埋处置的废弃物。除有符合规定的装置外，不得在施工现场熔化沥青和焚烧油毡、油漆，亦不得焚烧其他可产生有毒和恶臭气体的废弃物。垃圾焚烧处理应使用符合环境要求的处理装置，避免对大气的二次污染。

4）稳定和固化处理

稳定和固化处理是利用水泥、沥青等胶结材料，将松散的废物胶结包裹起来，减少有害物质从废物中向外迁移、扩散，使得废物对环境的污染减少。

5）填埋处理

填埋是将经过无害化、减量化处理的废物残渣集中到填埋场进行处置。禁止将有毒有害废弃物现场填埋，填埋场应利用天然或人工屏障，尽量使需处置的废物与环境隔离，并注意废弃物的稳定性和长期安全性。

第六章　材料统计与核算

第一节　概　述

材料统计与核算是材料员重要的工作内容，材料员需负责建立材料收、发、存管理台账，负责材料的盘点与统计，并参与材料的成本核算。

材料统计与核算是施工企业仓储管理与经济核算的重要组成部分。材料的采购供应和使用管理是否经济合理，对企业的各项经济技术指标的完成，特别是经济效益的提高有着重大的影响。因此，施工企业在考核施工生产和经营管理活动时，必须抓住工程材料统计核算这个重要的工作环节。进行材料统计核算时，应做好以下基础工作：

(1)建立和健全材料统计核算的管理体制。使材料统计核算的原则贯穿于材料供应和使用的全过程，做到干什么算什么，人人讲求经济效果，积极参加材料核算和分析活动。这就需要组织上的保证，把所有业务人员组织起来，形成内部经济核算网，为实行指标分管和开展专业核算奠定组织基础。

(2)建立健全核算管理制度。要明确各部门、各类人员以及基层班组的经济责任，制定材料申请、计划、采购、保管、收发、使用的办法、规定和核算程序。把各项经济责任落实到部门、专业人员和班组，保证实现材料管理的各项要求。

(3)重视经营管理基础工作。经营管理基础工作主要包括材料统计台账及原始记录、材料消耗定额、计量检测报告、材料统计盘点及清产核资、材料价格等。材料统计台账及原始记录是反映经营过程的主要凭据。材料消耗定额是计划、考核、衡量材料供应与使用是否取得经济效果的标准。计量检测是反映供应、使用情况和记账、算账、分清经济责任的主要手段。材料统计盘点及清产核资是摸清家底，弄清财物分布占用，进行核算的前提。材料价格是进行考核和评定经营成果的统一计价标准。没有良好的基础工作，就很难开展经济核算。

第二节　材料统计台账

材料的统计台账就是材料的收、发、存明细记录表，材料台账详细记录了材料入库仓库及货架名称、入库时间、入库材料数量及名称、入库经办人等。台账的本质就是流水账。统计台账的建立规范了材料仓储管理，也为材料的成本核算打下基础。

一、统计台账的建立

(1)先建立库房台账，台账的表头一般包含序号、物料名称、物料规格型号、期初库存数量、入库数量及时间、出库数量及时间、经办人、领用人及备注，见表6-1。

表6-1　收发存台账

序号	物料名称	物料规格型号	入库信息			出库信息			结存		备注
			批号	入库时间	出库数量	批号	入库时间	出库数量	批号	数量	

领用人：　　　　经办人：

(2)台账记账依据包括材料入库凭证，材料出库凭证，盘点、报废、调整、凭证。

①材料入库凭证：验收单、入库单、加工单等。

②材料出库凭证：调拨单、借用单、限额领料单、新旧转账单等。

③盘点、报废、调整凭证：盘点盈亏调整单、数量规格调整单、报损报废单等。

(3)每天办理入库的物料，供应商需提供送货清单，相关部门下达入库通知(见表6-2)。如需检验入库，还要通知检验部门进行来料检验，合格后办理入库手续，填写入库单(见表6-3)。每天如有办理物料出库，需领用人持有相关领导审批过的出库单(见表6-4)，按照领用明细，办理物料出库，相应地在台账上登记。

(4)为管理库房的物料，应对物料进行分类，按不同的物料类别建立台账，方便台账的管理。

(5)物料分类有很多方式，有按材质分类的，如金属、非金属；有按用途分类的，如原材料、半成品、产品。

(6)物料在仓库摆放要整齐，物料还要分类摆放，这样方便取用，物料上应挂页签，便于检查物料数量及物料名称。

(7)不合格物料交由采购部门办理退、换料，入库物料在台账上登记。

表6-2　入库通知

项目名称：　　　　NO：

序号	名称	规格型号	数量	随机资料	厂家	单价	总价	签收人	签收时间	收货地点	备注

表 6-3　入库单

年　月　日　　　　供应商　　　　NO：

编码		品名		品牌、规格、型号		单位		数量	单价	金额	附注
采购员		验货员		负责人		仓管员			合计		

注：第一联存根，第二联财务，第三联仓库。

表 6-4　出库单

年　月　日　　　　供应商　　　　NO：

编码		品名		品牌、规格、型号		单位		数量	单价	金额	附注
采购员		验货员		负责人		仓管员			合计		

注：第一联存根，第二联财务，第三联仓库。

二、台账的管理要求

（1）管理仓库要建立账、卡，卡是手工账，账可以用电脑完成。

（2）按统一规定填写材料编号、名称、规格、单位、单价以及账卡编号。

（3）按本单位经济业务发生日期记账。记录摘要，保持所记经济业务的完整性。

（4）手工账用蓝色或黑色墨水记账，用钢笔正楷书写。红色墨水限于画线及退料冲账时使用。

（5）保持账页整洁、完整。记账有错误时，不得任意撕毁、涂改、刮擦、挖补或使用褪色药水更改，可在错误文字上划一条红线，上部另写正确文字，在红线处加盖记账员私章，以示负责。对活页的材料账页应作统一编号，记账人员应保证领用材料账页的数量完整无缺。

（6）材料账册必须依据编定页数连续登记，不得隔页和跳行。当月的最后一笔记录下面应划一条红线，红线下面记“本月合计”，然后划一条红线。换页时，在“摘要”栏内注明“转次页”和“承上页”的字样，并做数字上的承上启下处理。

（7）材料账册必须按照“日清月结”的要求及时登账。账册须定期经专门人员进行稽核，经核对无误后，应在账页的“结存合计栏”上加盖稽核员章。

（8）材料单据凭证及账册是重要的经济档案和历史资料，必须按规定期限和要求妥善保管，不能丢失或任意销毁。

三、台账管理相关的表格

（1）材料入库情况报表如表 6-5、表 6-6 所示。

表 6-5 收货单

NO：

类别	申请号码		厂商名称		约交日期	收货日期		发票号码	
项次	订单号	规格	材料编号	申请数量	单位	实收数量	单价	金额	备注
说明					检验结果			部门	
								经办	

表 6-6 入库单

年 月 日 供应商 NO：

编码		品名		品牌、规格、型号	单位	数量	单价	金额	附注
采购员		验货员		负责人		仓管员	合计		

注：第一联存根，第二联财务，第三联仓库。

（2）材料出库情况报表如表 6-7～表 6-10 所示。

表 6-7 限额领料单

领料日期： 编号：

领料单位			工程名称			用途		
发料仓库			工程编号			任务单号		
材料编号	类别	名称	规格	单位	数量		计划数量	定额数量
					请领数	实发数		

材料主管： 保管员： 领料主管： 领料人：

表 6-8　领料单

工程名称：　　　　　　　　　　　　编号：

物料名称	规格	数量	单位	用途说明
审核人		领料人		日期

表 6-9　材料领用记录表

工程名称：　　　　　　　　　　　　编号：

序号	材料名称	规格	单位用量	标准用量	领用单位	日期	数量	超用率
审核人			制表人			日期		

表 6-10　材料发放记录表

编号：

材料编号	材料名称	规格、型号	数量	材质号	批号	领用人

(3)材料库存情况报表如表 6-11 ~ 表 6-15 所示。

表 6-11　材料仓库日报表

编号：

材料编号	材料名称	规格	单位	供应厂商	昨日结存	本日进仓	本日出仓	本日结存	备注
审核人				制表人				日期	

表6-12 材料仓库月报表

编号：

序号	材料名称	规格	单位	上月结存		本月进库		本月发出		本月结存		备注
				数量	金额	数量	金额	数量	金额	数量	金额	
审核人						制表人				日期		

表6-13 物料盘存表

序号	材料名称	规格	单位	账面数		实际点交数		盘盈		盘亏		备注
				数量	金额	数量	金额	数量	金额	数量	金额	
审核人				制表人						日期		

表6-14 月度物料盘存表

序号	物料名称	规格	单位	单价	前月结存		本月入库		本月出库		理论结存		实际结存		盘点差异	
					数量	金额	数量	金额	数量	金额	数量	金额	数量	金额	数量	金额
审核人				制表人							日期					

表6-15　材料库存记录

序号	材料名称	规格、型号	单位	存放仓库	最低存量	凭证号码	订单号码	本期收料	本期发出	结存量	说明
审核人				制表人				日期			

第三节　材料盘点与统计

仓库所保管材料的品种、规格繁多，计量、计算易发生差错，保管中发生的损耗、损坏、变质、丢失等种种因素，可能导致库存材料数量不符、质量下降。只有通过盘点与统计，才能准确地掌握实际库存量，摸清材料质量状况，掌握材料保管中存在的各种问题，了解储备定额执行情况和呆滞、积压数量，以及利用、代用等挖潜措施的落实情况。

一、仓储盘点方法

（一）定期盘点

定期盘点指季末或年末对仓库保管的材料进行全面、彻底盘点。达到有物有账，账物相符，账账相符，并把材料数量、规格、质量及主要用途搞清楚。由于清点规模大，应事先做好组织与准备工作，主要内容有：

（1）划区分块，统一安排盘点范围，防止重查或调查。

（2）校正盘点用计量工具，统一印制盘点表，确定盘点截止日期和报表日期。

（3）安排各现场、车间，对已领未用的材料办理“假退料”手续，并清理成品、半成品、在线产品。

（4）尚未验收的材料，具备验收条件的，按有关规定验收入库。

（5）代管材料应有特殊标志，要另列报表，便于查对。

（二）永续盘点

永续盘点指对库房内每日有变动（增加或减少）的材料，当日复查一次，即当天对有收入或发出的材料，核对账、卡、物是否对口。这种连续进行抽查盘点，能及时发现问题，便于清查和及时采取措施，是保证账、卡、物“三对口”的有效方法。永续盘点必须做到当天收发，当天记账和登卡。

二、仓储盘点中问题的处理

盘点时要对实际库存量和账面结存量进行逐项核对，并同时检查材料质量、有效期、安全消防及保管状况，编制盘点报告。

（1）盘点中数量出现盈亏，且盈亏量在国家和企业规定的范围之内，可在盘点报告中反映，不必编制盈亏报告，经业务主管审批后，据此调整账务；若盈亏量超过规定规范，除在盘点报告中反映外，还应填写材料盘点盈亏报告单（见表6-16），经审批后再行处理。

表6-16　材料盘点盈亏报告单

填报单位：　年　月　日　第　号

材料名称	单位	账存数量	实存数量	盈（+）亏（-）数量及原因
部门意见				
领导批示				

（2）库存材料发生损坏、变质、降等级等问题时，填报材料报损报废报告单（见表6-17），并通过有关部门鉴定损失金额，经领导审批后，根据批示意见处理。

表6-17　材料报损报废报告单

填报单位：　年　月　日　编号：

名称	规格、型号	单位	数量	单价	金额
质量状况					
报损报废原因					
技术鉴定处理意见					
领导批示					

主管：　审核：　制表：

（3）若库房被盗或遭破坏，其丢失及损失材料数量及相应金额，应专项报告，经保卫部门核查后，按上级最终批示做账务处理。

（4）若出现品种规格混串和单价错误，在查实的基础上，经业务主管审批后按表6-18的要求进行调整。

表6-18　材料调整单表

仓库名称：　第　号

项目	材料名称	规格	数量	单价	金额	差额（+、-）
原列						
应列						
调整原因						
批示						

保管：　记账：　制表：

（5）库存材料一年以上没有发出的，列为积压材料。

（6）代管材料和外单位寄存材料，应与自有材料分开，分别建账，单独管理。

第四节　材料成本核算

材料成本核算就是以货币或实物数量的形式，对施工企业材料管理工作中的采购、供应、储备、消耗等各项业务活动进行记录、计算、比较和分析，从而提高材料供应管理水平的活动。材料统计盘点及清产核资是进行材料核算的基础及前提。

一、材料核算的方法

（一）工程成本的核算方法

工程成本核算是指对企业已完工程的成本水平、执行成本计划的情况进行比较，是一种既全面又概略的分析。工程成本按其在成本管理中的作用有以下三种表现形式。

1. 预算成本

预算成本是根据构成工程成本的各个要素，按编制施工图预算的方法确定的工程成本，是考核企业成本水平的重要标尺，也是结算工程价款、计算工程收入的重要依据。

2. 计划成本

计划成本是企业为了加强成本管理，在施工生产过程中有效地控制生产耗费，所确定的工程成本目标值。计划成本应根据施工图预算，结合单位工程的施工组织设计和技术组织措施计划、管理费用计划确定。它是结合企业实际情况确定的工程成本控制额，是企业降低消耗的奋斗目标，是控制和检查成本计划执行情况的依据。

3. 实际成本

实际成本是企业完成工程实际应计入工程成本的各项费用之和。它是企业生产耗费在工程上的综合反映，是影响企业经济效益高低的重要因素。

工程成本核算，首先是将工程的实际成本同预算成本比较，检查工程成本是节约还是超支。其次是将工程实际成本与计划成本进行比较，检查企业执行成本计划的情况，考察实际成本是否控制在计划成本之内。无论是预算成本还是计划成本，都要从工程成本总额和成本项目两个方面进行考核。

在考核成本变动时，要借助于成本降低额（预算成本降低额、计划成本降低额）和成本降低率（预算成本降低率、计划成本降低率）两个指标。前者用于反映成本节超的绝对额，后者用于反映成本节超的幅度。

（二）工程成本材料费的核算

工程材料的核算反映在两个方面：一是水利水电工程定额规定的材料定额消耗量与施工生产过程中材料实际消耗量之间的“量差”。二是材料投标价与实际采购供应材料价格之间的“价差”。工程材料成本盈亏主要核算这两个方面。

1. 材料的量差

材料部门应按照定额供料，分单位工程记账，分析节约与超支，促进材料的合理使用，降低材料消耗。做到对工程用料、临时设施用料、非生产性其他用料区别对象划清成本项目。对属于费用性开支非生产性用料，要按规定掌握，不能记入工程成本。对供应两个以上工程同时使用的大宗材料，可按定额及完成的工程量进行比例分配，分别记入单位工程成本。

为了抓住重点，简化基层实物量的核算，根据各类工程用料特点，结合班组核算情况，可选定占工程材料费用比重较大的主要材料，如水利水电工程中的钢材、水泥、粉煤灰、外加剂、砂石骨料、石灰等按品种核算，施工队建立分工号的实物台账，一般材料则按类核算，掌握队、组用料节超情况，从而找出定额与实耗的量差，为企业进行经济活动分析提供资料。

2. 材料的价差

材料价差的发生，要区别供料方式。供料方式不同，其处理方法也不同。甲供材料由建设单位供料，按承包商的投标价格向施工单位结算，价格差异则发生在建设单位，由建设单位负责核算。施工单位实行包料、按施工图预算包干的，价格差异发生在施工单位，由施工单位材料部门进行核算。所发生的材料价格差异按合同的规定处理。

凡乙方所购甲控乙供材料须在合同签订后及时在甲方处核备，采购中的供货发票的复印件应经甲方(监理)核对后提供给甲方物供部核备。

(三)材料成本的分析

成本分析就是利用成本数据按期间与目标成本进行比较。找出成本升降的原因，总结经营管理的经验，制订切实可行的措施，加以改进，不断地提高企业经营管理水平和经济效益。

成本分析可以在经济活动的事先、事中或事后进行。在经济活动开展之前，通过成本预测分析，可以选择达到最佳经济效益的成本水平，确定目标成本，为编制成本计划提供可靠依据。在经济活动过程中，通过成本控制与分析，可以发现实际支出脱离目标成本的差异，以便于及时采取措施，保证预定目标的实现。在经济活动完成之后，通过实际成本分析，评价成本计划的执行效果，考核企业经营业绩，总结经验，指导未来。

成本分析方法很多，如技术经济分析法、比重分析法、因素分析法、成本分析会议等。材料成本分析通常采用的具体方法主要有以下几种。

1. 指标对比法

指标对比法是一种以数字资料为依据进行对比的方法。通过指标对比，确定存在的差异，然后分析形成差异的原因。

对比法主要可以分为以下几种：

(1)实际指标和计划指标比较。

(2)实际指标和定额、预算指标比较。

(3)本期的实际指标与上期的实际指标对比。

(4)企业的实际指标与同行业先进水平比较。

2. 因素分析法

成本指标往往由很多因素构成。因素分析法是通过分析材料成本各构成因素的变动对材料成本的影响程度，找出材料成本节约或超支原因的一种方法。因素分析法有连锁替代法和差额计算法二种。

1)连锁替代法

连锁替代法是以计划指标和实际指标的组成因素为基础，把指标的各个因素的实际数，顺序、连环去替换计划数，每替换一个因素，计算出替代后的乘积与替代前的乘积的差额，即为该替代因素的变动对指标完成情况的影响程度。各因素影响程度之和就是实际数与计划数的差额。

【例 6-1】 假设成本中材料费超支 1 400 元，用连锁替代法进行分析。

影响材料费超支的因素有3个，即产量、单位产品材料消耗量和材料单价。它们之间的关系可用下列公式表示：

材料费总额 = 产量 × 单位产品材料消耗量 × 材料单价　(6-1)

材料费总额影响因素见表6-19。

表6-19　材料影响因素表

指标	计划数	实际数	差额
材料费总额(元)	4 000	5 400	+1 400
产量(m^3)	100	120	+20
单位产品材料消耗量(kg)	10	9	-1
材料单价(元)	4	5	+1

解：第一次替代，分析产量变动的影响：

实际材料费总额(产量) = 产量实际数 × 消耗量计划数 × 材料单价计划数

= 120 × 10 × 4 = 4 800(元)

材料费总额差额(产量) = 实际材料费总额(产量) - 材料费总额计划数

= 4 800 - 4 000 = 800(元)

第二次替代，分析材料消耗定额变动的影响：

实际材料费总额(消耗量) = 产量实际数 × 消耗量实际数 × 材料单价计划数

= 120 × 9 × 4 = 4 320(元)

材料费总额差额(消耗量) = 实际材料费总额(消耗量) - 实际材料费总额(产量)

= 4 320 - 4 800 = -480(元)

第三次替代，分析材料单价变动的影响：

实际材料费总额(单价) = 产量实际数 × 消耗量实际数 × 材料单价实际数

= 120 × 9 × 5 = 5 400(元)

材料费总额差额(单价) = 实际材料费总额(单价) - 实际材料费总额(消耗量)

= 5 400 - 4 320 = 1 080(元)

材料费总额差额额 = 材料费总额差额(产量) + 材料费总额差额(消耗量) + 材料费总额差额(单价) = 800 - 480 + 1 080 = 1 400(元)

通过计算，可以看出材料费总额的超支主要是由于材料单价的提高而引起的。

2)差额计算法

差额计算法是连锁替代法的一种简化形式，它是利用同一因素的实际数与计划数的差额，来计算该因素对指标完成情况的影响。

【例6-2】　现仍以表6-19所示数字为例分析如下。

解：

由于产量变动的影响程度：

材料费总额差额(产量) = (产量实际数 - 产量计划数) × 消耗量计划数 × 材料单价计划数 = (+20) × 10 × 4 = 800(元)

由于单位产品材料消耗量变动的影响程度：

材料费总额差额(消耗量)=产量实际数×(消耗量实际数-消耗量计划数)×材料单价计划数=120×(-1)×4=-480(元)

由于单价变动的影响程度:

材料费总额差额(单价)=产量实际数×消耗量实际数×(材料单价实际数-材料单价计划数)=120×9×(+1)=1 080(元)

以上3项相加结果:

材料费总额差额=材料费总额差额(产量)+材料费总额差额(消耗量)+材料费总额差额(单价)=800+(-480+1 080)=1 400(元)

分析的结果与连锁替代法相同。

3.趋势分析法

趋势分析法是将一定时期内连续各期有关数据列表反映并借以观察其增减变动基本趋势的一种方法。

假设某企业2010~2014年各年的某类单位工程材料成本如表6-20所示。

表6-20　某类单位工程材料成本

年度	2010	2011	2012	2013	2014
单位成本(元)	500	570	650	720	800

表6-20中数据说明该企业某类单位工程材料成本总趋势是逐年上升的,但上升程度的多少,并不能清晰地反映出来。为了更具体地说明各年成本的上升程度,可以选择某年为基年,计算各年的趋势百分比。现假设以2010年为基年,各年与2010年的比较如表6-21所示。

表6-21　成本上升趋势

年度	2010	2011	2012	2013	2014
单位成本比率(%)	100	114	130	144	160

从表6-21中可以看出该类单位工程材料成本在5年内逐年上升,每年上升的幅度约为上一年的15%,这样就可以对材料成本变动趋势有进一步的认识,还可以预测成本上升的幅度。

二、材料核算的内容

(一)材料采购成本核算

材料采购核算是以材料采购预算成本为基础,与实际采购成本相比较,核算其成本降低或超耗程度。

1.材料采购实际成本

材料采购实际成本是材料在采购和保管过程中所发生的各项费用的总和。它由材料原价、运杂费、运输保险费和采购及保管费构成。组成实际价格的四项内容,其中任何一方面的变动,都会直接影响到材料实际成本的高低。在材料采购及保管过程中应力求节约,降低材料采购成本是材料采购管理的重要环节。

市场供应的材料，由于货源来自各地，产品成本不一样，运输距离不等，质量情况参差不齐，为此在材料采购或加工订货时，要注意材料实际成本的核算，采购材料时应做各种比较，即同样的材料比质量，同样的质量比价格，同样的价格比运距，最后核算材料成本。尤其是地方大宗材料的价格组成，运费占较大比重，尽量做到就地取材，减少运输及管理费用。

材料实际价格，是按采购（或委托加工、自制）过程中所发生的实际成本计算的单价。通常按实际成本计算价格可采用以下两种方法：

（1）先进先出法。是指同一种材料每批进货的实际成本如各不相同，按各批不同的数量及价格分别记入账册。在发生领用时，以先购入的材料数量及价格先计价核算工程成本，按先后程序依次类推。

（2）加权平均法。是指同一种材料在发生不同实际成本时，按加权平均法求得平均单价，当下一批进货时，又以余额（数量及价格）与新购入材料的数量、价格做新的加权平均计算，得出平均价格。

【例6-3】 某单位××材料成本见表6-22，分别采用先进先出法和加权平均法计算材料的成本。

表6-22　××材料成本

日期	摘要	数量(件)	单位成本(元)	金额(元)
1日	期初余额	100	300	30 000
3日	购入	50	310	15 500
10日	生产领用	125		
20日	购入	200	315	63 000
25日	生产领用	150		

解：（1）采用先进先出法计算。

10日生产领用材料的成本：$100\times300+25\times310=37\ 750$（元）

25日生产领用材料的成本：$25\times310+125\times315=47\ 125$（元）

结余材料成本：$30\ 000+15\ 500-37\ 750+63\ 000-47\ 125=23\ 625$（元）

（2）采用加权平均法计算。

平均成本：$(30\ 000+15\ 500+63\ 000)\div(100+50+200)=310$（元）

结余材料成本：$310\times(100+50-125+200-150)=23\ 250$（元）

2. 材料预算价格

材料预算价格是由地区造价主管部门颁布的，以历史水平为基础，并考虑当前和今后的变动因素，预先编制的一种计划价格。

材料预算价格是地区性的，是根据本地区工程分布、投资数额、材料用量、材料来源、运输方式等因素综合考虑，采用加权平均的计算方法确定的。同时，对其使用范围也有明确规定，在地区范围以外的工程，则应按规定增加远距离的运费差价。

材料预算价格由材料原价、运杂费、运输保险费和采购及保管费五项费用组成。计算公

式为

材料预算价格 = (材料原价 + 运杂费) × (1 + 采购及保管费率) + 运输保险费　(6-2)

1)材料原价

材料原价按工程所在地区就近大的物资供应公司、材料交易中心的市场成交价或设计选定的生产厂家的出厂价计算。单渠道货源的材料,按各供应单位的出厂价或批发价确定。多渠道货源的材料,按各供应单位的出厂价或批发价,采用加权平均法计算确定。

2)运杂费

材料的运杂费应按所选定的材料来源地、运输工具、运输方式、运输里程以及厂家交通运输部门规定的运价费用率标准进行计算。材料运杂费包括以下内容:

(1)产地到车站、码头的短途运输费。

(2)火车、船舶的长途运输。

(3)调车及驳船费。

(4)多次装卸费。

(5)有关部门附加费。

(6)合理的运输损耗。

编制材料预算价格时,材料来源地的确定,应贯彻就地、就近取材的原则,根据物资合理分配条件及历年物资分配情况确定。材料的运输费用也根据各地区制订的运价标准,采用加权平均法计算。确定工程用大宗材料如钢材、木材、水泥、灰、土、砂、石等一般应按整车计算运费,适当考虑一部分零担和汽车长途运输。整车与零担比例,要结合资源分布、运输条件和供应情况研究确定。

铁路运输按原铁道部现行《铁路货物运价规则》及有关规定计算其运杂费。

公路及水路运输按工程所在省(自治区、直辖市)交通部门现行规定或市场价计算。

3)采购及保管费

按材料运到工地仓库价格(不包括运输保险费)作为计算基数,其费率见表6-23。

表6-23　采购及保管费率

序号	材料名称	费率(%)
1	水泥、碎(砾)石、砂、块石	3
2	钢材	2
3	油料	2
4	其他材料	2.5

其计算公式为

采购及保管费 = (材料原价 + 运杂费) × 采购及保管费率　(6-3)

3. 材料采购成本的考核

材料采购成本可以从实物量和价值量两个方面进行考核。单项品种的材料在考核材料采购成本时,可以从实物量形态考核其数量上的差异。企业实际进行采购成本考核,往往是分类或按品种综合考核价值上的“节”与“超”。通常有如下两项考核指标：

（1）材料采购成本降低（或超耗）额。其计算公式为

$$材料采购成本降低（或超耗）额 = 材料采购预算成本 - 材料采购实际成本 \quad (6\text{-}4)$$

材料采购预算成本是按预算价格事先计算的计划成本支出。材料采购实际成本是按实际价格事后计算的实际成本支出。

（2）材料采购成本降低（或超耗）率。其计算公式为

$$材料采购成本降低（或超耗）率 = \frac{材料采购成本降低（或超耗）额}{材料采购预算成本} \times 100\% \quad (6\text{-}5)$$

【例 6-4】 已知某厂第四季度从四个产地采购四批中砂，甲批 150 m^3，每立方米采购成本 23.5 元；乙批 200 m^3，每立方米 23.5 元；丙批 400 m^3，每立方米 22 元；丁批 250 m^3，每立方米 23 元。请对该材料进行采购成本考核。

解：中砂加权平均成本：

$$\frac{150 \times 23.5 + 200 \times 23.5 + 400 \times 22 + 250 \times 23}{150 + 200 + 400 + 250} = 22.78（元/m^3）$$

中砂地区预算单价为 24.88 元/m^3。

中砂采购成本降低额：

$$(24.88 - 22.78) \times (150 + 200 + 400 + 250) = 2\ 100（元）$$

中砂采购成本降低率：

$$(1 - \frac{22.78}{24.88}) \times 100\% = 8.44\%$$

某厂采购中砂 4 批共 1 000 m^3，共节约采购费用 2 100 元，成本降低率达到 8.44%，经济效益尚好。

（二）材料供应的核算

材料供应计算是组织材料供应的依据。它是根据施工生产进度计划、材料消耗定额等编制的。施工生产进度计划确定了一定时期内应完成的工程量，而材料供应量是根据工程量乘以材料消耗定额，并考虑库存、合理储备、综合利用等因素，经平衡后确定的。按质、按量、按时配套供应各种材料，是保证施工生产正常进行的基本条件。检查考核材料供应计划的执行情况，主要是检查材料的收入执行情况，它反映了材料对生产的保证程度。

检查材料收入的执行情况，就是将一定时期（旬、月、季、年）内的材料实际收入量与计划收入量做对比，以反映计划完成情况。一般情况下，从以下两个方面进行考核：

（1）检查材料收入量是否充足。

考核各种材料在某一时期内的收入总量是否完成了计划，检查在收入数量上是否满足了施工生产的需要。其计算公式为

$$材料供应计划完成率 = \frac{实际收入量}{计划收入量} \times 100\% \quad (6\text{-}6)$$

【例 6-5】 已知某水利施工单位的部分材料收入情况考核见表 6-24。请检查该材料收入量是否充足。

表 6-24 某单位供应材料情况考核表

材料名称	规格	单位	进料来源	进料方式	进料数量		实际完成情况(%)
					计划	实际	
水泥	42.5	t	××水泥厂	卡车运输	390	429	110
河沙	中砂	m^3	材料公司	卡车运输	780	663	85
碎石	5~40 mm	m^3	材料公司	航运	1 560	1 636	105

解:检查材料收入量是保证生产完成所必需的数量,是保证施工生产能够顺利进行的重要条件。如其收入量不充分,如表 6-24 中河砂的收入量仅完成计划收入量的 85%,会造成一定程度上的材料供应数量不足而导致中断,妨碍施工的正常进行。

(2)检查材料供应的及时性。

在检查材料供应计划执行情况时,还可能出现材料供应数量充足,而因材料供应不及时而影响施工生产正常进行的情况。所以,还应检查材料供应的及时性,需要把时间、数量、平均每天需用量和期初库存量等资料联系起来考查,其计算公式为

$$供货及时性率 = \frac{实际供货对生产建设具有保证的天数}{实际工作天数} \times 100\% \quad (6\text{-}7)$$

【例 6-6】 已知表 6-24 中水泥完成情况为 110%,从总量上看满足了施工生产的需要,但从时间上看,供料很不及时,几乎大部分水泥的供应时间集中于中下旬,影响了上旬施工生产的顺利进行。如表 6-25 所示,请检查材料供应的及时性是否满足要求。

表 6-25 某单位 7 月水泥供应及时性考核 (单位:t)

进货批数	计划需用量		其库月储存量	计划收入		实际数量		完成计划(%)	对生产保证程度	
	本月	平均每日用量		日期	数量	日期	数量		按日数计	按数量计
	390	15	30						2	30
第一批				1	80	5	45		3	45
第二批				7	80	14	105		5	75
第三批				13	80	19	120		8	120
第四批				19	80	27	159		2	30
第五批				25	70					
					390		429	110	20	300

注:1. 在计算全月工作天数时,以当月的日历天扣除星期天休假天(每周六天工作制)进行计算,7 月日历天为 31 d,假设 7 月 2 日为星期天,则全月共占 5 个休假天。实际工作日 31-5=26(d)。

2. 平均每日需用量 $=\frac{全月需用量}{实际工作天数}=\frac{390}{26}=15(t)$。

3. 第二批 14 号供货前已断货 5 d,到 19 号第三批供货,实际起保证作用的只有 5 d,第一、二、三批供货(扣除星期天、休假天)可延续至 27 d 第四批供货的 159 t,实际起保证作用的只有 29 日和 31 日 2 天(30 日为星期天)。

解:从表 6-25 得知,当月的水泥供货总量超额完成了计划,但由于供货不均衡,月初需用的材料集中于后期供应,其结果造成了工程发生停工待料现象,实际收入 429 t,及时利用于生产建设的水泥只有 300 t,停工待料 6 d,其供货及时性率为

$$本月供货及时性率 = \frac{20}{26} \times 100\% = 76.9\%$$

(三)材料储备的核算

为了防止材料积压或储备不足、保证生产需要、加速资金周转,企业需经常检查材料储备定额的执行情况,分析材料库存情况。

检查材料储备定额的执行情况,是将实际储备材料数量(金额)与储备定额数量(金额)相对比,当实际储备数量超过最高储备定额数量时,说明材料有超储积压。当实际储备数量低于最低储备定额数量时,说明企业材料储备不足,需要动用保险储备。

1. 实物量储备的核算

实物量储备的核算是对实物周转速度的核算,主要核算材料储备对生产的保证天数及在规定期限内的周转次数和周转一次所需天数。其计算公式为

$$材料储备对生产的保证天数(d) = \frac{期末库存量}{每日平均消耗材料量} \tag{6-8}$$

$$材料周转次数(次) = \frac{某种材料的年度消耗量}{平均库存量} \tag{6-9}$$

$$材料周转天数(储备天数)(d) = \frac{平均库存量 \times 全年日历天数}{材料年度耗用量} \tag{6-10}$$

【例6-7】 已知某水利施工企业核定中砂最高储备天数为5.5 d,某年度1~12月耗用中砂149 200 m^3,其平均库存量为3 360 m^3,期末库存量为4 100 m^3,计算其实际储备天数对生产的保证程度及超储或不足供应现状。

解:$$实际储备天数 = \frac{平均库存量 \times 报告期日历天数}{年度材料耗用量} = \frac{3\,360 \times 360}{149\,200} = 8(d)$$

材料期末库存对生产的保证天数:

$$\frac{4\,100 \times 360}{149\,200} = 9.9(d)$$

中砂超储情况:

(1)超储天数 = 报告期实际储备天数 - 核定最高生产储备天数

$$= 8 - 5.5 = 2.5(d)$$

(2)超储数量 = 超额天数 × 平均每日消耗量

$$= 2.5 \times \frac{149\,200}{360} = 1\,036(m^3)$$

2. 储备价值量的核算

价值形态的检查考核,是把实物数量乘以材料单价用货币单位进行综合计算。其优点是能将不同质量、不同价格的各类材料进行最大限度的综合,它的计算方法除上述有关周转速度(周转次数、周转天数)的核算方法均适用外,还可以从百万元产值占用材料储备资金情况及节约使用材料资金方面进行计算考核。其计算式为

$$百万元产值占用材料储备资金 = \frac{材料储备资金的平均数}{年度建安总产值} \times 100\% \tag{6-11}$$

$$流动资金中材料资金节约使用额 = (计划周转天数 - 实际周转天数) \times \frac{年度材料耗用总额}{360} \tag{6-12}$$

【例6-8】 某水利施工单位全年完成建安总产值1 170.8万元，年度耗用材料总量为888万元，其平均库存为151.78万元。核定周转天数为70 d，现要求计算该企业的实际周转次数、周转天数，百万元产值占用材料储备资金及节约材料资金等情况。

解：(1) 周转次数 $=\dfrac{\text{年度耗用材料总量}}{\text{平均库存量}}=\dfrac{888}{151.78}=5.85(\text{次})$

(2) 周转天数 $=\dfrac{\text{平均库存量}\times\text{报告期日历天数}}{\text{年度材料耗用总量}}=\dfrac{151.78\times 360}{888}=61.53(\text{d})$

(3) 百万元产值占用材料储备资金 $=\dfrac{151.78}{1\ 170.8}\times 100=12.96(\text{万元})$

(4) 可以节约使用流动资金 $=(70-61.53)\times\dfrac{888}{360}=20.89(\text{万元})$

(四) 材料消耗量的核算

现场材料使用过程的管理，主要是按单位工程定额供料和班组耗用材料的限额领料进行管理。前者是按预算定额对在建工程实行定额供应材料。后者是在分部分项工程中以施工定额对施工队伍限额领料。施工队伍实行限额领料是材料管理工作的落脚点，也是经济核算、考核企业经营成果的依据。

检查材料消耗情况，主要是用材料的实际消耗量与定额消耗量进行对比，反映材料节约或浪费情况。由于材料的使用情况不同，因而考核材料的节约或浪费的方法也不相同，分述如下。

1. 核算某项工程某种材料的定额与实际消耗情况

其计算公式为

某种材料节约(或超耗)量 = 某种材料实际耗用量 − 该项材料定额耗用量　　(6-13)

式(6-13)计算结果为负数，则表示节约；计算结果为正数，则表示超耗。

某种材料节约(或超耗)率，其计算公式为

$$\text{某种材料节约(或超耗)率}=\frac{\text{材料节约(或超耗)量}}{\text{材料定额耗用量}}\times 100\% \quad (6\text{-}14)$$

同样，式中负百分数表示节约率，正百分数表示超耗率。

【例6-9】 已知某工程浇筑地基C20混凝土，每立方米定额用水泥P. O42.5用量245 kg，共浇筑24.0 m^3，实际用水泥5 204 kg，计算水泥节约量与水泥节约率。

解：

(1) 水泥节约量：

$$245\times 24.0-5\ 204=676(\text{kg})$$

(2) 水泥节约率(%)：

$$676/(245\times 24)\times 100\%=11.5\%$$

2. 核算多项工程某种材料消耗情况

节约或超支的计算公式同前。但某种材料的计划耗用量，即定额要求完成一定数量。建筑安装工程所需消耗的材料数量的计算公式为

$$\text{某种材料定额耗用量}=\sum(\text{材料消耗定额}\times\text{实际完成的工程量}) \quad (6\text{-}15)$$

【例6-10】 已知某工程浇筑混凝土和砌墙工程均需使用中砂，工程资料见表6-26。请核算本工程中砂消耗情况。

表 6-26　工程资料

分部分项工程名称	完成工程量（m^3）	定额单耗（m^3）	定额用量（m^3）	实际用量（m^3）	节约（-）超支（+）量（m^3）	节约（-）超支（+）率（%）
M5 砂浆砌砖半外墙	654	0.352	212.55	205.20	-7.35	-3.46
现浇 C20 混凝土梁	245	0.656	16.07	17.02	+0.93	+5.79
合计	—	—	228.62	222.22	-6.42	-2.80

解：根据表 6-26 所示资料，可以看出两项工程共节约中砂 6.42 m^3，节约率为 2.8%。若做进一步分析检查，则砌墙工程节约中砂 3.46%，计 7.35 m^3；混凝土工程超耗中砂 5.79%，计 0.93 m^3。

3. 核算一项工程使用多种材料的消耗情况

建筑材料有时由于使用价值不同，计量单位各异，不能直接相加进行考核。因此，需要利用材料价格作为同步计量，用消耗量乘以材料价格，然后求和对比。计算公式为

$$材料节约(-)或超支(+)额 = \sum 材料价格 \times (材料实耗量 - 材料定额消耗量) \tag{6-16}$$

【例 6-11】　已知某施工单位用 M5 混合砂浆砌筑一砖外墙工程共 100 m^3，定额及实际耗料检查情况见表 6-27。

表 6-27　材料消耗分析

材料名称规格	计量单位	消耗数量		材料计划价格（元/kg）	消耗金额		节约（-）超支（+）额（元）	节约（-）超支（+）率（%）
		应耗	实耗		应耗	实耗		
P.O32.5 水泥	kg	4 746	4 350	0.293	1 390.58	1 274.55	-116.03	-8.34
中砂	m^3	331.3	360	28.00	9 276.40	10 080.00	803.60	8.66
石灰膏	kg	3 386	4 036	0.101	341.99	407.64	65.65	19.20
标准砖	块	53 600	53 000	0.222	11 899.2	11 766	-133.2	-1.12
合计	—	—	—	—	22 908.17	23 528.19	620.02	2.71

4. 检查多项单元工程使用同种材料的消耗情况

这类考核适用于检查以单位工程为单位的材料消耗情况，它既可了解分部工程以及各单位材料定额的执行情况，又可综合分析全部工程项目耗用材料的效益情况。

【例 6-12】　已知某水利水电工程的干砌块石护坡、浆砌块石护底、人工抛石护岸用块石的资料如表 6-28，试检查块石的消耗情况。

表6-28　干砌块石、浆砌块石、人工抛石耗用块石统计

单元工程名称	完成工程量(m^3)	定额单耗(m^3/100 m^3)	实耗量(m^3)
干砌块石护坡	3 000	116	3 324
浆砌块石护底	2 000	108	2 118
人工抛石护岸	5 000	103	5 061

解:(1)定额块石用量。

①干砌块石应耗块石:3 000 × 1.16 = 3 480(m^3)

②浆砌块石应耗块石:2 000 × 1.08 = 2 160(m^3)

③人工抛石护岸应耗块石:5 000 × 1.03 = 5 150(m^3)

(2)块石的合计用量。

①三项合计应耗用块石:3 480 + 2 160 + 5 150 = 10 790(m^3)

②三项合计实际耗用块石:3 324 + 2 118 + 5 061 = 10 503(m^3)

(3)块石的节约量:10 503 − 10 790 = −287(m^3)(节约)

块石的节约率:287/10 790 = 2.66%

(4)单元工程块石的节约量和节约率:

①干砌块石护坡块石的节约量:3 480 − 3 324 = 156(m^3)

②干砌块石的节约率:156/3 480 = 4.48%

③浆砌块石护底块石的节约量:2 160 − 2 118 = 42(m^3)

④浆砌块石护底的节约率:42/2 160 = 1.94%

⑤抛石护岸块石的节约量:5 150 − 5 061 = 89(m^3)

⑥抛石护岸块石的节约率:89/5 150 = 1.73%

(五)周转材料的核算

由于周转材料可多次反复使用于施工过程,因此其价值的转移方式不同于材料的一次性转移,而是分多次转移,通常称为摊销。周转材料的核算以价值量核算为主要内容,核算其周转材料的费用收入与支出的差异。

1.费用收入

周转材料的费用收入是以施工图为基础,以预算定额为标准,随工程款结算而取得的资金收入。

2.费用支出

周转材料的费用支出是根据施工工程的实际投入量计算的。在对周转材料实行租赁制度的企业,费用支出表现为实际支付的租赁费用;在不实行租赁制度的企业,费用支出表现为按照规定的摊销率所提取的摊销额。

3.费用摊销

(1)一次摊销法。是指一经使用,其价值即全部转入工程成本的摊销方法。它适用于与主件配套使用并独立计价的零配件等。

(2)“五五”摊销法。是指投入使用时,先将其价值的一半摊入工程成本,待报废后再将另一半价值摊入工程成本的摊销方法。它适用于价值偏高,不宜一次摊销的周转材料。

(3)期限摊销法。是指根据使用期限和单价来确定摊销额度的摊销方法。它适用于价值较高、使用期限较长的周转材料。计算步骤如下：

①计算各种周转材料的月摊销额，计算公式为

某种周转材料的月摊销额 =（该种周转材料采购原值 - 预计残余价值）÷（该种周转材料预计使用年限 × 12）　(6-17)

②计算各种周转材料的月摊销率，计算公式为

某种周转材料的月摊销率 =（该种周转材料月摊销额 ÷ 该种周转材料的采购价原值）× 100%　(6-18)

③计算周转材料的月总摊销额，计算公式为

周转材料的月总摊销额 = ∑（周转材料采购原值 × 该种周转材料月摊销率）　(6-19)

（六）工具的核算

在施工生产中，生产工具费用约占工程直接费的2%。工具费用摊销常用以下三种方法：

(1)一次性摊销法：指工具一经使用其价值即全部转入工程成本，并通过工程款收入得到一次性补偿的核算方法。它适用于消耗性工具。

(2)“五五”摊销法：与周转材料核算中的“五五”摊销法一样。在工具投入使用后，先将其价值的一半分摊计入工程成本，在其报废时，再将另一半价值摊入工程成本，通过工程款收入分两次得到补偿。该方法适用于价值较低的中小型低值易耗工具。

(3)期限摊销法：指按工具使用年限和单价确定每次摊销额度，多次摊销的核算方法。在每个核算期内，工具的价值只是部分地进入工程成本并得到部分补偿。它适用于固定资产工具及单位价值较高的易耗性工具。

第七章 材料资料管理

工程资料是工程项目有关各方在建设管理、质量控制以及技术措施等方面的原始记录，是工程竣工验收的重要依据之一，同时也是对工程进行检查、维护、管理、使用、改建和扩建的原始依据，工程资料的好坏，直接反映建设项目管理水平。而施工材料的资料是其中的重要组成部分，因此材料员的资料管理工作十分重要。

第一节 概 述

一、资料管理的意义

(1)材料资料是保证工程质量的重要组成部分。

一项工程从开工筹建到工程竣工收尾，材料资料等工程资料详细记录着整个工程实施的过程，是保证工程质量的重要组成部分。施工过程中的质检资料反映了检验批从原材料到最终验收各施工工序的操作依据、检查情况及保证质量所必需的管理制度。对其完整性的检查，实际上也是对过程控制的确认，是整个工程资料的核心。一个合格的工程必须要有一份内容齐全、原始资料记录完整、文字记载真实、可靠的资料做保证。对于优良工程的评定，更有赖于资料的完整无缺。

(2)材料资料是工程建设过程的真实记录。

工程的资料包括了在施工过程中测量和收集到的各类信息，包括所采用的材料、技术、方法、工期安排、成本控制、管理方法等，既有文字、图纸，也有声音、图像等，这些历史记录，真实反映了工程建设的全部过程。对于工程的基础、质量和验收等方面都有直接的作用，是工程实施最原始、最基础的资料。

(3)材料资料是工程后续管理的依据。

工程在完成之后还有一系列的后续管理工作。由于环境变化或者人们使用等因素，工程可能会出现一些设计和施工的质量问题，如存在施工中的材料、工艺、结构等与原始设计不同而影响工程正常使用的现象，则需要对工程进行管理和修缮等。而材料等工程资料就是进行这些后续工作的主要依据，可为日后工程维修、扩建、改造、更新提供重要的基础资料。根据这些工程资料才能弄清工程的整体构建和当初具体的施工方案，才能为后续的管理和修缮工作提供帮助，否则可能会引发更严重的工程质量问题。

(4)材料资料是工程竣工验收必备条件也是认定各方责任的依据。

水利水电工程施工质量验收标准坚持“验评分离、强化验收、完善手段、过程控制”的方针。大中型水利水电工程项目在竣工验收前，还要进行工程档案专项验收，材料资料是水利工程档案的重要组成部分。未通过档案验收或档案验收不合格的，不得进行或通过工程的竣工验收。施工资料详细、准确地记录着各施工部位设计、施工内容、材料选用及验收状态、责任人等信息，这些直接为质量事故分析认定提供第一手资料和证据，是事后追究质量责任的依据。

(5)材料资料是工程决算及结账的重要依据。

材料资料体现不同时期投入和产出的情况,不同的施工过程,不同的经济控制,产生不同的经济成本。工程决算、结账时可以以此为依据。

(6)材料资料是申报示范工程、优质工程不可缺少的依据。

工程资料是质量的最直观显示,除工程实体外,材料资料等工程资料作为文字的载体,真实、有效、及时、全面地记录了质量控制的各种情况,可作为示范工程、优质工程的依据。

二、资料管理遵循的原则

(1)资料整理应具有及时性。

资料整理必须做到及时,这是保证资料真实性的前提条件。工程资料是对工程质量情况的真实记录和反映,因此要求资料必须按照工程施工的进度及时整理。材料资料从收集、积累和整理,要始终贯穿于工程建设的全过程。

(2)资料整理应具有真实性。

资料的真实性是保证工程管理规范化、制度化和现代化建设的灵魂。资料的整理应该实事求是、客观准确,所有资料的整理应与施工过程同步进行。

质保资料中所有原材料和半成品都要有合格证、试验报告,并注意以下问题:

①如系复印件,要注明原件存放单位,并有复印经手人和单位的签字盖章。

②由构配件加工厂供应的构配件,在提供出厂合格证的同时,应提供其他相应的质保资料。

③原材料进场后,要及时取样送到检验部门进行检测复试。

④凡使用新材料、新产品、新技术、新工艺的,应具备法定单位的鉴定认可证明,并在使用前按其质量标准进行检验。

⑤砂浆、混凝土等要有现场取样试验报告。

(3)应保证资料的完整性。

完整性是做好工程资料的基础。不完整的资料将会导致片面性,不能系统、全面地反映工程质量及运行管理情况。应设专人收集、整理、填写、装订有关材料管理资料,以时间为序,保证资料有始有终、全面完整。

(4)应确保资料数据的准确性及规范性。

资料的准确性是做好工程资料的核心。保证工程资料准确性的前提,是各记录填写的规范化和及时性,因此应认真、全面地整理、填写资料,表式统一,归档及时,确保收集的数据准确无误,填写的资料规范有序。

(5)资料应符合信息化要求。

材料等资料是在工程建设和基本设施管理的过程中形成的,是对工程建设过程的真实记录和实际反映,是工程建设、维护、管理、规划的可靠依据,是工程建设不可缺少的信息帮手,是具有实际社会价值和经济价值的信息源。

第二节 材料资料编制、收集及整理

一、施工材料资料分类及保管

材料员可参考常见工程资料整理顺序，在日常工作中对材料资料及时收集整理，对资料进行分类并规范有序地进行保存。

水利水电工程施工物资主要包括原材料、成品、半成品、构配件及设备等，均属于质量保证资料，其主要类型如表7-1所示。

表7-1 工程物资分类

序号	分类	说明
1	Ⅰ类物资	指仅须有质量证明文件的工程物资，如大型混凝土预制构件、一般设备、仪表、管材等
2	Ⅱ类物资	指到场后除必须有出厂质量证明文件外，还必须通过复试检验（试验）才能认可其质量的物资，如水泥、钢筋、粉煤灰、砌块、外加剂、石灰、小型混凝土预制构件、防水材料、关键防腐材料（产品）、保温材料、锅炉、进口压力容器等。Ⅱ类物资进场后应按规定进行复试，验收批量的划分及必试项目按相关规定进行，可根据工程的特殊需要另外增加试验项目。水泥出厂超过3个月、快硬硅酸盐水泥出厂1个月后必须进行复试并提供复试检验（试验）报告，复试结果有效期限同出厂有效期限
3	Ⅲ类物资	指除须有出厂质量证明文件、复试检验（试验）报告外，施工完成后，需要通过规定龄期后再经检验（试验）方能认可其质量的物资，如混凝土、沥青混凝土、砌筑砂浆、石灰粉煤灰砂砾混合料等

以下是《水利水电工程建设项目档案管理规定》（水办〔2005〕480号）中列出的水利建设工程材料资料表部分（见表7-2）。

表7-2 水利水电工程建设项目文件材料归档范围与保管期限表

序号	归档文件	保管期限			备注
		项目法人	运行管理单位	流域机构档案馆	
3	施工文件材料				
3.3	建筑原材料出厂证明、质量鉴定、复验单及试验报告	长期	长期		
3.4	设备材料、零部件的出厂证明（合格证）、材料代用核定审批手续、技术核定单、业务联系单、备忘录等		长期		

续表 7-2

序号	归档文件	保管期限			备注
		项目法人	运行管理单位	流域机构档案馆	
3.19	材料、设备明细表及检验、交接记录	长期	长期		
5	工艺、设备材料（含国外引进设备材料）文件材料				
5.1	工艺说明、规程、路线、试验、技术总结		长期		
5.2	产品检验、包装、工装图、检测记录		长期		
5.3	采购工作中有关询价、报价、招标投标、考察、购买合同等文件材料	长期			
5.4	设备、材料报关（商检、海关）、商业发票等材料	永久			
5.5	设备、材料检验、安装手册、操作使用说明书等随机文件		长期		
5.6	设备、材料出厂质量合格证明、装箱单、工具单、备品备件单等		短期		
5.7	设备、材料开箱检验记录及索赔文件等材料	永久			
5.8	设备、材料的防腐、保护措施等文件材料		短期		
8	财务、器材管理文件材料				
8.3	主要器材、消耗材料的清单和使用情况记录	长期			

二、施工材料资料的建立

（一）各类材料资料的收集整理

各类工程材料的质保资料和工程建设中的其他资料一样重要，它能够全面真实地反映施工用的材料型号、规格、品种等，包括生产厂家资质、营业执照、生产厂家的材料检测报告、使用证明书、入库单、材料现场抽样检测报告等。

（二）材料资料登记存档

项目部应根据政府建设主管部门要求，及时对这些材料资料进行收集、整理、记录，做到逐一核对，填写准确，迅速及时，随同其他资料存档，以备日后随时查阅，满足工程材料质量追溯性要求，并将原始单据进行装订、保存、归档。

三、工程材料资料的收集管理

工程资料管理工作应自始至终贯穿于工程施工全过程。材料员应在日常工作中对材料资料及时收集整理，并进行分类保管，规范有序地进行保存。

(1)材料计划及采购资料收集：采购工作中有关询价、报价、招标投标、考察、购买合同等文件材料应及时收集整理，对供应商的选定、评定和事后评价的相关资料收集整理并及时更新。

(2)质保资料的收集：材料进场应要求供应商提供齐全的质保资料，包括产品合格证、质量合格证、检验报告、试验报告、产品生产许可证和质量保证书等。质保资料应反映施工材料的品种、规格、数量、性能指标等，并与实际进场材料相符。常见材料进场应收集的质保资料如表7-3所示。

表7-3　常见材料质保资料

材料	质保资料
钢筋	全国工业生产许可证，产品质量证明书
水泥	生产许可证，水泥合格证，3 d、28 d出厂检验报告，备案证，交易凭证，现场材料使用验收证明单
砖	生产许可证，砖合格证，备案证明，出厂检验报告，交易凭证，现场材料使用验收证明单
砂	生产许可证，质量证明书，交易凭证，现场材料使用验收证明单
石子	生产许可证，质量证明书，交易凭证，现场材料使用验收证明单
焊材	质量证明书

(3)应做复试的常见材料：材料进场后按设计、规范规程要求须进行复试的材料应及时进行复试检测，其资料要与进场的材料相符并应与设计要求相符。应做复试的常见材料如表7-4所示。

表7-4　应做复试的常见材料

材料	试验	代表数量
钢筋	拉伸、弯曲试验	60 t/批
水泥	3 d、28 d复试	200 t/批
砖	复试	15万/批
黄砂	复试	600 t/批
石子	复试	600 t/批

(4)涉及结构安全和使用功能的材料需要代换且改变了设计要求时，应有设计单位签署的认可文件。

(5)涉及安全、卫生、环保的材料应有相应资质等级检测单位的检测报告。

(6)凡使用的新材料、新产品，应由具备鉴定资格的单位或部门出具鉴定证书，同时具有产品质量标准和试验要求，使用前应按其质量标准和试验要求进行试验或检验。新材料、新产品还应提供安装、维修、使用和工艺标准等相关技术文件。

(7)进口材料应有商检证明(国家认证委员会公布的强制性认证[CCC]产品除外)、中文版的质量证明文件、性能检测报告以及中文版的使用、试验要求等技术文件。

(8)分级管理：施工材料资料应实行分级管理。半成品供应单位或半成品加工单位负责收集、整理和保存所供物资或原材料的质量证明文件，施工单位则需收集、整理和保存供应单位或加工单位提供的质量证明文件和进场后进行的试(检)验报告。各单位应对各自范围内工程资料的汇集、整理结果负责，并保证施工资料的可追溯性。相关材料资料分级管理规定如表7-5所示。

表7-5　相关材料资料分级管理规定

序号	材料资料	分级管理规定
1	钢筋	(1)钢筋采用场外委托加工形式时，钢筋的原材出厂质量证明、复试报告、接头连接试验报告等资料由加工单位保存，并保证资料的可追溯性；加工单位必须向施工单位提供半成品钢筋出厂合格证。 (2)半成品钢筋进场后施工单位还应进行外观质量检查，如对质量产生怀疑或有其他约定，可进行力学性能和工艺性能的抽样复试，填写钢材试验报告。 (3)采用现场自加工时，施工单位应收集整理上述资料中除半成品钢筋出厂合格证外的所有资料
2	混凝土	(1)预拌混凝土供应单位必须向施工单位提供以下资料：配合比通知单、预拌混凝土/砂浆运输单、预拌混凝土/砂浆出厂合格证(32 d内提供)、混凝土氯化物和碱总量计算书等。 (2)预拌混凝土供应单位除向施工单位提供上述资料外，还应保证以下资料的可追溯性：试配记录、水泥出厂合格证和试(检)验报告、砂和碎(卵)石试验报告、轻骨料试(检)验报告、外加剂和掺和料产品合格证和试(检)验报告、开盘鉴定、混凝土抗压强度报告(出厂检验混凝土强度值应填入预拌混凝土出厂合格证)、抗渗试验报告(试验结果应填入预拌混凝土出厂合格证)、混凝土坍落度测试记录(搅拌站测试记录)和原材料有害物含量检测报告。 (3)施工单位应形成以下资料：混凝土浇筑开仓报审表，混凝土抗压强度报告(现场检验)，抗渗、抗冻试验报告，混凝土试块强度统计，评定记录(现场)等。 (4)采用现场搅拌混凝土方式的，施工单位应收集、整理上述资料中除预拌混凝土出厂合格证、预拌混凝土运输单外的所有资料
3	预制构件	(1)施工单位使用预制构件时，预制构件加工单位必须向施工单位提供质量合格的产品。各种原材料(如钢筋、钢材、钢丝、预应力筋、木材、混凝土组成材料)的质量合格证明、复试报告等资料，以及混凝土、钢构件、木构件的性能试验报告和有害物含量检测报告等均由预制构件加工单位保存，并应保证各种资料的可追溯性。 (2)施工单位必须保存加工单位提供的预制混凝土构件出厂合格证、钢构件出厂合格证和其他构件合格证和进场后的试(检)验报告

四、工程竣工验收资料整理

工程项目的竣工验收是施工全过程的最后一道程序，也是工程项目管理的最后一项工作。工程竣工资料通常以组卷的方式分册整理。

表7-6是某工程的竣工验收资料目录实例，材料员根据该目录完成材料管理相关资料的收集、整理和归档工作。

表 7-6　某工程的竣工验收资料目录

分册名称	分册内容
第一册 施工管理	一、开工报告 二、图纸会审记录、设计变更、洽商记录 三、施工组织设计 四、施工前技术交底、安全交底 五、施工日记 六、施工合同 七、企业资质证明 八、项目组织构成及上岗人员证件（包括项目管理人员、操作工、特种工等） 九、进场施工机械进出场报验及调试验收记录 十、其他
第二册 材料试验	进场材料证明文件及复试报告： 1. 砂（材料进场统计表、复试报告、见证取样单） 2. 碎石、毛石（材料进场统计表、复试报告、见证取样单） 3. 水泥（材料进场统计表，合格证，3 d、28 d 出厂报告，复试报告，见证取样单） 4. 钢筋（材料进场统计表、质量证明文件、复试报告、见证取样单） 5. 砌块（材料进场统计表、质量证明文件、复试报告、见证取样单） 6. 钢材（材料进场统计表、质量证明文件） 7. 连接、焊接材料（材料进场统计表、质量证明文件、试验报告） 8. 预制构件（材料进场统计表、质量证明文件、复试报告、见证取样单） 9. 木材（材料进场统计表、质量证明文件、试验报告） 10. 其他材料（材料进场统计表、质量证明文件、试验报告）
第三册 施工试验及 施工测量	一、回填土试验 1. 密实度试验（取点分布图、见证取样单） 2. 击实试验报告 二、砂浆 1. 配合比（见证取样单） 2. 基础汇总表、评定表、试块报告（包括抽样报告、见证取样单） 3. 主体汇总表、评定表、试块报告（包括抽样报告、见证取样单） 三、混凝土 1. 配合比（见证取样单） 2. 基础汇总表、评定表、试块报告（包括抽样报告、见证取样单） 3. 主体汇总表、评定表、试块报告（包括抽样报告、见证取样单） 四、钢筋连接（见证取样单）汇总表、钢筋连接报告 五、钢构连接试验（汇总表、试验报告） 六、工程定位测量及复核记录 七、其他试验

续表 7-6

分册名称	分册内容
第四册 隐蔽验收记录	一、基础隐蔽记录 二、主体隐蔽记录 三、其他隐蔽记录
第五册 工程质量验收记录	一、地基与基础(分部、检验批)验收记录 二、主体结构(分部、检验批)验收记录
第六册 电气安装	一、图纸会审记录、设计变更、洽商记录等 二、施工组织设计(方案) 三、施工技术交底 四、施工日记 五、隐蔽验收记录 六、试验记录(系统调试、试运转等试验) 七、工程质量验收记录(分部、检验批验收记录) 八、材料验收记录 1. 材料汇总表 2. 质量证明文件、合格证 九、其他
第七册 竣工图	必须符合《水利水电工程建设项目档案管理规定》(水办〔2005〕480 号)规定
第八册 验收资料	分部工程验收、单位工程验收、阶段验收、合同完工验收、专项验收、竣工技术预验收、竣工验收
其他	其他工程组卷另行规定
竣工验收手续	竣工验收手续作为最后一册,单独装订

第三节　材料资料管理相关表格

施工材料资料管理部分相关表格如下。

一、材料计划及采购

材料需用计划表见表 7-7。

表 7-7 材料需用计划表

编制单位： 编号：

核算单元	材料编号	材料名称	规格材质型号	执行标准或图号	单位	数量	损耗率	使用部位	需用时间	备注

项目总工： 技术主管： 编报： 接收人： 编报日期：

材料申请计划表见表 7-8。

表 7-8 材料申请计划表

申请单位： 计划月份： 供应单位：

材料编号	材料名称	规格型号	单位	申请数量	审批数量	质量标准	要求进场日期	备注

单位主管： 物资主管 ： 编制人： 日期：

供应商定期复评表见表 7-9。

表 7-9　供应商定期复评表

供方名称：　　　　　　　　　　　　　　　　　　　　编号：

<table>
<tr><td rowspan="7">评价内容</td><td>采购批次</td><td colspan="2"></td></tr>
<tr><td>采购数量</td><td colspan="2"></td></tr>
<tr><td>产品质报情况</td><td colspan="2"></td></tr>
<tr><td>及时交货情况</td><td colspan="2"></td></tr>
<tr><td>单据齐全情况</td><td colspan="2"></td></tr>
<tr><td>服务质量</td><td colspan="2"></td></tr>
<tr><td>环保、职业安全健康情况</td><td colspan="2"></td></tr>
<tr><td>初(复)评记录</td><td></td><td>主持人</td><td></td></tr>
<tr><td>参加部门</td><td colspan="2">评价意见</td><td>签名</td></tr>
<tr><td></td><td colspan="2"></td><td></td></tr>
<tr><td></td><td colspan="2"></td><td></td></tr>
<tr><td></td><td colspan="2"></td><td></td></tr>
<tr><td></td><td colspan="2"></td><td></td></tr>
<tr><td></td><td colspan="2"></td><td></td></tr>
<tr><td></td><td colspan="2"></td><td></td></tr>
<tr><td>评价结论</td><td></td><td>领导签字</td><td></td></tr>
</table>

填写人：　　　　　　　　　　　　　　　　　　　　填写日期：

合格供应商名册见表 7-10。

表 7-10　合格供应商名册

编号	名称	类别	企业性质	省市	法人代表	联系人	联系电话	手机号码	备注
	注：按生产厂家和销售商分别造册								

二、材料验收入库及出库

入库单见表7-11。

表7-11 入库单

年 月 日 供应商 NO：

编码		品名		品牌、型号、规格		单位		数量		单价	金额	附注
采购员		验货员		负责人		仓管员		合计				

注：第一联存根，第二联财务，第三联仓库。

出库单见表7-12。

表7-12 出库单

年 月 日 供应商 NO：

编码		品名		品牌、型号、规格		单位		数量		单价	金额	附注
采购员		验货员		负责人		仓管员		合计				

注：第一联存根，第二联财务，第三联仓库。

三、材料进场检验

收料单见表7-13。

表7-13 收料单

________公司 单据编号：

供货单位： 发票编号：

材料编号	材料名称	规格型号	计量单位	数量	单价	总金额	材质单编号	生产批号
	合计							

经办或采购人： 收料人： 点收日期：

材料验收统计表见表 7-14。

表 7-14　材料验收统计表

选料日期	供应单位	材料名称	规格型号	单位	数量	生产厂家	数量及外观验收记录	试验委托单号	检验报告编号	是否合格	不合格品处理结果

材料进场验收记录见表 7-15。

表 7-15　材料进场验收记录

<table>
<tr><td>工程名称</td><td colspan="3"></td></tr>
<tr><td>生产厂家</td><td></td><td>进场时间</td><td></td></tr>
<tr><td>材料名称</td><td></td><td>规格型号</td><td></td></tr>
<tr><td>合格证编号</td><td></td><td>代表批量</td><td></td></tr>
<tr><td>出厂检验报告号</td><td></td><td>复试报告编号</td><td></td></tr>
<tr><td>使用部位</td><td></td><td>抽查方法及数量</td><td></td></tr>
<tr><td>检查内容</td><td colspan="2">施工单位自检情况</td><td>监理(建设)单位验收记录</td></tr>
<tr><td>材料品种</td><td colspan="2"></td><td></td></tr>
<tr><td>材料规格尺寸</td><td colspan="2"></td><td></td></tr>
<tr><td>材料包装、外观质量</td><td colspan="2"></td><td></td></tr>
<tr><td>产品合格证书、中文说明书及性能检测报告</td><td colspan="2"></td><td></td></tr>
<tr><td>进口产品商品检验证明</td><td colspan="2"></td><td></td></tr>
<tr><td>物理、力学性能检验情况</td><td colspan="2"></td><td></td></tr>
<tr><td>其他</td><td colspan="2"></td><td></td></tr>
<tr><td>验收意见</td><td colspan="2"></td><td></td></tr>
<tr><td colspan="2">施工单位:(签章)

材料员:

质检员:

年　月　日</td><td colspan="2">监理单位:(签章)

监理工程师:

年　月　日</td></tr>
</table>

水泥化学检测报告见表7-16。

表7-16　水泥化学检测报告

检测单位：　　　　　　　　　　　　　合同编号：

委托单位		水泥品种	
工程名称		水泥强度等级	
检测条件		生产厂家	
检测依据		出厂日期	年　月　日
检测项目	检测结果	结论	
氧化镁(%)			
三氧化硫(%)			
烧失量(%)			
不溶物(%)			
备注		检测单位(盖章)	

负责：　　　　　　审核：　　　　　　试验：

粉煤灰品质检验报告见表7-17。

表7-17　粉煤灰品质检验报告

检测单位：　　　　　　　　　　　　　合同项目编号：

生产厂家			产品日期	年　月　日
取样地点			取样日期	年　月　日
序号	检测项目	控制目标	检验结果	备注
1	细度(%)			
2	需水量比(%)			
3	烧失量(%)			
4	SO_3(%)			
5	比重			
6	强度比(%)			
7				
8				
9				
10				

校核：　　　　计算：　　　　试验：　　　　年　月　日

混凝土用砂检验报告见表7-18。

表7-18　混凝土用砂检验报告

检测单位：　　　　　　　　　　　　　　　　合同项目编号：

分项工程				工程部位			
取样地点				试验日期		年　月　日	
项目	检测结果			项目		检测结果	
表观密度(kg/m^3)				吸水率(%)			
紧密密度(kg/m^3)				有机物含量(%)			
堆积密度(kg/m^3)				云母含量(%)			
含泥量(%)				轻物质含量(%)			
泥块含量(%)				坚固性(%)			
氯盐含量(%)				SO_3 含量(%)			
泥水量(%)				碱活性			
颗粒级配							
筛孔尺寸(mm)	10.0	5.0	2.5	1.25	0.63	0.315	0.16
分计筛余百分率(%)							
累计筛余百分率(%)							
细度模数 F.M							
检验结论							

校核：　　　　　计算：　　　　　试验：　　　　　年　月　日

四、材料试验报告

材料试验报告(通用)见表7-19。

表 7-19　材料试验报告(通用)

编号:

工程名称及部位				试样编号	
委托单位		试验委托人		委托编号	
材料名称及规格				产地、厂别	
代表数量		来样日期		试验日期	
要求试验项目及说明:					
试验结果:					
结论:					
批准		审核		试验人员	
试验单位				报告日期	

五、出厂证明文件

建筑材料质量检验合格证见表 7-20。

表 7-20　建筑材料质量检验合格证

承建单位:　　　　合同编号:

申报使用工程项目及部位				工程项目施工时段		
材料	序号	规格型号	入库数量	生产厂家	出厂日期/入库日期	材料检验单号
钢筋	1					
	2					
	3					
水泥	1					
	2					
	3					

续表 7-20

材料	序号	规格型号	入库数量	生产厂家	出厂日期/入库日期	材料检验单号
粉煤灰	1					
	2					
	3					
外加剂	1					
	2					
	3					
止水材料	1					
	2					
	3					
	4					
承建单位报送记录	报送单位： 日期：　　年　月　日			监理机构认证意见	□优良　□合格 □不合格 工程监理部： 认证人： 日期：　　年　月　日	

说明：一式四份报监理机构，完成认证后返回报送单位两份，留作单元、分部、单位工程质量评定资料备查。

半成品钢筋出厂合格证见表 7-21。

表 7-21　半成品钢筋出厂合格证

编号：________

工程名称					委托单位		加工日期
钢筋种类		合格证编号		供应总量(t)		供货日期	
序号	级别规格	供应数量(t)	进货日期	生产厂家	原材料报告编号	复试报告编号	使用部位

备注：

供应单位技术负责人	填表人	供应单位名称 (盖章)
填表日期	年　月　日	

说明：本表由半成品钢筋供应单位提供，建设单位、施工单位各保存一份。

六、材料储存及使用

领料单见表7-22。

表7-22 领料单

工程名称________ 施工班组________ 工程项目________

用途________ 年 月 日

材料编号	材料名称	规格	单位	数量	单价	金额

材料保管员 领料人________ 材料员

材料发放记录见表7-23。

表7-23 材料发放记录

楼(栋)号________ 施工班组________ 计量单位________ ____年____月____日

任务书编号	日 期	工程项目	发放数量	领料人

主管________ 材料员________

不合格材料处理记录见表7-24。

表7-24 不合格材料处理记录

工程名称: 编号:

材料名称				
规格型号				
数量				
来源				

不合格原因:

处理意见:

项目材料员:

续表 7-24

项目经理审批意见：   项目经理签字：
业主处理意见(业主提供材料)：   签字(盖章)：
处理结果：   执行人：

不合格材料清单见表 7-25。

表 7-25　不合格材料清单

编号：

验收日期	供应单位	材料名称	规格型号	单位	数量	生产厂家	数量及外观验收记录	试验委托单号	检验报告编号	不合格品处理结果

不合格材料统计表见表 7-26。

表 7-26　不合格材料统计表

报告单位：　　　　　　　　　　　　　　　　字第____号

材料编号	材料名称	规格型号	单位	数量	单价	总价
损失原因						
单位意见						
料库主任签字						
领导签字						

制单人：　　　　　　　　　　　　　　　　制单日期：

附录一　工程计量单位

国际单位制是在米制单位的基础上发展起来的一种单位制，其国际通用符号为“SI”。SI 单位是中国法定计量单位的主体，所有 SI 单位都是中国的法定计量单位。此外，中国还选用了一些非 SI 的单位，作为国家法定计量单位。

一、中国法定计量单位

中国法定计量单位的构成见附表 1-1。

附表 1-1　中国法定计量单位构成

<table>
<tr><td rowspan="6">中华人民共和国法定计量单位</td><td rowspan="4">国际单位制（SI）单位</td><td rowspan="3">SI 单位</td><td colspan="2">SI 基本单位</td></tr>
<tr><td rowspan="2">SI 导出单位</td><td>包括 SI 辅助单位在内的具有专门名称的 SI 导出单位</td></tr>
<tr><td>组合形式的 SI 导出单位</td></tr>
<tr><td colspan="3">SI 单位的倍数单位（包括 SI 单位的十进倍数单位和十进分数单位）</td></tr>
<tr><td colspan="4">国家选定的作为法定计量单位和非 SI 单位</td></tr>
<tr><td colspan="4">由以上单位构成的组合形式的单位</td></tr>
</table>

（1）SI 基本单位共 7 个，见附表 1-2。

附表 1-2　SI（国际单位制）基本单位

量的名称	单位名称	单位符号	量的名称	单位名称	单位符号
长度	米	m	热力学温度	开[尔文]	K
质量	千克（公斤）	kg	物质的量	摩[尔]	mol
时间	秒	s	发光强度	坎[德拉]	cd
电流	安[培]	A			

注：1.圆括号中的名称，是它前面的名称的同义词。

2.无方括号的量的名称与单位名称均为全称。方括号中的字，在不致引起混淆、误解的情况下，可以省略。去掉方括号中的字即为其名称的简称。

3.本表所称的符号，除特殊指明外，均指中国法定计量单位中所规定的符号和国际符号。

4.人民生活和贸易中，质量习惯称为重量。

（2）包括 SI 辅助单位在内的具有专门名称的 SI 导出单位共 21 个，见附表 1-3。

（3）由 SI 基本单位和具有专门名称的 SI 导出单位构成的组合形式的 SI 导出单位。

（4）SI 单位的倍数单位包括 SI 单位的十进倍数单位和十进分数单位，构成倍数单位的 SI 词头共 20 个，见附表 1-4。

（5）国家选定的作为法定计量单位的非 SI 单位共 16 个，见附表 1-5。

（6）由以上单位构成的组合形式的单位。

附表 1-3 包括 SI 辅助单位在内的具有专门名称的 SI 导出单位

量的名称	SI 导出单位		
	名称	符号	用 SI 基本单位和 SI 导出单位表示
平面角	弧度	rad	1 rad = 1 m/m = 1
立体角	球面度	sr	1 sr = 1 m^2/m^2 = 1
频率	赫[兹]	Hz	1 Hz = 1 s^{-1}
力,重力	牛[顿]	N	1 N = 1 kg · m/s^2
压力;压强;应力	帕[斯卡]	Pa	1 Pa = 1 N/m^2
能量;功;热量	焦[耳]	J	1 J = 1 N · m
功率;辐射通量	瓦[特]	W	1 W = 1 J/s
电荷[量]	库[仑]	C	1 C = 1 A · s
电压;电动势;电位	伏[特]	V	1 V = 1 W/A
电容	法[拉]	F	1 F = 1 C/V
电阻	欧[姆]	Ω	1 Ω = 1 V/A
电导	西[门子]	S	1 S = 1 Ω^{-1} = 1 A/V
磁通量	韦[伯]	Wb	1 Wb = 1 V · s
磁通量密度,磁感应强度	[特]斯拉	T	1 T = 1 Wb/m^2
电感	亨[利]	H	1 H = 1 Wb/A
摄氏温度	摄氏度	℃	1 ℃ = 1 K
光通量	流[明]	lm	1 lm = 1 cd · sr
光照度	勒[克斯]	lx	1 lx = 1 lm/m^2
放射性活度	贝可[勒尔]	Bq	1 Bq = 1 s^{-1}
吸收剂量	戈[瑞]	Gy	1 Gy = 1 J/kg
剂量当量	希[沃特]	Sv	1 Sv = 1 J/kg

二、SI 基本单位

附表 1-2 列出了 7 个 SI 基本量的基本单位,它们是构成 SI 的基础。

三、SI 导出单位

SI 导出单位是用 SI 基本单位以代数形式表示的单位。这种单位符号中的乘和除采用数学符号。它由两部分构成:一部分是包括 SI 辅助单位在内的具有专门名称的引导出单位;另一部分是组合形式的 SI 导出单位,即用 SI 基本单位和具有专门名称的 SI 导出单位(含辅助单位)以代数形式表示的单位。

某些 SI 单位,例如力的 SI 单位,在用 SI 基本单位表示时,应写成 $(kg \cdot m)/s^2$。这种表示方法比较烦琐,不便使用。为了简化单位的表示式,经国际计量大会讨论通过,给它以专门的名称——牛[顿],符号为 N。类似地,热和能的单位通常用焦[耳](J)代替牛[顿]·米(N·m)和 $(kg \cdot m^2)/s^2$。这些导出单位称为具有专门名称的 SI 导出单位。

SI 单位弧度(rad)和球面度(s)称为 SI 辅助单位,它们是具有专门名称和符号的量纲为 1 的量的导出单位。例如:角速度的 SI 单位可写成孤度每秒电阻率的单位,通常用欧姆·米(Ω·m)代替伏[特]米每安培[(V·m)/A],它是组合形式的 SI 导出单位之一。

附表 1-3 列出的是包括 SI 辅助单位在内的具有专门名称的 SI 导出单位。

四、SI 单位的倍数单位

在 SI 中,用以表示倍数单位的词头,称为 SI 词头。它们是构词成分,用于附加在 SI 单位之前构成倍数单位(十进倍数单位和分数单位),而不能单独使用。

附表 1-4 共列出 20 个 SI 词头,所代表的因数的覆盖范围为$10^{-24} \sim 10^{24}$。

附表 1-4 用于构成的十进倍数和分数单位的词头

因数	词头名称		符号	因数	词头名称		符号
	英文	中文			英文	中文	
10^{24}	yotta	尧[它]	Y	10^{-1}	deci	分	d
10^{21}	zetta	泽[它]	Z	10^{-2}	centi	厘	c
10^{18}	exa	艾[可萨]	E	10^{-3}	milli	毫	m
10^{15}	peta	拍[它]	P	10^{-6}	micro	微	μ
10^{12}	tera	太[拉]	T	10^{-9}	nano	纳[诺]	n
10^{9}	giga	吉[咖]	G	10^{-12}	pico	皮[可]	p
10^{6}	mega	兆	M	10^{-15}	femto	飞[母托]	f
10^{3}	kilo	千	k	10^{-18}	atto	阿[托]	a
10^{2}	hecto	百	h	10^{-21}	zepto	仄[普托]	z
10^{1}	deca	十	da	10^{-24}	yocto	幺[科托]	y

词头符号与所紧接着的单个单位符号(这里仅指 SI 基本单位和导出单位)应视作一个整体对待,共同组成一个新单位,并具有相同的幂次,还可以和其他单位构成组合单位。例如:

$$1\ cm^3=(10^{-2}\ m)^3=10^{-6}\ m^3,1\ \mu s^{-1}=(10^{-6}\ s)^{-1}=10^6\ s^{-1},1\ mm^2/s=(10^{-3}\ m)^2/s=10^{-6}\ m^2/s$$

由于历史因素,质量的 SI 基本单位名称“千克”中已包含 SI 词头,所以“千克”的十进倍数单位由词头加在“克”之前构成。例如,应使用毫克(mg),而不得用微千克(μkg)。

五、可与SI单位并用的中国法定计量单位

由于实用上的广泛性和重要性，在中国法定计量单位中，为11个物理量选定了16个与SI单位并用的非SI单位，见附表1-5。其中，10个是国际计量大会同意并用的非SI单位，它们是：时间单位——分、[小]时、日(天)；平面角单位——度、[角]分、[角]秒；体积单位——升；质量单位——吨和原子质量单位；能单位——电子伏。另外6个，即海里、节、公顷、转每分、分贝、[特][克斯]，则是根据国内外的实际情况选用的。

附表1-5　可与SI单位并用的中国法定计量单位

量的名称	单位名称	单位符号	与SI单位的关系
时间	分	min	1 min=60 s
	[小]时	h	1 h=60 min=3 600 s
	日(天)	d	1 d=24 h=86 400 s
平面角	度	(°)	1°=(π/180)rad
	[角]分	(′)	1′=(1/60)°=(π/10 800) rad
	[角]秒	(″)	1″=(1/60)′=(π/648 000) rad
体积	升	L(l)	1 L=1 dm^3=10^{-3} m^3
质量	吨	t	1 t=10^3 kg
	原子质量单位	u	1 u≈1.660 562 2×10^{-27} kg
旋转速度	转每分	r/min	1 r/min=(1/60)s^{-1}
长度	海里	n mile	1 n mile=1 825 m(只用于航程)
速度	节	kn	1 kn=1 n mile/h=(1 852/3 600)m/s(只用于航行)
能	电子伏	eV	1 eV≈1.602 177 33×10^{-19} J
极差	分贝	dB	用于对数量
线密度	[特][克斯]	tex	1 tex=1 g/m
面积	公顷	hm^2(ha)	1 hm^2=10^4 m^2=0.01 km

注：1.平面角单位度、分、秒的符号，在组合单位中应采用(°)、(′)、(″)的形式。例如，不用°/s而用(°)/s。
2.升的符号中，小写字母l为备用符号。
3.公顷的国际通用符号为ha。

六、法定计量单位与习惯非法定计量单位的换算

法定计量单位与习惯非法定计量单位换算，见附表1-6。

附表 1-6 法定计量单位与习惯非法定计量单位换算

量的名称	习惯用非法定计量单位		法定计量单位		单位换算关系
	名称	符号	名称	符号	
力	千克力	kgf	牛[顿]	N	1 kgf=9.806 65 N≈10 N
	吨力	tf	千牛[顿]	kN	1 tf=9.806 65 kN≈10 kN
线分布力	千克力每米	kgf/m	牛[顿]每米	N/m	1 kgf/m=9.806 65 N/m≈N/m
	吨力每米	tf/m	千牛[顿]每米	kN/m	1 tf/m=9.806 65 kN/m≈10 kN/m
面分布力、压强	千克力每平方米	kgf/m^2	牛[顿]每平方米(帕斯卡)	N/m^2 (Pa)	1 kgf/m^2≈10 N/m^2(Pa)
	吨力每平方米	tf/m^2	千牛[顿]每平方米(千帕斯卡)	kN/m^2 (kPa)	1 tf/m^2≈10 kN/m^2(kPa)
	标准大气压	atm	兆帕[斯卡]	MPa	1 atm=0.101 325 MPa≈0.1 MPa
	工程大气压	at	兆帕[斯卡]	MPa	1 at=0.098 066 5 MPa≈0.1 MPa
	毫米水柱	mmH_2O	帕[斯卡]	Pa	1 mmH_2O=9.806 65 Pa≈10 Pa (按水的密度为1 g/cm^3 计)
	毫米汞柱	mmHg	帕[斯卡]	Pa	1mm Hg=133.322 Pa
	巴	bar	帕[斯卡]	Pa	1 bar=10^5 Pa
体分布力	千克力每立方米	kgf/m^3	牛[顿]每立方米	N/m^3	1 kgf/m^3=9.806 65 N/m^3≈10 N/m^3
	吨力每立方米	tf/m^3	千牛[顿]每立方米	kN/m^3	1 tf/m^3=9.806 65 kN/m^3≈10 kN/m^3
力矩、弯矩、扭矩、力偶矩、转矩	千克力米	kgf·m	牛[顿]米	N·m	1 kgf·m=9.806 65 N·m≈10 N·m
	吨力米	tf·m	千牛[顿]米	kN·m	1 tf·m=9.806 65 kN·m≈10 kN·m
双弯矩	千克力平方米	kgf·m^2	牛[顿]平方米	N·m^2	1 kgf·m^2=9.806 65 N·m^2≈10 N·m^2
	吨力平方米	tf·m^2	千牛[顿]平方米	kN·m^2	1 tf·m^2=9.806 65 kN·m^2≈10 kN·m^2
应力、材料强度	千克力每平方毫米	kgf/mm^2	兆帕[斯卡]	MPa	1 kgf/mm^2=9.806 65 MPa≈10 MPa
	千克力每平方厘米	kgf/cm^2	兆帕[斯卡]	MPa	1 kgf/cm^2=0.098 066 5 MPa≈0.1 MPa
	吨力每平方米	tf/m^2	千帕[斯卡]	kPa	1 tf/m^2=9.806 65 kPa≈10 kPa
弹性模量、剪变模量、压缩模量	千克力每平方厘米	kgf/cm^2	兆帕[斯卡]	MPa	1 kgf/cm^2=0.098 066 5 MPa≈0.1 MPa
压缩系数	平方厘米每千克力	cm^2/kgf	每兆帕[斯卡]	MPa^{-1}	1 cm^2/kgf=(1/0.098 066 5)MPa^{-1}

续附表 1-6

量的名称	习惯用非法定计量单位		法定计量单位		单位换算关系
	名称	符号	名称	符号	
地基抗力刚度系数	吨力每立方米	tf/m^3	千牛[顿]每立方米	kN/m^3	$1\ tf/m^3 = 9.806\ 65\ kN/m^3 \approx 10\ kN/m^3$
地基抗力比例系数	吨力每四次方米	tf/m^4	千牛[顿]每四次方米	kN/m^4	$1\ tf/m^4 = 9.806\ 65\ kN/m^4 \approx 10\ kN/m^4$
功、能、热量	千克力米	kgf · m	焦[耳]	J	1 kgf · m = 9.806 65 J ≈ 10 J
	吨力米	tfd · m	千焦[耳]	kJ	1 tfd · m = 9.806 65 kJ ≈ 10 kJ
	立方厘米标准大气压	$cm^3 \cdot atm$	焦[耳]	J	$1\ cm^3 \cdot atm = 0.101\ 325\ J \approx 0.1\ J$
	升标准大气压	L · atm	焦[耳]	J	1 L · atm = 101.325 J ≈ 100 J
	升工程大气压	L · at	焦[耳]	J	1 L · at = 98.066 5 J ≈ 100 J
	国际蒸汽表卡	cal	焦[耳]	J	1 cal = 4.186 8 J
	热化学卡	cal_{th}	焦[耳]	J	$1\ cal_{th} = 4.184\ J$
	15 ℃卡	cal_{15}	焦[耳]	J	$1\ cal_{15} = 4.185\ 5\ J$
功率	千克力米每秒	kgf · m/s	瓦[特]	W	1 kgf · m/s = 9.806 65 W ≈ 10 W
	国际蒸汽表卡每秒	cal/s	瓦[特]	W	1 cal/s = 4.186 8 W
	千卡每小时	kcal/h	瓦[特]	W	1 kcal/h = 1.163 W
	热化学卡每秒	cal_{th}/s	瓦[特]		$1\ cal_{th}/s = 4.184\ W$
	升标准大气压每秒	L · atm/s	瓦[特]	W	1 L · atm/s = 101.325 W ≈ 100 W
	升工程大气压每秒	L · at/s	瓦[特]	W	1 L · at/s = 98.066 5 W ≈ 100 W
	米制马力	—	瓦[特]	W	1 米制马力 = 735.499 W
	电工马力	—	瓦[特]	W	1 电工马力 = 746 W
	锅炉马力	—	瓦[特]	W	1 锅炉马力 = 9 809.5 W
动力黏度	千克力秒每平方米	$kgf \cdot s/m^2$	帕[斯卡]秒	Pa · s	$1\ kgf \cdot s/m^2 = 9.806\ 65\ Pa \cdot s \approx 10\ Pa \cdot s$
	泊	P	帕[斯卡]秒	Pa · s	$1\ P = 10^{-1}\ Pa \cdot s$
运动黏度	斯托克斯	St	平方米每秒	m^2/s	$1\ St = 10^{-4}\ m^2/s$

续附表 1-6

量的名称	习惯用非法定计量单位		法定计量单位		单位换算关系
	名称	符号	名称	符号	
发热量	千卡每立方米	$kcal/m^3$	千焦[耳]每立方米	kJ/m^3	$1\ kcal/m^3 = 4.186\ 8\ kJ/m^3$
	热化学千卡每立方米	$kcal_{th}/m^3$	千焦[耳]每立方米	kJ/m^3	$1\ kcal_{th}/m^3 = 4.184\ kJ/m^3$
汽化热	千卡每千克	kcal/kg	千焦[耳]每千克	kJ/kg	1 kcal/kg = 4.186 4 kJ/kg
热负荷	千卡每小时	kcal/h	瓦[特]	W	1 kcal/h = 1.163 W
热强度、容积热负荷	千卡每立方米小时	$kcal/(m^3 \cdot h)$	瓦[特]每立方米	W/m^3	$1\ kcal(m^3 \cdot h) = 1.163\ W/m^3$
热流密度	卡每平方厘米小时	$cal/(cm^2 \cdot h)$	瓦[特]每平方米	W/m^2	$1\ cal(cm^2 \cdot h) = 418\ 68\ W/m^2$
	千卡每平方米小时	$kcal/(m^2 \cdot h)$	瓦[特]每平方米	W/m^2	$1\ kcal(m^2 \cdot h) = 1.163\ W/m^2$
比热容	千卡每千克摄氏度	$kcal/(kg \cdot ℃)$	千焦[耳]每千克开[尔文]	$kJ/(kg \cdot K)$	$1\ kcal/1(kg \cdot ℃) = 4.186\ 8\ kJ/(kg \cdot K)$
	热化学千卡每千克摄氏度	$kcal_{th}/(kg \cdot ℃)$	千焦[耳]每千克开[尔文]	$kJ/(kg \cdot K)$	$1\ kcal_{th}(kg \cdot ℃) = 4.184\ kJ/(kg \cdot K)$
体积热容	千卡每立方米摄氏度	$kcal/(m^3 \cdot ℃)$	千焦[耳]每立方米开[尔文]	$kJ(m^3 \cdot K)$	$1\ kcal(m^3 \cdot ℃) = 4.186\ 8\ kJ(m^3 \cdot K)$
	热化学千卡每立方米摄氏度	$kcal_{th}/(m^3 \cdot ℃)$	千焦[耳]每立方米开[尔文]	$kJ(m^3 \cdot K)$	$1\ kcal_{th}(m^3 \cdot ℃) = 4.184\ kJ(m^3 \cdot K)$
传热系数	卡每立方厘米秒摄氏度	$cal/(cm^2 \cdot s \cdot ℃)$	瓦[特]每平方米开[尔文]	$W/(m^2 \cdot K)$	$1\ cal(cm^2 \cdot s \cdot ℃) = 41\ 868\ W/(m^2 \cdot K)$
	千卡每平方米小时摄氏度	$kcal/(m^2 \cdot h \cdot ℃)$	瓦[特]每平方米开[尔文]	$W/(m^2 \cdot K)$	$1\ kcal(m^2 \cdot h \cdot ℃) = 1.163\ W/(m^2 \cdot K)$

续附表 1-6

量的名称	习惯用非法定计量单位		法定计量单位		单位换算关系
	名称	符号	名称	符号	
热导率	卡每厘米秒摄氏度	cal/(cm·s·℃)	瓦[特]每米开[尔文]	W/(m·K)	1 cal(cm·s·℃) = 418.68 m·K/W
	千卡每米小时摄氏度	kcal/(m·h·℃)	瓦[特]每米开[尔文]	W/(m·K)	1 kcal(m·h·℃) = 1.163 m·K/W
热阻率	厘米秒摄氏度每卡	cm·s·℃(cal)	米开[尔文]每瓦[特]	m·K/W	1 cm·s·℃(cal) = (1/418 368) m·K/W
	米小时摄氏度每千米	m·h·℃(cal)	米开[尔文]每瓦[特]	m·K/W	1 m·h·℃(cal) = (1/1.163) m·K/W
光照度	辐透	ph	勒克斯	lx	1 ph = 10^4 lx
光亮度	熙提	sb	坎[德拉]每平方米	cd/m^2	1 sb = 10^4 cd/m^2
	亚熙提	asb	坎[德拉]每平方米	cd/m^2	1 asb = (1/π) cd/m^2
	朗伯	la	坎[德拉]每平方米	cd/m^2	1 la = (10^4/π) cd/m^2

附录二　计量单位换算及常用公式

一、常用计量单位换算

(1)长度单位。常用长度单位的换算见附表 2-1～附表 2-3。

附表 2-1　常用长度单位表换算

米 (m)	厘米 (cm)	毫米 (mm)	市尺	英尺	英寸 (in)
1	100	1 000	3	3.280 84	39.370 1
0.1	10	100	0.03	0.032 808	0.393 701
0.01	1	10	0.003	0.003 281	0.039 37
0.333 333	33.333	333.333	1	1.093 61	13.123 4
0.304 8	30.48	304.8	0.914 4	1	12
0.254	2.54	25.4	0.076 2	0.083 333	1

附表 2-2　常用英制长度单位

1 英里(哩,mi)= 1 760 码　1 码(yd)= 3 英尺(ft)　1 英尺(ft)= 12 英寸(in)
1 英寸(in)= 1 000 密耳(英毫,mil)　1 英寸=8 英分

附表 2-3　常用市制长度单位表

1 市里=150 市丈	1 市丈=10 市尺	1 市尺=10 市寸
1 市寸=10 市分	1 市分=10 市厘	1 市厘=10 市毫

(2)面积单位。常用面积单位的换算见附表 2-4、附表 2-6。

附表 2-4　常用面积单位换算

平方米 (m^2)	平方毫米 (mm^2)	平方市尺	平方英尺 (ft^2)	平方英寸 (in^2)
1	1 000 000	9	10.763 9	1 550
0.000 1	100	0.009	0.001 076	0.155 0
0.000 001	1	0.000 009	0.000 011	0.155
0.111 111	111 111	1	1.195 99	172.223
0.929 03	92 903	0.836 127	1	144
0.000 645	645 016	0.005 806	0.006 944	1

续附表 2-4

公顷 (hm^2)	公亩 (a)	市亩	英亩
1	100	15	2.471 05
0.01	1	0.15	0.024 711
0.066 667	6.666 67	1	0.164 737
0.404 686	40.468 6	6.070 29	1

附表 2-5 常用英制面积单位

1 平方码(yd^2)= 9 平方英尺(ft^2)　1 平方英尺(ft^2)= 144 平方英寸(in^2)
1 英亩 = 4 840 平方码 = 43 560 平方英尺

附表 2-6 常用市制面积单位

1 平方市丈 = 100 平方市尺　1 平方市尺 = 100 平方市寸
1 市亩 = 10 市分 = 60 平方市丈 = 6 000 平方市尺
1 市分 = 10 市厘 = 600 平方市尺　1 市厘 = 60 平方市尺

(3)体积单位。常用体积单位的换算见附表 2-7~附表 2-9。

附表 2-7 常用体积单位换算

立方米 (m^3)	升 (L)	立方英寸 (in^3)	英加仑 (UKgal)	美加仑(液量) (UKgal)
1	1 000	61 023.7	219.969	264.172
0.001	1	61.023 7	0.219 969	0.264 172
0.000 016	0.016 387	1	0.003 605	0.004 329
0.004 546	4.546 09	277.420	1	1.200 95
0.003 785	3.785 41	231	0.832 674	1

附表 2-8 常用英、美制体积单位

类别	单位名称	代号	进位	折合升	
				英制	美制
干量	品脱	Pt		0.568 261	0.550 610
	夸脱	qt	= 2 品脱	1.136 52	1.101 22
	加仑	gal	= 4 夸脱	4.546 09	4.404 88
	配克	pk	= 2 加仑	9.092 18	8.809 76
	蒲式耳	bu	= 4 配克	36.368 7	36.239 1

续附表 2-8

类别	单位名称	代号	进位	折合升	
				英制	美制
液量	及耳	gi		0.142 065	0.118 294
	品脱	pt	=4 及耳	0.568 261	0.473 176
	夸脱	qt	=2 品脱	1.136 52	0.946 353
	加仑	gal	=4 夸脱	4.546 09	3.785 41

附表 2-9 常用市制体积单位

1 市石=10 市斗	1 市斗=10 市升	1 市升=10 市合
1 市合=10 市勺	1 市勺=10 市撮	1 市升=1 升(法定计量单位)

(4)质量单位。常用质量单位的换算见附表 2-10~附表 2-12。

附表 2-10 常用质(重)量单位换算表

吨(t)	千克(kg)	市担	市斤	英吨(UKton)	美吨(shton)	磅(lb)
1	1 000	20	2 000	0.984 207	1.102 31	2 204.62
0.001	1	0.02	2	0.000 984	0.001 102	2.204 62
0.05	50	1	100	0.049 210	0.055 116	110.231
0.000 5	0.5	0.01	1	0.000 492	0.000 551	1.102 31
1.016 05	1 016.05	20.320 9	2 032.09	1	1.12	2 240
0.907 185	907.185	18.143 7	1 814 307	0.892 857	1	2 000
0.000 454	0.453 592	0.009 072	0.907 185	0.000 446	0.000 5	1

附表 2-11 常用英、美制质量单位表

1 英吨(长吨,ton)= 2 240 磅	1 美吨(短吨,shton)= 2 000 磅	1 磅(lb)= 16 盎司(oz)= 7 000 格令(gr)

附表 2-12 常用市制质量单位表

1 市担=100 市斤	1 市斤=10 市两	1 市两=10 市钱	1 市钱=10 市分	1 市分=10 市厘

(5)力、力矩、强度、压力单位。常用力、力矩、强度、压力单位的换算见附表 2-13~附表 2-15。

附表 2-13　常用力单位表换算表

牛 (N)	千克力 (kgf)	克力 (gf)	磅力 (lbf)	英吨力 (tonf)
1	0.101 972	101.972	0.224 809	0.000 1
9.806 65	1	1 000	2.204 62	0.000 984
0.009 807	0.001	1	0.002 205	0.000 001
4.482 2	0.453 592	453.592	1	0.000 446
9 964.02	1 016.05	1 016 046	2 240	1

附表 2-14　常用力矩单位表换算表

牛 · 米 (N · m)	千克力 · 米 (kgf · m)	克力 · 厘米 (gf · cm)	磅力 · 英尺 (lbf · ft)	磅力 · 英寸 (lbf · in)
1	0.101 972	101 972	0.737 562	8.850 75
9.80 665	1	100 000	7.233 01	86.796 2
0.000 098	0.000 01	1	0.000 072	0.000 868
1.355 82	0.138 255	13 825.5	1	12
0.112 985	0.011 521	1 152.12	0.083 333	1

附表 2-15　常用强度(应力)和压力、压强单位表换算表

牛/毫米^2(N/mm^2) 或兆帕(MPa)	千克力/毫米^2 (kgf/mm^2)	千克力/厘米^2 (kgf/cm^2)	千磅力/英寸^2 (1 000 lbf/in^2)	英吨力/英寸^2 (tonf/in^2)
1	0.101 972	101.972	0.145 038	0.064 749
9.806 65	1	100	1.422 33	0.634 971
0.098 067	0.01	1	0.014 223	0.006 350
6.894 76	0.703 070	70.307 0	1	0.446 429
15.444 3	1.574 88	157.488	2.24	1

帕(Pa)或牛/米^2 (N/mm^2)	千克力/厘米^2 (kgf/cm^2)	磅力/英寸^2 (lbf/in^2)	毫米水柱 (mmH$_2$O)	毫巴 (mbar)
1	0.000 01	0.000 145	0.101 972	0.001
98 066.5	1	14.223 3	10 000	980.665
6 894.76	0.703 070	1	703.070	68.947 6
9.806 65	0.000 102	0.001 422	1	0.098 067
100	0.001 020	0.014 504	10.197 2	1

(6)功、能、热量及功率单位。常用功、能、热量及功率单位的换算见附表 2-16、附表 2-17。

附表 2-16　常用功、能、热量单位表换算表

焦 (J)	瓦·时 (W·h)	磅力·英尺 (lbf·ft)	卡 (cal)	英热单位 (Btu)
1	0.000 278	0.737 562	0.238 846	0.000 948
3 600	1	2 655.22	859.845	3.412 14
9.806 65	0.002 74	7.233 01	2.342 28	0.009 295
1.355 82	0.000 377	1	0.323 832	0.001 285
4.186 8	0.001 163	3.088 03	1	0.003 967
1 055.06	0.293 071	778.169	252.074	1

附表 2-17　常用功率单位表换算表

千瓦 (kW)	米制马力 (PS)	英制马力 (HP)
1	1.359 62	1.341 02
0.735 499	1	0.986 320
0.745 70	1.013 87	1

(7)温度单位。摄氏温度与华氏温度转换公式为

$$摄氏温度=(华氏温度-32)\times 5/9$$

$$华氏温度=摄氏温度\times 9/5+32$$

二、常用计算公式

在工程建设施工中经常会碰到一些简单的计算,经常碰到的有面积、体积、型钢的截面面积和质量,为了方便材料员的运算,现提出以下常用的计算公式供参考。

(1)常用面积计算公式见附表 2-18。

附表 2-18　常用面积计算公式

名称	简图	计算公式
正方形	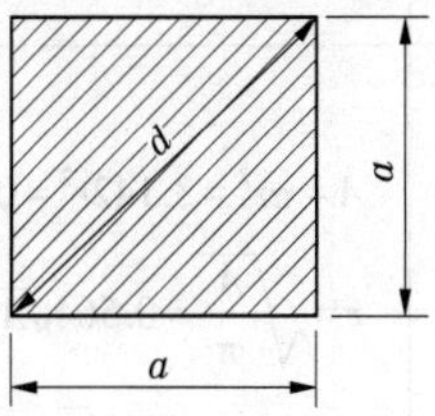	$A=a^2$;$a=0.707\ 1d=\sqrt{A}$; $d=1.414\ 2a=1.414\ 2\sqrt{A}$

续附表 2-18

名称	简图	计算公式
长方形	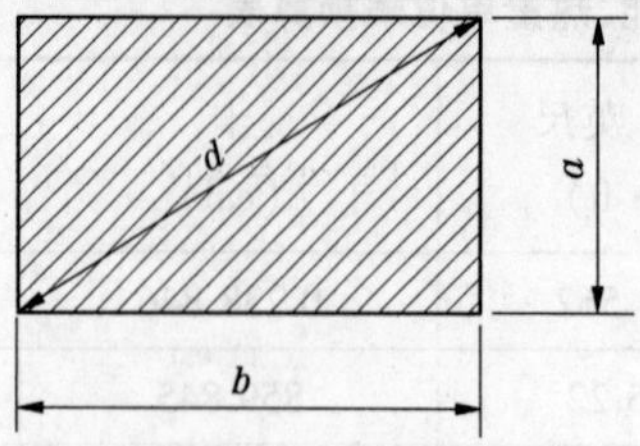	$A=ab=a\sqrt{d^2-a^2}=b\sqrt{d^2-b^2}$； $d=\sqrt{a^2+b^2}$；$a=\sqrt{d^2-b^2}=\dfrac{A}{b}$； $b=\sqrt{d^2-a^2}=\dfrac{A}{a}$
平行四边形	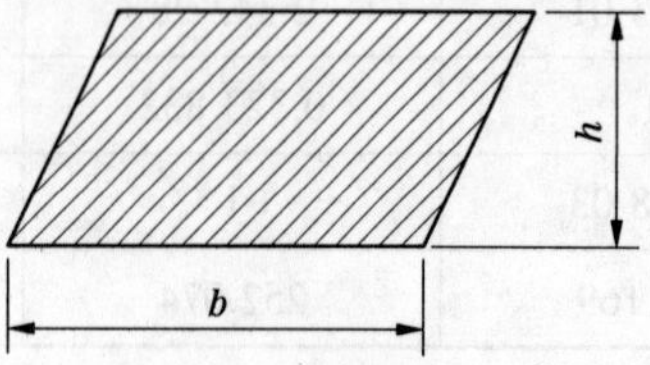	$A=bh$；$h=\dfrac{A}{b}$；$b=\dfrac{A}{h}$
三角形	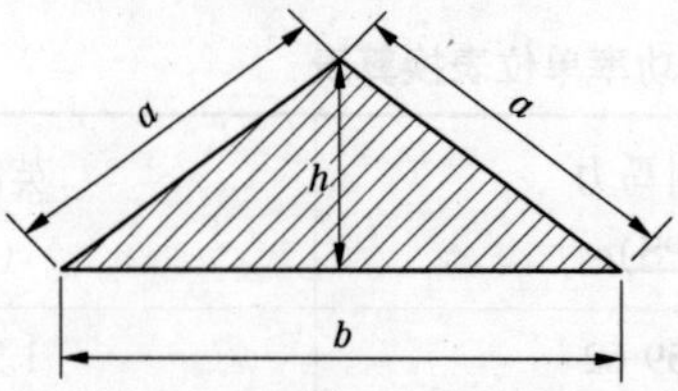	$A=\dfrac{bh}{2}=\dfrac{b}{2}\sqrt{a^2-(\dfrac{a^2+b^2+c^2}{2b})^2}$； $P=\dfrac{1}{2}(a+b+c)$； $A=\sqrt{P(P-a)(P-b)(P-c)}$
梯形	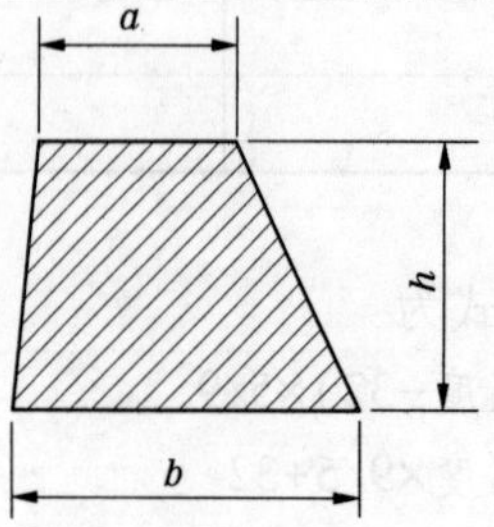	$A=\dfrac{(a+b)h}{2}$；$h=\dfrac{2A}{a+b}$； $a=\dfrac{2A}{h}-b$；$b=\dfrac{2A}{h}-a$
正六边形	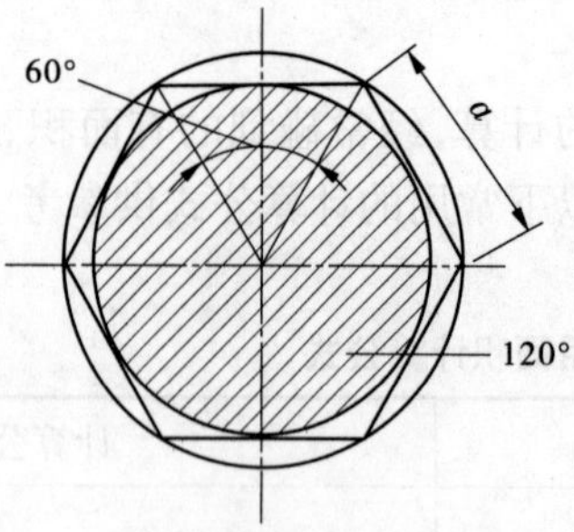	$A=\dfrac{(a+b)h}{2}$；$h=\dfrac{2A}{a+b}$； $a=\dfrac{2A}{h}-b$；$b=\dfrac{2A}{h}-a$
圆	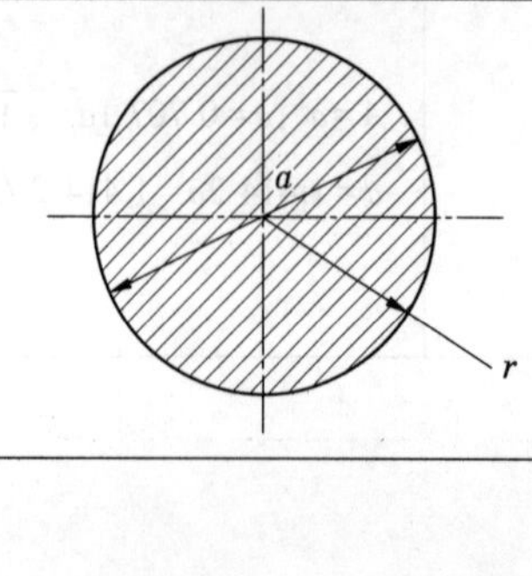	$A=\pi r^2=3.142r^2=0.785a^2$； $r=\sqrt{\dfrac{A}{\pi}}=0.564\sqrt{A}$； $a=2r=1.128\sqrt{A}$

续附表 2-18

名称	简图	计算公式
椭圆	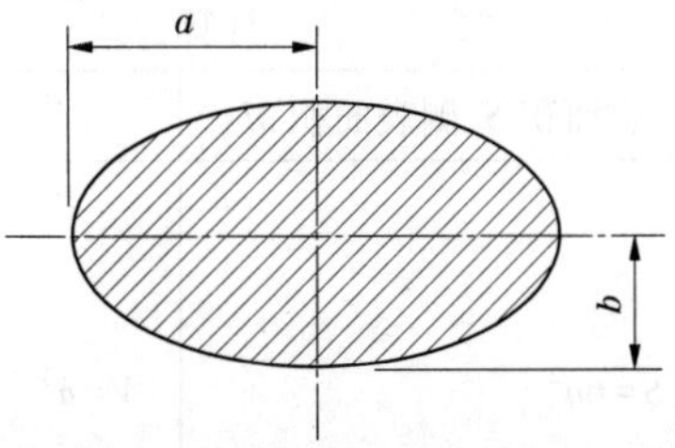	$A=\pi ab=3.1416ab$； 周长的近似值：$2p=\pi\sqrt{2(a^2+b^2)}$； 比较精确的值：$2p=\pi[1.5(a+b)-\sqrt{ab}]$
扇形	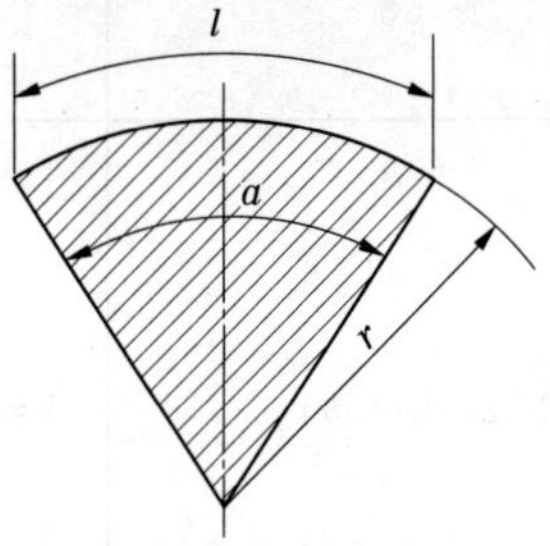	$A=\dfrac{1}{2}rl=0.0087266\alpha r^2$； $l=2A/r=0.017453\alpha r$； $r=2A/l=57.2961l/\alpha$； $\alpha=\dfrac{180l}{\pi r}=\dfrac{57.296l}{r}$
弓形	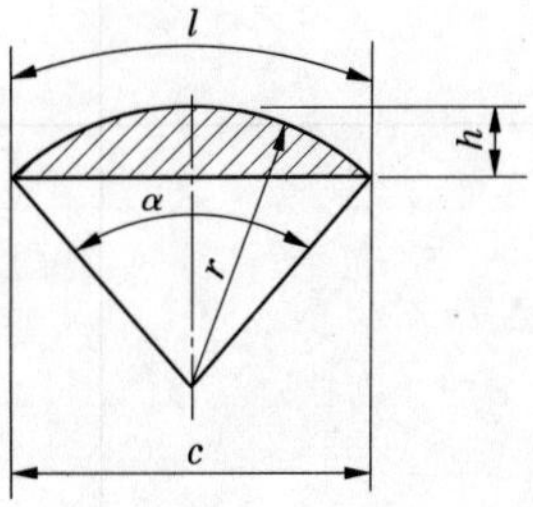	$A=\dfrac{1}{2}[rl-c(r-h)]$；$r=\dfrac{c^2+4h^2}{8h}$； $l=0.017453\alpha r$；$c=2\sqrt{h(2r-h)}$； $h=r-\dfrac{\sqrt{4r^2-c^2}}{2}$；$\alpha=\dfrac{57.296l}{r}$
弓形圆环	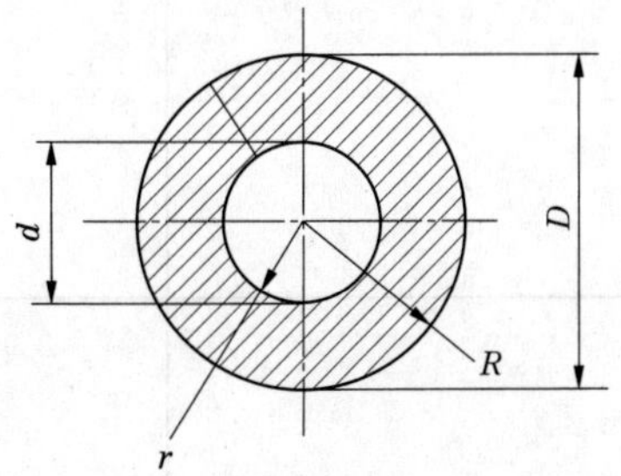	$A=\pi(R^2-r^2)=3.1416(R^2-r^2)$ $=0.7854(D^2-d^2)=3.1416(D-S)S$ $=3.1416(d+S)S$； $S=R-r=(D-d)/2$
扇形圆环	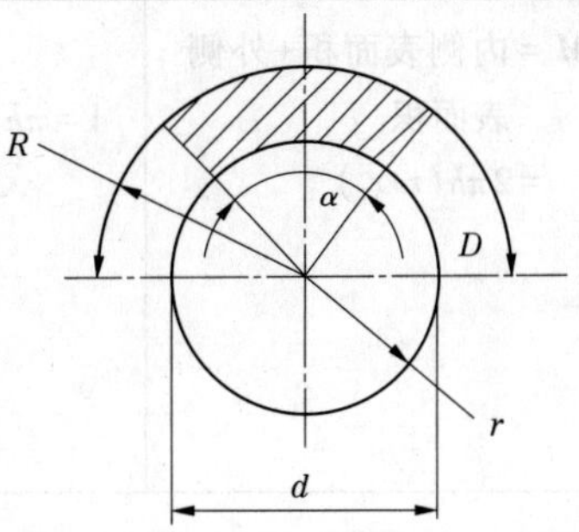	$A=\dfrac{\alpha\pi}{360}(R^2-r^2)$ $=0.008727\alpha(R^2-r^2)$ $=\dfrac{\alpha\pi}{4\times360}(D^2-d^2)$ $=0.002182\alpha(D^2-d^2)$

（2）常用体积和表面积计算公式见附表 2-19。

附表 2-19　常用体积和表面积计算公式

名称	简图	计算公式	
		表面积 S、侧表面积 M	体积 V
正立方体	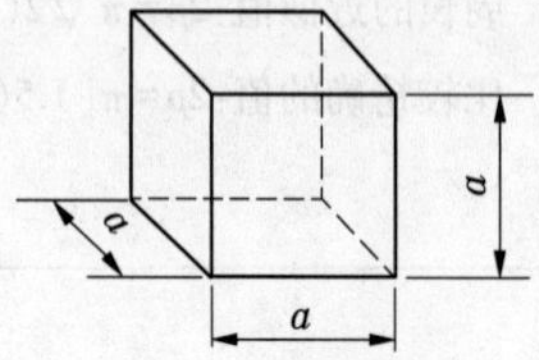	$S=6a^2$	$V=a^3$
长立方体	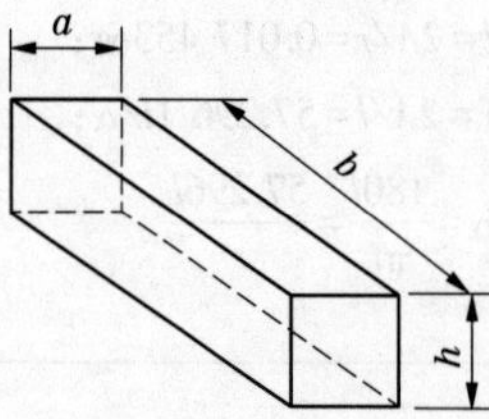	$S=2(ah+bh+ab)$	$V=abh$
圆柱	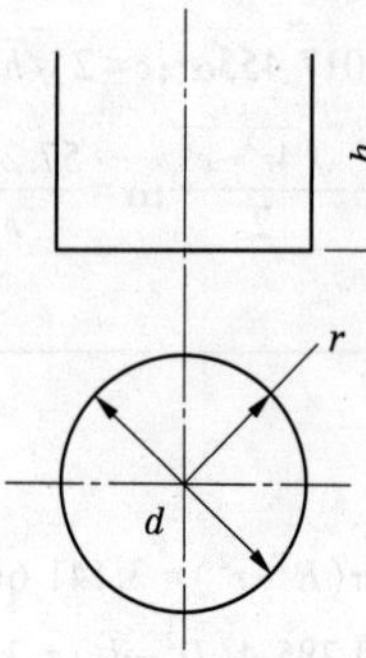	$M=2\pi rh=\pi dh$	$V=\pi r^2 h=\frac{\pi d^2 h}{4}$
空心圆柱（管）	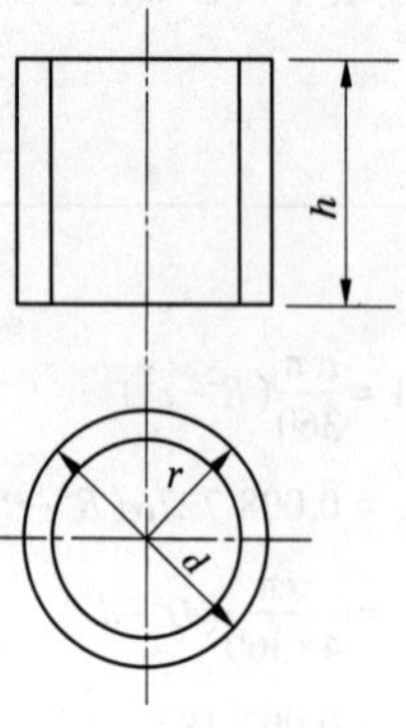	M = 内侧表面积+外侧表面积 $=2\pi h(r+r_1)$	$V=\pi h(r^2-r_1^2)$

续附表 2-19

名称	简图	计算公式	
		表面积 S、侧表面积 M	体积 V
斜体截圆柱	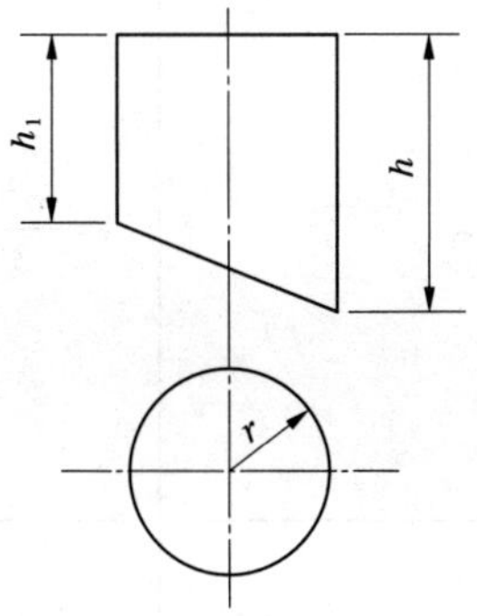	$M=\pi r(h+h_1)$	$V=\frac{\pi r^2(h+h_1)}{2}$
正六角柱	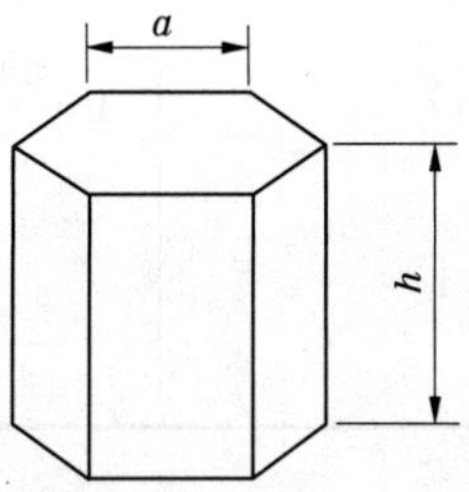	$S=5.196\ 2a^2+6ah$	$V=25\ 981a^2h$
正方角锥台	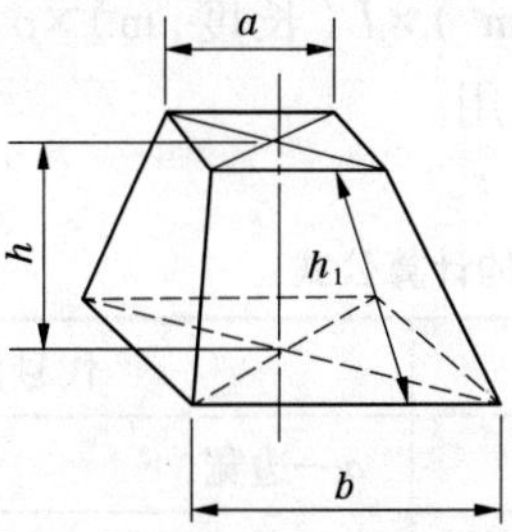	$S=a^2+b^2+2(a+b)h_1$	$V=\frac{(a^2+b^2+ab)h}{3}$
球	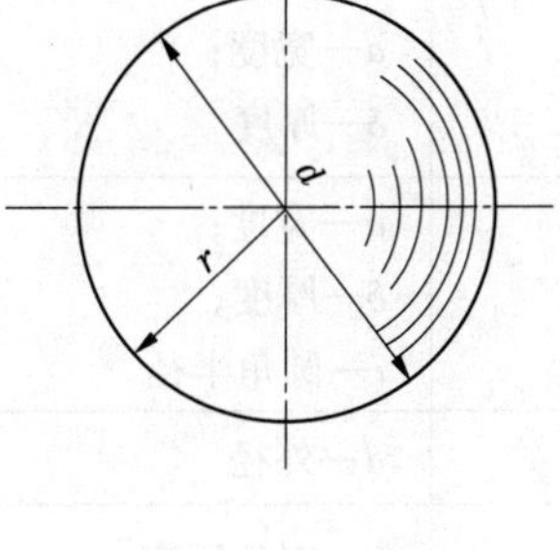	$S=4\pi r^2=\pi d^2$	$V=\frac{4\pi r^3}{3}=\frac{\pi d^3}{6}$

续附表 2-19

名称	简图	计算公式	
		表面积 S、侧表面积 M	体积 V
圆锥	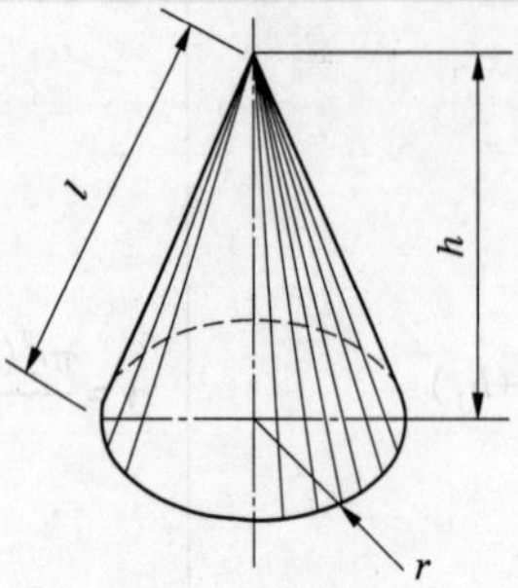	$M=\pi d=\pi\sqrt{r^2+h^2}$	$V=\dfrac{\pi r^2 h}{3}$
接头圆锥	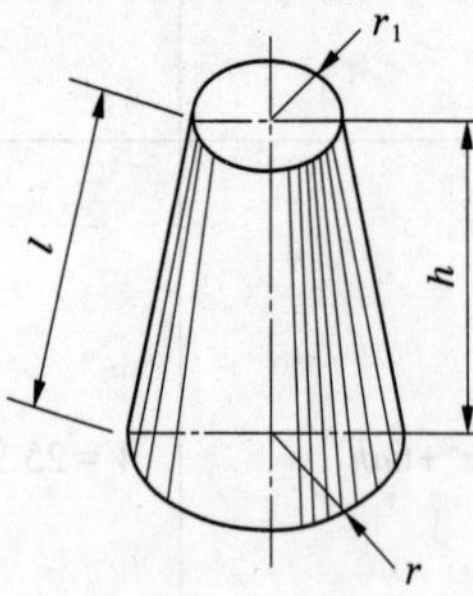	$M=\pi l(r+r_1)$	$V=\dfrac{\pi h(r^2+r_1^2+r_1 r)}{3}$

(3)常用型材理论质量计算公式。

①基本公式。m(质量,kg)= F(截面面积,mm^2)×L(长度,m)×ρ(密度,g/cm^3)×1/1 000,型材制造中允许偏差值,该公式仅作估算之用。

②常用钢材截面面积计算公式,见附表 2-20。

附表 2-20 钢材截面面积的计算公式

钢材类型	计算公式	代号说明
方钢	$F=a^2$	a—边宽
圆角方钢	$F=a^2-0.858\ 4r^2$	a—边宽; r—圆角半径
钢板、扁钢、带钢	$F=a\delta$	a—宽度; δ—厚度
圆角扁钢	$F=a\delta-0.858\ 4r^2$	a—宽度; δ—厚度; r—圆角半径
圆钢、圆盘条、钢丝	$F=0.785\ 4d^2$	d—外径
六角钢	$F=0.866a^2=2.598s^2$	a—对边距离; s—边宽
八角钢	$F=0.828\ 4a^2=4.828\ 4s^2$	

续附表 2-20

<table>
<tr><th>钢材类型</th><th>计算公式</th><th>代号说明</th></tr>
<tr><td>钢管</td><td>$F=3.141\ 6\delta(D-\delta)$</td><td>$D$—外径；
δ—壁厚</td></tr>
<tr><td>等边角钢</td><td>$F=d(2b-d)+0.214\ 6(r^2-2r_1^2)$</td><td>$d$—边厚；
b—边宽；
r—内面圆角半径；
r_1——端边圆角半径</td></tr>
<tr><td>不等边角钢</td><td>$F=d(B+b-d)+0.214\ 6(r^2-2r_1^2)$</td><td>$d$—边厚；
B—长边宽；
b—短边宽；
r—内面圆角半径；
r_1——端边圆角半径</td></tr>
<tr><td>工字钢</td><td>$F=hd+2t(b-d)+0.858\ 4(r^2-2r_1^2)$</td><td rowspan="2">$h$—高度；
b—腿宽；
d—腰高；
t—平均腿厚；
r—内面圆角半径；
r_1——端边圆角半径</td></tr>
<tr><td>槽钢</td><td>$F=hd+2t(b-d)+0.429\ 2(r^2-2r_1^2)$</td></tr>
</table>

附录三　常用水利水电工程材料的验收方法及符合性判断

一、水泥

水泥进场时应对其品种、强度等级、包装或散装仓号、出厂日期进行检查，并对其强度、安定性、标准稠度用水量、凝结时间及其他必要的性能指标进行复验。其质量指标必须符合现行国家标准《通用硅酸盐水泥》(GB 175)等的规定。

(一)水泥的检验项目、取样数量及试验方法

水泥的检验项目、取样数量及试验方法见附表3-1。

附表3-1　检验项目、取样数量及试验方法

序号	检验项目	取样数量	取样部位	试验方法
1	细度	袋装水泥：每1/10编号从一袋中取至少6 kg 散装水泥：每1/10编号在5 min内取至少6 kg	插入水泥一定深度	GB/T 1345
2	标准稠度及其用水量			GB/T 1346
3	凝结时间			
4	体积安定性			
5	水泥的强度			GB/T 17671
6	水化热			GB/T 12959
7	比表面积			GB/T 8074
8	氯离子			JC/T 420
9	不溶物、烧失量、氧化镁、三氧化硫和碱含量			GB/T 176

(二)通用硅酸盐水泥技术要求

1.化学指标

通用硅酸盐水泥的化学指标见附表3-2。

2.碱含量

当用于混凝土中的水泥碱含量过高，骨料又具有一定的活性时，会发生有害的碱骨料反应。国家标准规定：若使用活性骨料，用户要求提供低碱水泥时，水泥中碱含量不得大于0.6%或由买卖双方商定。

3. 物理指标

1)凝结时间

硅酸盐水泥初凝时间不小于45 min，终凝时间不大于390 min。

附表 3-2　通用硅酸盐水泥的化学指标　　(%)

品种	代号	不溶物（质量分数）	烧失量（质量分数）	三氧化硫（质量分数）	氧化镁（质量分数）	氯离子（质量分数）
硅酸盐水泥	P.Ⅰ	≤0.75	≤3.0	≤3.5	≤5.0[a]	≤0.06[c]
	P.Ⅱ	≤1.5	≤3.5			
普通硅酸盐水泥	P.O	—	≤5.0			
矿渣硅酸盐水泥	P.S.A	—	—	≤4.0	≤6.0[b]	
	P.S.B	—	—		—	
火山灰质硅酸盐水泥	P.P	—	—	≤3.5	—	
粉煤灰硅酸盐水泥	P.F	—	—		≤6.0[b]	
复合硅酸盐水泥	P.C	—	—			

注：1.如果水泥压蒸试验合格，则水泥中氧化镁的含量（质量分数）允许放宽至6.0%。

2.如果水泥中氧化镁的含量（质量分数）大于6.0%，需进行水泥压蒸安定性试验并合格。

3.当有更低要求时，该指标由买卖双方协商确定。

普通硅酸盐水泥、矿渣硅酸盐水泥、火山灰质硅酸盐水泥、粉煤灰质硅酸盐水泥和复合硅酸盐水泥初凝时间不小于45 min，终凝时间不大于600 min。

2）安定性

煮沸法合格。

3）细度

硅酸盐水泥和普通硅酸盐水泥的细度以比表面积表示，其比表面积不小于300 m^3/kg；矿渣硅酸盐水泥、火山灰质硅酸盐水泥、粉煤灰硅酸盐水泥和复合硅酸盐水泥的细度以筛余表示，其80 μm方孔筛筛余不大于10%或45 μm方孔筛筛余不大于30%。

4）强度

不同品种、不同强度等级的通用硅酸盐水泥，其不同龄期的强度应符合附表3-3的规定。

附表 3-3　通用硅酸盐水泥各强度等级各龄期强度值

品种	强度等级	抗压强度（MPa）		抗折强度（MPa）	
		3 d	28 d	3 d	28 d
硅酸盐水泥	42.5	≥17.0	≥42.5	≥3.5	≥6.5
	42.5R	≥22.0	≥42.5	≥4.0	≥6.5
	52.5	≥23.0	≥52.5	≥4.0	≥7.0
	52.5R	≥27.0	≥52.5	≥5.0	≥7.0
	62.5	≥28.0	≥62.5	≥5.0	≥8.0
	62.5R	≥32.0	≥62.5	≥5.5	≥8.0

续附表 3-3

品种	强度等级	抗压强度(MPa)		抗折强度(MPa)	
		3 d	28 d	3 d	28 d
普通硅酸盐水泥	42.5	≥17.0	≥42.5	≥3.5	≥6.5
	42.5R	≥22.0		≥4.0	
	52.5	≥23.0	≥52.5	≥4.0	≥7.0
	52.5R	≥27.0		≥5.0	
矿渣硅酸盐水泥、火山灰质硅酸盐水泥、粉煤灰硅酸盐水泥、复合硅酸盐水泥	32.5	≥10.0	≥32.5	≥2.5	≥5.5
	32.5R	≥15.0		≥3.5	
	42.5	≥15.0	≥42.5	≥3.5	≥6.5
	42.5R	≥19.0		≥4.0	
	52.5	≥21.0	≥52.5	≥4.0	≥7.0
	52.5R	≥23.0		≥4.5	

注:R—早强型。

(三)水泥的外观检验

水泥进场时,必须有出厂合格证或进场试验报告,并应对品种、强度等级、包装(或散装仓号)、出厂日期等进行检查验收。验收要求如下:

(1)水泥袋上应清楚标明执行标准、水泥品种、代号、净含量、强度等级、生产者名称、生产许可证标志及编号、出厂编号、包装日期。包装袋两侧应根据水泥品种采用不同颜色印刷水泥名称和强度等级:硅酸盐水泥和普通硅酸盐水泥采用红色;矿渣硅酸盐水泥采用绿色;火山灰质硅酸盐水泥、粉煤灰硅酸盐水泥和复合硅酸盐水泥采用黑色或蓝色。

(2)掺火山灰质混合材料的普通硅酸盐水泥还应标上“掺火山灰”字样,散装水泥应提交与袋标志相同内容的卡片与散装仓号,设计有特殊要求时,应检查是否与设计要求相符。

(3)水泥试验应用同一水泥厂、同品种、同强度等级、同一生产时间、同一进场日期的水泥,袋装水泥 200 t 为一验收批。当不足 200 t 时,按一验收批计算。

(4)每一验收批取样一组,数量为 12 kg。抽查水泥的质量是否符合规定。绝大部分水泥每袋净重为(50±1)kg,但以下品种的水泥每袋净重稍有不同。

①砌筑水泥每袋净重为(40±1)kg。

②快凝快硬硅酸盐水泥每袋净重为(45±1)kg。

③硫铝酸盐早强水泥每袋净重为(46±1)kg。

产品合格证检查:检查产品合格证的品种及强度等级等指标是否符合要求,进货品种同合格证是否相符。

(四)水泥的质量检验

水泥的实物质量等级应符合附表 3-4 的要求。

附表 3-4　水泥的实物质量等级

<table>
<tr><td rowspan="3" colspan="3">项目</td><td colspan="5">质量等级</td></tr>
<tr><td colspan="2">优等品</td><td colspan="2">一等品</td><td>合格品</td></tr>
<tr><td>硅酸盐水泥、普通硅酸盐水泥</td><td>矿渣硅酸盐水泥、火山灰质硅酸盐水泥、粉煤灰硅酸盐水泥、复合硅酸盐水泥</td><td>硅酸盐水泥、普通硅酸盐水泥</td><td>矿渣硅酸盐水泥、火山灰质硅酸盐水泥、粉煤灰硅酸盐水泥、复合硅酸盐水泥</td><td>硅酸盐水泥、普通硅酸盐水泥、矿渣硅酸盐水泥、火山灰质硅酸盐水泥、粉煤灰硅酸盐水泥、复合硅酸盐水泥</td></tr>
<tr><td rowspan="3">抗压强度</td><td colspan="2">3 d,≥</td><td>24.0 MPa</td><td>24.0 MPa</td><td>22.0 MPa</td><td>17.0 MPa</td><td rowspan="4">符合通用水泥各品种的技术要求</td></tr>
<tr><td rowspan="2">28 d</td><td>≥</td><td>48.0 MPa</td><td>48.0 MPa</td><td>46.0 MPa</td><td>38.0 MPa</td></tr>
<tr><td>≤</td><td>$1.1\overline{R}$</td><td>$1.1\overline{R}$</td><td>$1.1\overline{R}$</td><td>$1.1\overline{R}$</td></tr>
<tr><td colspan="3">终凝时间(min),≤</td><td>300</td><td>330</td><td>360</td><td>420</td></tr>
<tr><td colspan="3">氯离子含量(%),≤</td><td colspan="5">0.06</td></tr>
</table>

注:$\overline{R}$ 表示同品牌同强度等级水泥 28 d 抗压强度上月平均值,至少以 20 个编号平均,不足 20 个编号时,可 2 个月或 3 个月合并计算。对于 62.5(含 62.5)以上水泥,28 d 抗压强度不大于 $1.1\overline{R}$ 的要求不做规定。

(五)水泥的数量检验

袋装水泥在车上或卸入仓库后点袋计数,同时对水泥实行抽检,以防每袋质量不足。袋破的要灌袋计数并过秤,防止质量不足而影响混凝土和砂浆强度而造成质量事故。罐车运送的散装水泥,可按出厂秤码单计量净重,但要注意卸车时要卸净,检查的方法是看罐车上的压力表是否为零,以及拆下的泵管是否有水泥。压力表为零、管口无水泥即表明卸净,对怀疑质量不足的车辆,可采取单独存放,进行检查。

水泥的数量验收根据国家标准的规定进行。国家标准规定:袋装水泥每袋净含量 50 kg,且不得少于标志质量的 98%。随机抽取 20 袋总质量不得少于 1 000 kg。

二、钢材

(一)钢材的现场验收

1.现场验收的基本原则

钢材验收的基本原则如附表 3-5 所示。

2.现场验收要点

(1)当钢材的表面有锈蚀、麻点或划痕等缺陷时,其深度不得大于该钢材厚度允许偏差值的 1/2。

(2)钢材表面的锈蚀等级应符合现行国家标准《涂覆涂料前钢材表面处理表面清洁度的目视评定　第 1 部分:未涂覆过的钢材表面和全面清除原有涂层后的钢材表面的锈蚀等级和处理等级》(GB/T 8923.1)规定的 C 级及 C 级以上。

附表 3-5　钢材验收的基本原则

序号	原则	主要内容
1	订货和发货资料要与实物一致	检查发货码单与质量证明书内容是否与建筑钢材标牌标志上的内容相符
2	检查包装	除大中型型钢外,不论是钢筋还是型钢,都应成捆交货,每捆必须用钢带、盘条或铁丝均匀捆扎结实,端面要平齐,不得有异类钢材混装现象
3	对建筑钢材质量证明书内容审核	质量证明书字迹要清楚,证明书中应注明:供方名称或厂标;需方名称;发货日期;标准号及水平等级;合同号;牌号;炉罐(批)号、加工用途、交货状态、质量、支数或件数;标准中所规定的各项试验结果(包括参考性指标);品种名称、规格尺寸(型号)和级别;技术监督部门印记等

(3)钢材端边或断口处不应有分层、夹渣等缺陷。钢筋应平直、无损伤,表面不得有裂纹、油污、颗粒状或片状老锈。钢板厚度及允许偏差应符合其产品标准的要求。型钢的规格尺寸及允许偏差应符合其产品标准的要求。

(4)现场钢材数量验收,可通过称重、点件、检尺换算等几种方式验收。验收中应注意的是,称重验收可能产生误差,其误差在国家标准允许范围内,即签认送货单数量;若量差超过国家标准允许范围,则应找有关部门解决。检尺换算所得质量与称重所得质量会产生误差,特别是国产钢材其误差量可能较大。因此,供需双方应统一验收方法,当现场数量检测确实有困难时,可到供料单位监磅发料,保证进场材料数量准确。

(二)质量验收

钢材的品种、规格、性能等应符合现行国家产品标准和设计要求。

1.碳素结构钢和低合金结构钢热轧钢板和钢带

(1)检验项目、试样数量及试验方法见附表 3-6。

附表 3-6　检验项目、试样数量及试验方法

序号	检验项目	取样数量	取样方法	试验方法
1	化学成分	1 个/每炉	GB/T 20066	符合 GB/T 700、GB/T 1591 的规定
2	拉伸试验	1 个/批		GB/T 228.1
3	弯曲试验	1 个/批	GB/T 2975	GBT 232
4	冲击试验	3 个/批		GB/T 229
5	表面质量	逐张/逐卷	—	目视
6	尺寸、外形	逐张/逐卷	—	适宜的量具

(2)碳素结构钢拉伸试验及冷弯试验要求见附表 3-7、附表 3-8。

(3)低合金高强度结构钢拉伸试验要求。

低合金高强度结构钢的强度等级有 Q345、Q390、Q420、Q460、Q500、Q550、Q620 和 Q690。钢的强度等级仍采用钢材厚度(或直径)≤16 mm 时的屈服点数值。

低合金高强度结构钢有 A、B、C、D、E 五个质量等级。前四个等级的要求与碳素结构钢的相同,等级 E 则要求-40 ℃时的冲击韧性。A 级钢应进行冷弯试验,对于其他质量等级钢,如供方能保证弯曲试验结果符合规定要求,则可不做检验。

拉伸试验的性能应符合附表 3-9 的规定。

附表 3-7　碳素结构钢的拉伸试验要求

牌号	等级	屈服强度 R_{eH}(N/mm^2),不小于						抗拉强度 R_m(N/mm^2)	断后伸长率 A(%),不小于					冲击试验(V 形缺口)	
		厚度(或直径)(mm)							厚度(或直径)(mm)						
		≤16	16~40	40~60	60~100	100~150	150~200		≤40	40~60	60~100	100~150	150~200	温度(℃)	冲击吸收功(纵向)(J),不小于
Q195	—	195	185	—	—	—	—	315~430	33	—	—	—	—		
Q215	A	215	205	195	185	175	165	335~450	31	30	29	27	26		
	B													+20	27
Q235	A	235	225	215	215	195	185	370~500	26	25	24	22	21	—	—
	B													+20	27
	C													0	
	D													-20	
Q275	A	275	265	255	245	225	215	410~540	22	21	20	18	17	—	—
	B													+20	27
	C													0	
	D													-20	

注:1.Q195 的屈服强度值仅供参考,不作交货条件。

2.厚度大于 100 mm 的钢材,抗拉强度下限允许降低 20 N/mm^2。宽带钢(包括剪切钢板)抗拉强度上限不作交货条件。

3.厚度小于 25 mm 的 Q235B 级钢材,如供方能保证冲击吸收功值合格,经需方同意,可不做检验。

附表 3-8　碳素结构钢的弯曲试验要求

牌号	试样方向	冷弯试验 180° $B=2a$①	
		钢材厚度(或直径)②(mm)	
		≤60	60~100
		弯心直径 d	
Q195	纵	0	—
	横	0.5a	
Q215	纵	0.5a	1.5a
	横	a	2a
Q235	纵	a	2a
	横	1.5a	2.5a
Q275	纵	1.5a	2.5a
	横	2a	3a

注:①B 为试样宽度,a 为试样厚度(或直径)。

②钢材厚度(或直径)大于 100 mm 时,弯曲试验由双方协商确定。

附表 3-9 低合金高强度结构钢的拉伸试验的性能

牌号	质量等级	拉伸试验 a,b,c																					
		以下公称厚度(直径,边长)下屈服强度(R_{aL})(MPa)									以下公称厚度(直径,边长)下屈服强度(R_m)(MPa)							断后伸长率(A)(%)公称厚度(直径,边长)					
		≤16 mm	16~40 mm	40~63 mm	63~80 mm	80~100 mm	100~150 mm	150~200 mm	200~250 mm	250~400 mm	≤40 mm	40~63 mm	63~80 mm	80~100 mm	100~150 mm	150~250 mm	250~400 mm	≤40 mm	40~63 mm	63~100 mm	100~150 mm	150~250 mm	250~400 mm
Q345	A	≥345	≥335	≥325	≥315	≥305	≥285	≥275	≥265	—	470~630	470~630	470~630	470~630	450~600	450~600	—	≥20	≥19	≥19	≥18	≥17	—
	B																						
	C																						
	D									≥265							450~600	≥21	≥20	≥20	≥19	≥18	≥17
	E																						
Q390	A	≥390	≥370	≥350	≥330	≥330	≥310	—	—	—	490~650	490~650	490~650	490~650	470~620	—	—	≥20	≥19	≥19	≥18	—	—
	B																						
	C																						
	D																						
	E																						
Q420	A	≥420	≥400	≥380	≥360	≥360	≥340	—	—	—	520~680	520~680	520~680	520~680	500~650	—	—	≥19	≥18	≥18	≥18	—	—
	B																						
	C																						
	D																						
	E																						
Q460	C	≥460	≥440	≥420	≥400	≥400	≥380	—	—	—	550~720	550~720	550~720	550~720	530~700	—	—	≥17	≥16	≥16	≥16	—	—
	D																						
	E																						

续附表 3-9

牌号	质量等级	拉伸试验 a,b,c																					
		以下公称厚度(直径,边长)下屈服强度(R_{eL})(MPa)									以下公称厚度(直径,边长)下屈服强度(R_m)(MPa)							断后伸长率(A)(%)公称厚度(直径,边长)					
		≤16 mm	16~40 mm	40~63 mm	63~80 mm	80~100 mm	100~150 mm	150~200 mm	200~250 mm	250~400 mm	≤40 mm	40~63 mm	63~80 mm	80~100 mm	100~150 mm	150~250 mm	250~400 mm	≤40 mm	40~63 mm	63~100 mm	100~150 mm	150~250 mm	250~400 mm
Q500	C																						
	D	≥500	≥480	≥470	≥450	≥400	—	—	—	—	610~770	600~760	590~750	540~730	—	—	—	≥17	≥17	≥17	—	—	—
	E																						
Q550	C																						
	D	≥550	≥530	≥520	≥500	≥490	—	—	—	—	670~830	620~810	600~790	590~780	—	—	—	≥16	≥16	≥16	—	—	—
	E																						
Q620	C																						
	D	≥620	≥600	≥590	≥570	—	—	—	—	—	710~880	690~880	670~860	—	—	—	—	≥15	≥15	≥15	—	—	—
	E																						
Q690	C																						
	D	≥690	≥670	≥660	≥640	—	—	—	—	—	770~940	750~920	730~900	—	—	—	—	≥14	≥14	≥14	—	—	—
	E																						

注: a 当屈服不明显时,可测量 $R_{p0.2}$ 代替屈服强度。

b 宽度不小于 600 mm 扁平材,拉伸试验取横向试样,宽度小于 600 mm 的扁平材、型材及棒材取纵向试样,断后伸长率最小值相应提高 1%(绝对值)。

c 厚度在 250~400 mm 的数值适用于扁平材。

2. 型钢

型钢在水利水电工程施工中主要用于承重结构，通过各种形式和不同规格的型钢组成自重轻、承载力大、外形美观的钢结构。钢结构常用的型钢有角钢、工字钢、槽钢等。

(1) 检验项目、试样数量及试验方法见附表 3-10。

附表 3-10　检验项目、试样数量及试验方法

序号	检验项目	取样数量	取样方法	试验方法
1	化学成分(熔炼分析)	按相应牌号标准的规定		
2	位伸试验	1 个/批	GB/T 2975	GB/T 228.1
3	弯曲试验	1 个/批		GB/T 232
4	冲击试验	3 个/批		GB/T 229
5	表面质量	逐根	—	目视、量具
6	尺寸、外形	逐根	—	量具
7	重量偏差	同一尺寸且质量超过 1 t 或不大于 1 t，但根数大于 10 根		称重

注：工字钢、槽钢在腰部取样。

(2) 型钢的尺寸、外形及允许偏差应符合附表 3-11、附表 3-12 的规定。根据需方要求，型钢的尺寸、外形及允许偏差也可按照供需双方协议规定。

附表 3-11　工字钢和槽钢尺寸、外形及允许偏差

项目		允许偏差	图示
高度(h)	$h<100$	±1.5	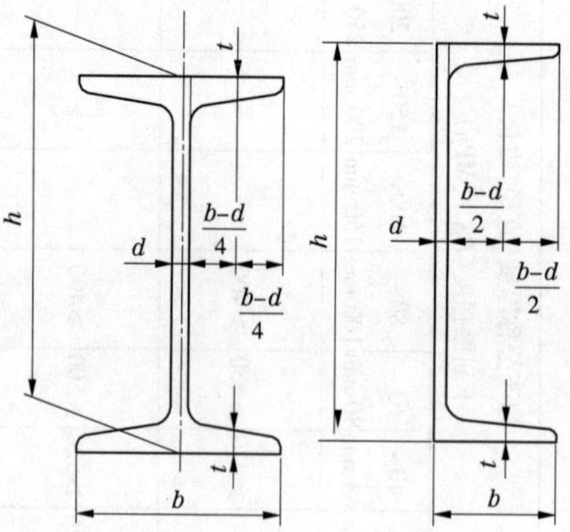
	$100\leq h<200$	±2.0	
	$200\leq h<400$	±3.0	
	$h\geq 400$	±4.0	
腿宽度(b)	$h<100$	±1.5	
	$100\leq h<150$	±2.0	
	$150\leq h<200$	±2.5	
	$200\leq h<300$	±3.0	
	$300\leq h<400$	±3.5	
	$h\geq 400$	±4.0	
腰厚度(d)	$h<100$	±0.4	
	$100\leq h<200$	±0.5	
	$200\leq h<300$	±0.7	
	$300\leq h<400$	±0.8	
	$h\geq 400$	±0.9	

续附表 3-11

<table>
<tr><th colspan="2">项目</th><th colspan="2">允许偏差</th><th>图示</th></tr>
<tr><td colspan="2">外缘斜度
(T_1、T_2)</td><td colspan="2">T_1、$T_2 \leqslant 1.5\%b$
$T_1+T_2 \leqslant 2.5\%b$</td><td>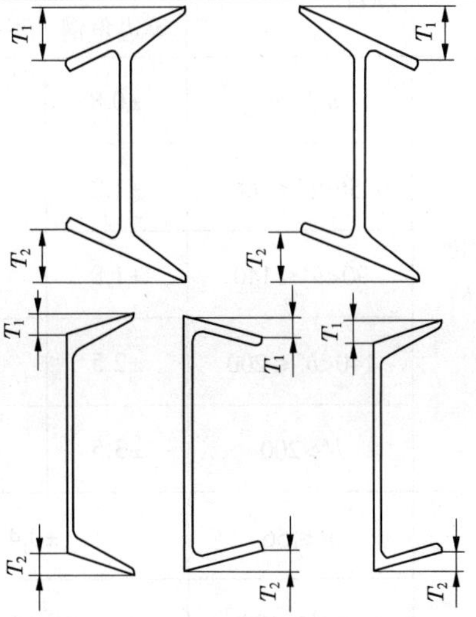</td></tr>
<tr><td colspan="2">弯腰挠度
(W)</td><td colspan="2">$W \leqslant 0.15d$</td><td>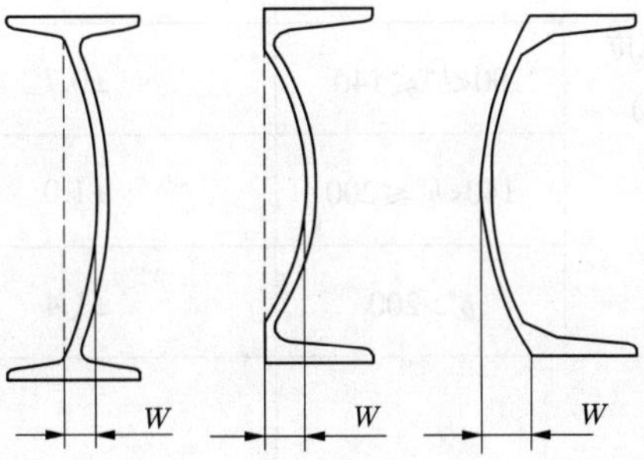</td></tr>
<tr><td colspan="2" rowspan="2">弯曲度</td><td>工字钢</td><td>每米弯曲度≤2 mm，总弯曲度≤总长度的 0.20%</td><td rowspan="2">适用于上下、左右大弯曲</td></tr>
<tr><td>槽钢</td><td>每米弯曲度≤3 mm，总弯曲度≤总长度的 0.30%</td></tr>
<tr><td rowspan="6">中心偏差
(S)</td><td rowspan="6">工字钢</td><td>$h<100$</td><td>±1.5</td><td rowspan="6">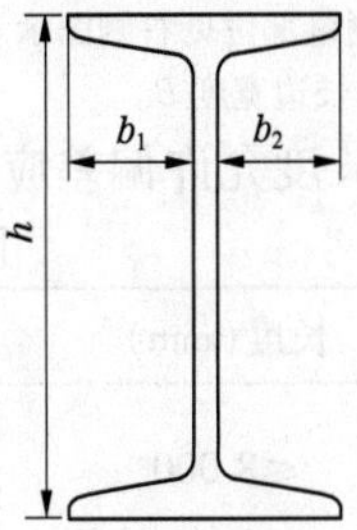$S=(b_1-b_2)/2$</td></tr>
<tr><td>$100 \leqslant h<150$</td><td>±2.0</td></tr>
<tr><td>$150 \leqslant h<200$</td><td>±2.5</td></tr>
<tr><td>$200 \leqslant h<300$</td><td>±3.0</td></tr>
<tr><td>$300 \leqslant h<400$</td><td>±3.5</td></tr>
<tr><td>$h \geqslant 400$</td><td>±4.0</td></tr>
</table>

注：尺寸和形状的测量部位见图示。

附表 3-12 角钢尺寸、外形及允许偏差

项目		允许偏差		图示
		等边角钢	不等边角钢	
边宽度（B,b）	*b*[a]≤56	±0.8	±0.8	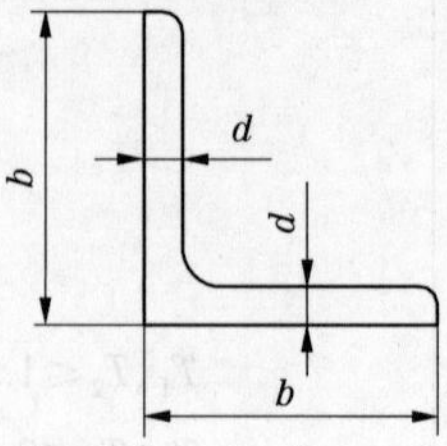
	56<*b*[a]≤90	±1.2	±1.5	
	90<*b*[a]≤140	±1.8	±2.0	
	140<*b*[a]≤200	±2.5	±2.5	
	b[a]>200	±3.5	±3.5	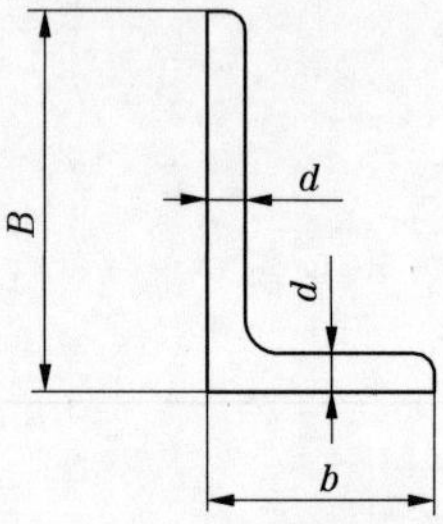
边厚度（d）	*b*[a]≤56	±0.4		
	56<*b*[a]≤90	±0.6		
	90<*b*[a]≤140	±0.7		
	140<*b*[a]≤200	±1.0		
	b[a]>200	±1.4		
顶端直角		$\alpha \leqslant 50'$		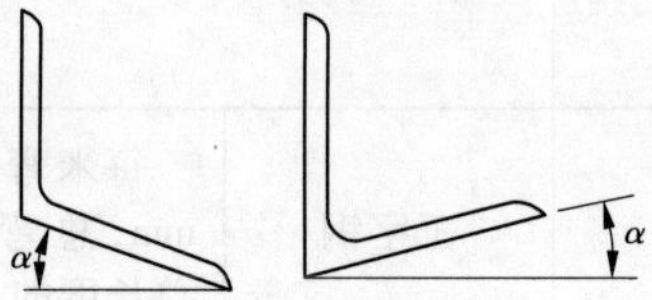
弯曲度		每米弯曲度≤3 mm，总弯曲度≤总长度的0.30%		适用于上下、左右大弯曲

注：尺寸和形状的测量部位见右侧图示。

a.不等边角钢按长边宽度 B。

（3）型钢的长度允许偏差应符合附表 3-13 的规定。

附表 3-13 型钢的长度允许偏差

长度（mm）	允许偏差（mm）
≤8 000	+50 0
>8 000	+80 0

(4)型钢的质量及允许偏差。

型钢应按理论质量交货,理论质量按密度为7.85 g/cm³计算,经供需双方协商并在合同中注明,亦可按实际质量交货。

型钢质量允许偏差应不超过±5%。质量偏差(%)按式(附2-1)计算。质量允许偏差适用于同一尺寸且质量超过1 t的一批,当一批同一尺寸的质量不大于1 t但根数大于10根时也适用。

$$质量偏差 = \frac{实际质量 - 理论质量}{理论质量} \times 100\% \qquad (附2\text{-}1)$$

3.钢筋和钢丝

钢筋混凝土结构中常用的钢材有钢筋和钢丝(包括钢绞线)两类。直径在6 mm以上者称为钢筋,直径在5 mm以内者称为钢丝。

1)热轧光圆钢筋

热轧光圆钢筋,横截面为圆形,表面光圆。其牌号由HPB+屈服强度特征值构成。热轧光圆钢筋的塑性及焊接性能很好,但强度较低,故广泛用于钢筋混凝土结构的构造筋。

(1)热轧光圆钢筋检验项目、试样数量及试验方法见附表3-14。

附表3-14　热轧光圆钢筋检验项目、试样数量及试验方法

序号	检验项目	取样数量	取样方法	试验方法
1	化学成分(熔炼分析)	1个/每炉	GB/T 20066	GB/T 223 GB/T 4336
2	位伸试验	2个/批	任取两根钢筋切取	GB/T 228.1
3	弯曲试验	2个/批	任取两根钢筋切取	GB/T 232
4	尺寸	逐支(盘)	—	GB/T 1499.1
5	表面	逐支(盘)	—	目视
6	重量偏差	GB/T 1499.1		GB/T 1499.1

(2)组批规则。钢筋应按批进行检查和验收,每批由同一牌号、同一炉(批)号、同一规格的钢筋组成,每批质量通常不大于60 t,超过部分不足60 t的需再做一检验批。

2)热轧带肋钢筋

热轧带肋钢筋通常为圆形横截面,且表面通常带有两条纵肋和沿长度方向均匀分布横肋。其牌号由HRB+屈服强度特征值构成。热轧带肋钢筋的延性、可焊性、机械连接性能和锚固性能均较好,且其400 MPa、500 MPa级钢筋的强度高,因此HRB400、HRBF400、HRB500、HRBF500钢筋是混凝土结构的主导钢筋,实际工程中主要用作结构构件中的受力主筋、箍筋等。

(1)检验项目、试样数量及试验方法见附表3-15。

附表 3-15 检验项目、试样数量及试验方法

序号	检验项目	取样数量	取样方法	试验方法
1	化学成分 (熔炼分析)	1个/每炉	GB/T 20066	GB/T 223 GB/T 4336
2	位伸试验	2个/批	任取两根钢筋切取	GB/T 228.1 GB/T 1499.2
3	弯曲试验	2个/批	任取两根钢筋切取	GB/T 232 GB/T 1499.2
4	反向弯曲	1/批		YB/T 5126 GB/T 1499.2
5	疲劳试验	供需双方协议		
6	尺寸	逐支	—	GB/T 1499.2
7	表面	逐支	—	目视
8	重量偏差	GB/T 1499.2		GB/T 1499.2
9	晶粒度	2个/批	任取两根钢筋切取	GB/T 6394

(2)组批规则。

钢筋应按批进行检查和验收，每批由同一牌号、同一炉(批)号、同一规格的钢筋组成，每批质量通常不大于60 t，超过部分不足60 t的需再做一检验批。

3)预应力混凝土用钢丝

钢丝按加工状态分为冷拉钢丝和消除应力钢丝两类。钢丝按外形分为光圆钢丝、螺旋肋钢丝、刻痕钢丝三种。预应力钢丝的抗拉强度比钢筋混凝土用热轧光圆钢筋、热轧带肋钢筋高很多，在构件中采用预应力钢丝可节省钢材、减少构件截面和节省混凝土。预应力钢丝主要用于桥梁、吊车梁、大跨度屋架和管桩等预应力钢筋混凝土构件中。

(1)检验项目、取样数量及试验方法见附表3-16。

(2)组批规则。

钢丝应成批检查和验收，每批钢丝由同一牌号、同一规格、同一加工状态的钢丝组成，每批质量不大于60 t。

三、土料

(一)外观验收

土料外观验收时，应看有无其他杂质，有无结块，含水率是否符合要求。

(二)质量验收

检验土料的液塑限、颗粒级配、最大干密度、最优含水率等数据，以土料界限含水率、颗粒分析、击实试验检测报告为凭证。土料取样验收与判定见附表3-17。

附表 3-16　检验项目、取样数量及试验方法

序号	检验项目	取样数量	取样部位	试验方法
1	表面	逐盘	—	目视
2	外形尺寸	逐盘	—	GB/T 5223
3	消除应力钢丝伸直性	3 根/批	在每(任一)盘中任意一端截取	用分度值为 1 mm 的量具测量
4	重量偏差	3 根/批	在每(任一)盘中任意一端截取	GB/T 5223
5	最大力	3 根/批	在每(任一)盘中任意一端截取	GB/T 5223
6	0.2%屈服力 $F_{P0.2}$	3 根/批	在每(任一)盘中任意一端截取	GB/T 5223
7	最大力总伸长率	3 根/批	在每(任一)盘中任意一端截取	GB/T 5223
8	断面收缩率	3 根/批	在每(任一)盘中任意一端截取	GB/T 5223
9	反复弯曲	3 根/批	在每(任一)盘中任意一端截取	GB/T 5223
10	弯曲	3 根/批	在每(任一)盘中任意一端截取	GB/T 5223
11	扭转	3 根/批	在每(任一)盘中任意一端截取	GB/T 5223
12	镦头强度	3 根/批	在每(任一)盘中任意一端截取	GB/T 5223
13a	弹性模量	3 根/批	在每(任一)盘中任意一端截取	GB/T 5223
14b	应力松弛性能	不少于 1 根/每合同批	在每(任一)盘中任意一端截取	GB/T 5223
15b	氢脆敏感性（压力管道用冷拉钢丝）	不少于 9 根/每合同批	在每(任一)盘中任意一端截取	GB/T 5223

注：1.当需方要求时测定。

2.合同批为一个订货合同的总量。在特殊情况下，可以由工厂连续检验提供同一种原料、同一生产工艺的数据代替。

附表 3-17　土料取样验收与判定

序号	项目	说明
1	取样原则	凡属桥梁、涵洞、隧道、挡土墙、房屋建筑物的天然地基以及挖方边坡、渠道等，应采取原状土样；如为填土路基、堤坝、取土坑(场)或只要求土的分类试验者，可采取扰动土样。冻土采取原状土样时，应保持原土样温度，保持土样结构和含水率不变。土样数量按相应试验项目规定采取
2	合格判定	按要求对土样进行界限含水率、颗粒分析、击实等试验，结果满足施工设计参数要求即为合格，不满足则为不合格
3	验收	①土样运到试验单位，应主动附送试验委托书，委托书内各栏根据取样记录簿的存根填写清楚，若还有其他试验要求，可在委托书内注明。 ②试验单位在接到土样之后，即按照试验委托书清点土样，核对编号并检查所送土样是否满足试验项目的需要等。 ③土样清点验收后，即根据试验委托书登记于土样收发登记簿内，并将土样交负责试验人员妥善保存，按要求逐项进行试验

四、建筑用砂、石骨料

建筑中用粗骨料主要可以分为卵石和碎石。卵石是自然风化、水流搬运和分选、堆积形成的粒径大于4.75 mm的岩石颗粒。碎石是天然岩石或卵石经机械破碎、筛分制成的粒径大于4.75 mm的岩石颗粒。按照技术要求，卵石、碎石分为Ⅰ类、Ⅱ类、Ⅲ类。

砂按产源分为天然砂和人工砂。天然砂包括河砂、湖砂、山砂、淡化海砂，人工砂包括机制砂、混合砂。按照技术要求，砂分为Ⅰ类、Ⅱ类、Ⅲ类。

(一)外观验收

现场用石应检查其外观，形状以近似方块或棱角分明为好，且无风化石、石灰石等混入。

现场用砂应观看其颜色，砂颗粒应坚硬洁净，泥块、粉末含量不应超过3%~5%。例如，当外观颜色发灰黑时，手握成团，松开后出现粘连小块，说明含泥量过高。

(二)数量验收

砂、石的数量按运输工具不同、条件不同而采取量方及过磅计量等方法。数量验收方法参见第四章表4-15。

(三)质量验收

1.建筑用卵石、碎石

每批卵石和碎石进场时，应对其颗粒级配、含泥量、泥块含量及针片状含量进行验收。对重要工程或特别工程应根据工程要求，增加检测项目。卵石和碎石的相关指标应符合《建设用卵石、碎石》(GB/T 14685)中的相关规定。

(1)卵石、碎石颗粒级配应符合附表3-18的规定。

附表3-18 颗粒级配

公称粒级(mm)		累计筛余(%)											
		方孔筛(mm)											
		2.36	4.75	9.50	16.0	19.0	26.5	31.5	37.5	53.0	63.0	75.0	90
连续粒级	5~16	95~100	85~100	30~60	0~10	0							
	5~20	95~100	90~100	40~80	—	0~10	0						
	5~25	95~100	90~100	—	30~70	—	0~5	0					
	5~31.5	95~100	90~100	70~90	—	15~45	—	0~5	0				
	5~40		90~100	70~90	-0	30~65	—		0~5	0			
单位粒级	5~10	95~100	90~100	0~15	0~15								
	10~16		95~100	80~100									
	10~20		—	85~100	55~70	0~15	0						
	16~25		95~100	95~100	85~100	25~40	0~10						
	16~31.5							0~10	0				
	20~40			95~100		80~100			0~10	0			
	40~80					95~100			70~100		30~60	0~10	0

(2)含泥量和泥块含量。卵石、碎石的含泥量和泥块含量应符合附表3-19的规定。

附表 3-19　含泥量和泥块含量

项目	指标		
	Ⅰ类	Ⅱ类	Ⅲ类
含泥量(按质量计,%)	<0.5	<1.0	<1.5
泥块含量(按质量计,%)	0	<0.5	<0.7

(3)针、片状颗粒含量。卵石、碎石的针、片状颗粒含量应符合附表 3-20 的规定。

附表 3-20　针、片状颗粒含量

项目	指标		
	Ⅰ类	Ⅱ类	Ⅲ类
针、片状颗粒(按质量计,%),<	5	15	25

(4)有害物质含量。有害物质含量应符合附表 3-21 的规定。

附表 3-21　有害物质含量

项目	指标		
	Ⅰ类	Ⅱ类	Ⅲ类
有机物	合格	合格	合格
硫化物及硫酸盐(按 SO_3 质量计,%),<	0.5	1.0	1.0

(5)坚固性。采用硫酸钠溶液法进行试验,卵石和碎石的质量损失应符合附表 3-22 的规定。

附表 3-22　坚固性指标

项目	指标		
	Ⅰ类	Ⅱ类	Ⅲ类
质量损失(%),<	5	8	12

(6)强度。在水饱和状态下,其抗压强度火成岩应不小于 80 MPa,变质岩应不小于 60 MPa,水成岩应不小于 30 MPa。

(7)压碎指标。压碎指标应符合附表 3-23 的规定。

附表 3-23　压碎指标

项目	指标		
	Ⅰ类	Ⅱ类	Ⅲ类
碎石压碎指标(%),<	10	20	30
卵石压碎指标(%),<	12	16	16

(8)表观密度、连续级配松散堆积空隙率。

卵石、碎石表观密度、连续级配松散堆积空隙率应符合如下规定：

①表观密度大于 2 600 kg /m^3。

②连续级配松散堆积空隙率应符合附表 3-24 的规定。

附表 3-24　连续级配松散堆积空隙率

类别	Ⅰ	Ⅱ	Ⅲ
空隙率(%)	≤43	≤45	≤47

(9)吸水率。吸水率应符合附表 3-25 的规定。

附表 3-25　吸水率

类别	Ⅰ	Ⅱ	Ⅲ
吸水率(%)	≤1.0	≤2.0	≤2.0

(10)碱集料反应。经碱集料反应试验后，由卵石、碎石制备的试件无裂缝、酥裂胶体外溢等现象，在规定的试验龄期膨胀率应小于 0.10%。

(11)含水率和堆积密度。报告其实测值。

2.建筑用砂

天然砂的检验项目为颗粒级配、细度模数、松散堆积密度、含泥量、泥块含量以及云母含量。人工砂的检验项目为颗粒级配、细度模数、松散堆积密度、石粉含量(含亚甲蓝试验)、泥块含量、坚固性。砂的相关检验指标应符合《建设用砂》(GB/T 14684)中的相关规定。

(1)颗粒级配。砂的颗粒级配应符合附表 3-26 的规定，砂的级配类别应符合附表 3-27 的规定。

附表 3-26　颗粒级配

砂的分类	天然砂			机制砂		
级配区	1 区	2 区	3 区	1 区	2 区	3 区
方孔筛	累计筛余(%)					
4.75 mm	10~0	10~0	10~0	10~0	10~0	10~0
2.36 mm	35~5	25~0	15~0	35~5	25~0	15~0
1.18 mm	5~35	50~10	25~0	65~35	50~10	25~0
600 μm	85~71	70~41	40~16	85~71	70~41	40~16
300 μm	95~80	92~70	85~55	95~80	92~70	85~55
150 μm	100~90	100~90	100~90	97~85	94~80	94~75

附表 3-27　级配类别

类别	Ⅰ	Ⅱ	Ⅲ
级配区	2 区	1、2、3 区	

(2)砂的含泥量、石粉含量和泥块含量。天然砂的含泥量和泥块含量应符合附表 3-28 的规定。

附表 3-28　含泥量和泥块含量

类别	Ⅰ	Ⅱ	Ⅲ
含泥量(按质量计,%)	≤1.0	≤3.0	≤5.0
泥块含量(按质量计,%)	0	≤1.0	≤2.0

机制砂 *MB* 值≤1.4 或快速法试验合格时,石粉含量和泥块含量应符合附表 3-29 的规定;机制砂 *MB* 值>1.4 或快速法试验不合格时,石粉含量和泥块含量应符合附表 3-30 的规定。

附表 3-29　石粉含量和泥块含量(砂 *MB* 值≤1.4 或快速法试验合格)

类别	Ⅰ	Ⅱ	Ⅲ
MB 值	≤0.5	≤1.0	≤1.4 或合格
石粉含量(按质量计,%)	≤10		
泥块含量(按质量计,%)	0	≤1.0	≤2.0

注:此指标根据使用地区和用途,经试验验证,可由供需双方协商确定。

附表 3-30　石粉含量和泥块含量(砂 *MB* 值>1.4 或快速法试验不合格)

类别	Ⅰ	Ⅱ	Ⅲ
石粉含量(按质量计,%)	≤1.0	≤3.0	≤5.0
泥块含量(按质量计,%)	0	≤1.0	≤2.0

(3)有害物质。有害物质应符合附表 3-31 的规定。

附表 3-31　有害物质限量

类别	Ⅰ	Ⅱ	Ⅲ
云母(按质量计,%)	≤1.0	≤2.0	
轻物质(按质量计,%)	≤1.0		
有机物	合格		
硫化物及硫酸盐(按 SO_3 质量计,%)	≤0.5		
氯化物(以氯离子质量计,%)	≤0.01	≤0.02	≤0.06
贝壳(按质量计,%)	≤3.0	≤5.0	≤8.0

注:该指标仅适用于海砂,其他砂种不作要求。

(4)坚固性。采用硫酸钠溶液法进行试验,砂的质量损失应符合附表 3-32 的规定。

附表 3-32　坚固性指标

类别	Ⅰ	Ⅱ	Ⅲ
质量损失(%)	≤8		≤10

压碎指标应满足附表 3-33 的规定。

附表 3-33　压碎指标

类别	Ⅰ	Ⅱ	Ⅲ
单级最大压碎指标(%)	≤20	≤25	≤30

(5)表观密度、松散堆积密度、空隙率。

砂表观密度、松散堆积密度、空隙率应符合如下规定:

①表观密度不小于 2 500 kg/m^3;

②松散堆积密度不小于 1 400 kg/m^3;

③空隙率不大于 44%。

(6)碱集料反应。

经碱集料反应试验后,试件应无裂缝、酥裂、胶体外溢等现象,在规定的试验龄期膨胀率应小于 0.10%。

(7)含水率和饱和面干吸水率当用户有要求时,应报告其实测值。

五、石材

石材主要分为天然石材及人造石材。由于天然石材具有抗压强度高,耐久性和耐磨性良好,资源分布广,便于就地取材等优点,水利水电行业主要采用的是天然石材。

天然石料的品种繁多,有花岗岩、砂岩、石灰岩等。花岗岩具有孔隙小、吸水率小、表观密度大、强度高、耐磨、耐久性好等优点,广泛用于基础、柱子、踏步、地面,桥梁墩台以及挡土墙等土木工程中,同时花岗岩又是名贵的装饰材料,当今仍为许多公共建筑所采用。

天然石材质量验收项目如下:

石材的主要技术性质包括表观密度、强度等级、抗冻性、耐水性。

石材的主要检测项目有抗压强度、抗弯曲、吸水率、干燥压缩强度等。

取样数量:同料源每批料取样一次。取样数量应满足测试要求,一组至少 3 件。

常用天然石材的技术性能见附表 3-34。

六、水利水电工程常用土工合成材料

(一)分类

水利水电工程土工合成材料包括土工织物、土工膜、土工特种材料和土工复合材料四大类。

1.土工织物

土工织物是用于岩土和土木工程的机织、针织或非织造的可渗透的聚合物材料,主要分为纺织和无纺两类。纺织土工织物通常具有较高的强度和刚度,但过滤、排水性较差;无纺土工织物过滤、排水性能较好且断裂延伸率较高,但强度相对较低。

附表 3-34 常见天然石材的性能及用途

名称	主要质量指标			主要用途
	项目		指标	
花岗岩	表观密度(kg/m³)		2 500~2 700	基础、桥墩、堤坝、拱石、阶石、路面、海港结构、基座、勒脚、窗台、装饰石材等
	强度(MPa)	抗压	120~250	
		抗折	8.5~15.0	
		抗剪	13~19	
	吸水率(%)		<1	
	膨胀系数(10^{-6}/℃)		5.6~7.34	
	平均韧性(cm)		8	
	平均质量磨耗率(%)		11	
	耐用年限(a)		75~200	
石灰岩	表观密度(kg/m³)		1 000~2 600	墙身、桥墩、基础、阶石、路面、石灰及粉刷材料的原料等
	强度(MPa)	抗压	22.0~140.0	
		抗折	1.8~20	
		抗剪	7.0~14.0	
	吸水率(%)		2~6	
	膨胀系数(10^{-6}/℃)		6.75~6.77	
	平均韧性(cm)		7	
	平均质量磨耗率(%)		8	
	耐用年限(a)		20~40	
砂岩	表观密度(kg/m³)		2 200~2 500	基础、墙身、衬面、阶石、人行道、纪念碑及其他装饰石材等
	强度(MPa)	抗压	47~140	
		抗折	3.5~14	
		抗剪	8.5~18	
	吸水率(%)		<10	
	膨胀系数(10^{-6}/℃)		9.02~11.2	
	平均韧性(cm)		10	
	平均质量磨耗率(%)		12	
	耐用年限(a)		20~200	
	强度(MPa)	抗压	47~140	
		抗折	2.6~16	
		抗剪	8~12	
	吸水率(%)		<1	
	膨胀系数(10^{-6}/℃)		6.5~11.2	
	平均韧性(cm)		10	
	平均质量磨耗率(%)		12	
	耐用年限(a)		30~100	

2.土工膜

土工膜是聚合物或沥青制成的一种相对不透水的薄膜，其渗透性低，常用作流体或蒸汽的阻拦层。

3.土工特种材料

土工特种材料主要包括土工格栅、土工膜带、土工网等。

4.土工复合材料

由土工织物、土工膜、土工格栅和某些特种土工材料中的两种或两种以上互相组合起来就称为土工复合材料。土工复合材料可将不同材料的性质结合起来，更好地供给工程需要。例如，复合土工膜就是将土工膜和土工织物按一定要求制成的一种土工织物组合物，同时起到防渗和加筋作用；土工复合排水材料是以无纺土工织物和土工网、土工膜或不同形状的土工合成材料芯材组成的排水材料，常用于软基排水固结处理、支挡建筑物的墙后排水、隧道排水、堤坝防水设施等。

（二）常用水利水电工程土工合成材料符合性判断

1.长丝机织土工布（GB/T 17640）

1）内在质量

内在质量分为基本项和选择项，基本项技术要求见附表3-35，其中一般机织土工布考核第1项~第7项，模袋布考核第1项~第8项，模袋考核第1项~第10项，第11项~第12项为参考项。

附表3-35　基本项技术要求

项目		指标										
标称断裂强度（kN/m）		35	50	65	80	100	120	140	160	180	200	250
1	经向断裂强度（kN/m），≥	35	50	65	80	100	120	140	160	180	200	250
2	纬向断裂强度（kN/m），≥	按协议规定，无特殊要求时，按经向断裂强度×0.7										
3	标准强度对应伸长率（%），≤	经向35，纬向30										
4	CBR顶破强力（kN）	2.0	4.0	6.0	8.0	10.5	13.0	15.5	18.0	20.5	23.0	28.0
5	等效孔径 O_{90}（O_{95}）（mm）	0.05~0.50										
6	垂直渗透系数（cm/s）	$K\times(10^{-2}\sim10^{-5})$ 其中，$K=1.0\sim9.9$										
7	幅宽偏差（%）	−1.0										
8	模袋冲灌厚度偏差（%）	±8										
9	模袋长、宽偏差（%）	±2										
10	缝制强度（kN/m），≥	标称断裂强度×0.5										
11	经纬向撕破强力（kN），≥	0.4	0.7	1.0	1.2	1.4	1.6	1.8	1.9	2.1	2.3	2.7
12	单位面积质量偏差（%）	−5										

注：1.规格按经向断裂强度，实际规格介于表中相邻规格之间，按线性内插法计算相应考核指标；超出表中范围时，考核指标由供需双方协商确定。

2.实际断裂强度低于标准强度时，标准强度对应伸长率不作符合性判定。

3.第7项~第9项和第12项标准值按设计或协议。

选择项包括动态穿孔、刺破强力、湿筛孔径、摩擦系数、抗紫外线性能、抗酸碱性能、抗氧化性能、抗磨损性能、蠕变性能、拼接强度、定负荷伸长率、定伸长负荷和断裂伸长率等。选择项的标准值由供需合同规定。

当需方要求的某些指标不能同时满足时,可由供需双方协商,以满足工程应用中的主要指标为原则,并兼顾其他指标。

2)外观质量

外观疵点分为轻缺陷和重缺陷(见附表 3-36)。每一种产品上不允许存在重缺陷,轻缺陷每 200 m^2 应不超过 5 个。

附表 3-36 外观疵点评定

序号	疵点名称	轻缺陷	重缺陷	备注
1	断纱、缺纱	分散 1~2 根	并列两根及以上	
2	杂物	软质,粗≤5 mm	硬质;软质。粗>5 mm	
3	边不良	≤300 cm 时,每 50 cm 计一处	>300 cm	
4	破损	≤0.5 cm	>0.5 cm;破洞	以疵点最大长度计
5	稀路	10 cm 内少 2 根	10 cm 内少 3 根	
6	其他	参照相似疵点评定		

3)检验规则

(1)抽样。

按交货批号的同一品种、同一规格的产品作为检验批。从一批产品中按附表 3-37 规定随机抽取相应数量的卷数。

附表 3-37 抽样数量

一批的卷数	批样最少卷数
≤50	2
≥51	3

(2)内在质量的判定。

内在质量的测定应从批样的每一卷中距头端至少 3 m 随机剪取一个样品,以所有样品的平均结果表示批的内在质量。若符合附表 3-35 要求,则为内在质量合格。

(3)外观质量的判定。

外观质量检验按附表 3-36 对批样的每卷产品进行评定,如果所有卷均符合附表 3-36,则为外观质量合格。如出现不合格卷,则该批中按规定重新取样进行复验。若复验卷均符合附表 3-36 要求,则该批产品外观质量合格;如果复验结果仍不合格,则该批产品外观质量不合格。

（4）结果判定。

按内在质量和外在质量判定均为合格，则该批产品合格。

2.复合土工膜（GB/T 17642）

1）内在质量

内在质量分为基本项和选择项，基本项技术要求见附表 3-38，其中第 1 项～第 7 项为考核项，第 8 项为参考项。

附表 3-38　基本项技术要求

项目		指标							
	标称断裂强度（kN/m）	5	7.5	10	12	14	16	18	20
1	经向断裂强度（kN/m），≥	5.0	7.5	10.0	12.0	14.0	16.0	18.0	20.0
2	纵横向标准强度对应伸长率（%）	30～100							
3	CBR 顶破强力（kN）	1.1	1.5	1.0	2.2	2.6	2.8	3.0	3.2
4	纵横向撕破强力（kN）	0.15	0.25	0.32	0.40	0.48	0.56	0.62	0.70
5	耐静水压（MPa）	按附表 3-39							
6	剥离强度（N/cm）	6							
7	垂直渗透系数（cm/s）	按设计或合同要求							
8	幅宽偏差（%）	-1.0							

注：1.实际规格（标称断裂强度）介于表中相邻规格之间，按线性内插法计算相应考核指标；超出表中范围时，考核指标由供需双方协商确定。

2.第 6 项当测定时试样难以剥离或未到规定剥离强度基材或膜材断裂，视为符合要求。

3.第 8 项标准值按设计或协议。

4.实际断裂强度低于标准强度时，标准强度对应伸长率不做符合性判定。

附表 3-39　耐静水压规定值

项目		膜厚度（mm）							
		0.2	0.3	0.4	0.5	0.6	0.7	0.8	1.0
耐静水压（MPa）	一布一膜	0.4	0.5	0.6	0.8	1.0	1.2	1.4	1.6
	二布一膜	0.5	0.6	0.8	1.0	1.2	1.4	1.6	1.8

选择项包括动态穿透、刺破强力、平面内水流量、摩擦系数、抗紫外线性能、耐酸碱性能、抗氧化性能、蠕变性能、拼接强度、抗磨损性能、定负荷伸长率、定伸长负荷和断裂伸长率等。选择项的标准值由有关各方商定。当需方要求的某些指标不能同时满足时，可由供需双方协商，以满足工程应用中的主要指标为原则，并要兼顾其他指标。

2）外观质量

外观疵点分为轻缺陷和重缺陷（见附表 3-40）。每一种产品上不允许存在重缺陷，轻缺陷每 200 m^2 应不超过 5 个。

附表 3-40　外观疵点的评定

序号	疵点名称	轻缺陷	重缺陷	备注
1	分层、折痕	明显	严重	
2	杂物	软质,粗≤5 mm	硬质;软质。粗>5 mm	
3	边不良	≤300 cm 时,每 50 cm 计一处	>300 cm	
4	修补点	≤2 cm	>2 cm;破洞	以疵点最大长度计
5	其他	参照相似疵点评定		

3)检验规则

(1)取样。

按交货批号的同一品种、同一规格的产品作为检验批。从一批产品中按附表 3-41 的规定随机抽取相应数量的卷数。

附表 3-41　取样数量

一批的卷数	批样的最少卷数
≤50	2
≥51	3

(2)内在质量的判定。

内在质量的判定应从批样的每一卷中距头端至少 3 m 随机剪取一个样品,以所有样品的平均结果表示批的内在质量。若符合附表 3-38 要求,则为内在质量合格。

(3)外观质量的判定。

外观质量检验按附表 3-40 对批样的每卷产品进行评定,如果所有卷均符合附表 3-40,则为外观质量合格。如出现不合格卷,则该批中按规定重新取样进行复验。若复验卷均符合附表 3-40 要求,则该批产品外观质量合格;如果复验结果仍有不合格卷,则该批产品质量不合格。

(4)结果判定。

按内在质量和外观质量判定均为合格,则该批产品合格。

3.塑料土工格栅(GB/T 17689)

1)产品分类

塑料土工格栅分为单向拉伸塑料土工格栅(简称单拉塑料格栅,代号 TGDG)和双向拉伸塑料土工格栅(简称双拉塑料格栅,代号 TGSG)两类。

2)力学性能

力学性能应符合附表 3-42~附表 3-44 的规定。其他规格的指标,可用相邻两个规格指标以线性内插。

附表 3-42 聚丙烯单拉塑料格栅

产品规格	拉伸强度（kN/m）	2%伸长率时的拉伸力（kN/m）	5%伸长率时的拉伸力（kN/m）	标称伸长率（%）
TGDG35	≥35.0	≥10.0	≥22.0	≤10.0
TGDG50	≥50.0	≥12.0	≥28.0	
TGDG80	≥80.0	≥26.0	≥48.0	
TGDG120	≥120.0	≥36.0	≥72.0	
TGDG160	≥160.0	≥45.0	≥90.0	
TGDG200	≥200.0	≥56.0	≥112.0	

附表 3-43 高密度聚乙烯单拉塑料格栅

产品规格	拉伸强度（kN/m）	2%伸长率时的拉伸力（kN/m）	5%伸长率时的拉伸力（kN/m）	标称伸长率（%）
TGDG35	≥35.0	≥7.5	≥21.5	≤11.5
TGDG50	≥50.0	≥12.0	≥23.0	
TGDG80	≥80.0	≥21.0	≥40.0	
TGDG120	≥120.0	≥33.0	≥55.0	
TGDG160	≥160.0	≥47.0	≥93.0	

附表 3-44 聚丙烯双拉塑料格栅

产品规格	纵/横向拉伸强度（kN/m）	纵/横 2%伸长率时的拉伸力（kN/m）	纵/横 5%伸长率时的拉伸力（kN/m）	纵/横标称伸长率（%）
TGSG1515	≥15.0	≥5.0	≥7.0	≤15.0/13.0
TGSG2020	≥20.0	≥7.0	≥14.0	
TGSG2525	≥25.0	≥9.0	≥17.0	
TGSG3030	≥30.0	≥10.5	≥21.0	
TGSG3535	≥35.0	≥12.0	≥24.0	
TGSG4040	≥40.0	≥14.0	≥28.0	
TGSG4545	≥45.0	≥16.0	≥32.0	
TGSG5050	≥50.0	≥17.5	≥35.0	

3）尺寸偏差

宽度偏差不应有负偏差。

4）颜色及外观

（1）颜色为黑色，色泽应均匀。

（2）外观应无损伤、无破裂。网孔大小形状应均匀。

5）炭黑含量

炭黑含量≥2%。

6)检验规则

(1)取样。

同一原料、同一配方和相同工艺情况下生产同一规格塑料土工格栅为1批,每批数量不得超过500卷,生产7 d尚不足500卷则以7 d产量为1批。

在该批产品中随机抽取3卷,进行宽度和外观检查,在上述检查合格的样品中任取一卷,去掉外层长度500 mm后,截取全幅宽产品1 m作为力学性能检验样品;截取全幅宽产品5 m作为定型检验样品。

(2)判定。

力学性能、尺寸偏差、颜色及外观、炭黑含量均合格时,则判定该批为合格。

力学性能、尺寸偏差、颜色及外观、炭黑含量中有不合格项时,则应在该批产品中重新抽取双倍样品制作试样,对力学性能、尺寸偏差、颜色及外观、炭黑含量中不合格项进行复检,复检合格后则判定为合格;复检项目仍不合格,则判定该批为不合格批,复检结果作为最终判定依据。

4.编织土工布(土石合成材料裂膜丝机织土工布,GB/T 17641)

1)内在质量

(1)内在质量分为基本项和选择项,基本项技术要求见附表3-45。

附表3-45　基本项技术要求

项目			标称断裂强度(kN/m)								
			20	40	50	80	100	120	150	180	220
1	经纬向断裂强度(kN/m)	≥	20	40	50	80	100	120	150	180	220
2	断裂伸长率(%)	≤	25								
3	顶破强力(kN)	≥	2.0	3.6	5.2	6.8	8.2	9.7	12.1	14.5	17.7
4	单位面积质量偏差率(%)		±5								
5	幅宽偏差率(%)		−0.5								
6	厚度偏差率(%)		±10								
7	等效孔径 $O_{90}(O_{95})$(mm)		0.07~0.50								
8	垂直渗透系数(cm/s)		$K\times(10^{-2}\sim10^{-6})$,其中$K=1.0\sim9.9$								
9	经纬向撕破强力(kN)	≥	0.25	0.42	0.54	0.86	1.08	1.30	1.63	1.96	2.40
10	抗酸碱性能(强力保持率)(%)	≥	80								
11	抗氧化性能(强力保持率)(%)	≥	80								
12	抗紫外线性能(强力保持率)(%)	≥	80								

注:1.实际规格介于表中相邻规格之间,按线性内插法计算相应考核指标;超出表中范围时,考核指标由供需双方协商确定。

2.第4项至第6项标准值按设计或协议。

3.第9项至第12项为参考指标,作为生产内部控制,用户要求时按实际设计值考核。

(2)选择项包括动态穿孔、刺破强力、湿筛孔径、摩擦系数、抗磨损性能、蠕变性能、拼接强度、定负荷伸长率、定伸长负荷等。选择项的标准值由供需合同规定。

2)外观质量

外观疵点分为轻缺陷和重缺陷,要求见附表3-46。每一种产品上不允许存在重缺陷,轻缺陷每200 m^2 应不超过5个。

附表3-46　外观疵点的评定

序号	疵点名称	轻缺陷	重缺陷	备注
1	断纱、缺纱	分散的,1~2根	并列2根以上	
2	杂物	软质,粗≤5 mm	硬质;软质,粗>5 mm	
3	边不良	≤300 cm时,每50 cm计一处	>300 cm	
4	破损	≤0.5 cm	>0.5 cm;破洞	以疵点最大长度计
5	稀路	10 cm内少2根	10 cm内少3根	
6	其他	参照相似疵点评定		

3)检验规则

(1)分批规定。

按交货批号的同一品种、同一规格的产品作为检验批。

(2)抽样。

内在质量:随机抽取1卷,距头端至少3 m剪取样品,其尺寸应满足所有内在质量指标性能试验。

外观质量:外观质量检验抽样方案见附表3-47。

附表3-47　外观质量抽样表

一批的卷数	批样的最少卷数
≤50	2
≥51	3

(3)判定规则。

内在质量判定:按附表3-45对抽取样品进行内在质量评定,符合附表3-45要求的为内在质量合格,否则为不合格。

外观质量判定:按附表3-46对批样的每卷产品进行外观质量检验评定,如果所有卷均符合附表3-46的要求,则为外观质量合格。如有不合格卷,则该批中按附表3-47规定重新抽样进行复验,若复验卷均符合附表3-46的要求,则该批产品外观质量合格;如果复验结果仍有不合格卷,则该批产品外观质量不合格。

(4)结果判定。

按内在质量判定和外观质量判定均为合格,则该批产品合格。

5.长丝无纺土工布(土石合成材料长丝纺粘针刺非织造土工布,GB/T 17639)

1)内在质量

(1)内在质量分为基本项和选择项,基本项技术要求见附表3-48。其中,第1~6项为考核项,第 7~9 项为参考项。

附表 3-48　基本项技术要求

项目		标称断裂强度(kN/m)								
		4.5	7.5	10	15	20	25	30	40	50
1	纵横向断裂强度(kN/m)　≥	4.5	7.5	10	15	20	25	30	40	50
2	纵横向标准强度对应伸长率(%)	40~80								
3	CBR 顶破强力(kN)　≥	0.8	1.6	1.9	2.9	3.9	5.3	6.4	7.9	8.5
4	纵横向撕破强力(kN)　≥	0.14	0.21	0.28	0.42	0.56	0.70	0.82	1.10	1.25
5	等效孔径 O_{90}(O_{95})(mm)	0.05~0.20								
6	垂直渗透系数(cm/s)	$K\times(10^{-1}\sim10^{-3})$,其中 K=1.0~9.9								
7	厚度(mm)　≥	0.8	1.2	1.6	2.2	2.8	3.4	4.2	5.5	6.8
8	幅宽偏差率(%)	−0.5								
9	单位面积质量偏差率(%)	−5								

注:1.规格按断裂强度,实际规格介于表中相邻规格之间,按线性内插法计算相应考核指标;超出表中范围时,考核指标由供需双方协商确定。

2.实际断裂强度低于标准强度时,标准强度对应伸长率不作符合性判定。

3.第 8 项~第 9 项标准值按设计或协议。

(2)选择项包括动态穿孔、刺破强力、纵横向强力比、平面内水流量、湿筛孔径、摩擦系数、抗紫外线性能、抗酸碱性能、抗氧化性能、抗磨损性能、蠕变性能、拼接强度、定负荷伸长率、定伸长负荷和断裂伸长率等。选择项的标准值由供需合同规定。

2)外观质量

外观疵点分为轻缺陷和重缺陷,要求见附表 3-49。每一种产品上不允许存在重缺陷,轻缺陷每 200 m^2 应不超过 5 个。

附表 3-49　外观疵点的评定

序号	疵点名称	轻缺陷	重缺陷	备注
1	杂物	软质,粗≤5 mm	硬质;软质,粗>5 mm	
2	边不良	≤300 cm 时,每 50 cm 计一处	>300 cm	
3	破损	≤0.5 cm	>0.5 cm;破洞	以疵点最大长度计
4	其他	参照相似疵点评定		

3)检验规则

(1)取样。

按交货批号的同一品种、同一规格的产品作为检验批。从一批产品中按附表 3-50 规定随机抽取相应数量的卷数。

附表 3-50 取样卷数

一批的卷数	批样的最少卷数
≤50	2
≥51	3

(2)内在质量判定。

内在质量的测定应从批样的每一卷中距头端至少 3 m 剪取一个样品,以所有样品的平均结果表示批的内在质量,符合附表 3-48 要求的为内在质量合格。

(3)外观质量判定。

按附表 3-49 对批样的每卷产品进行评定,如果所有卷均符合附表 3-49 的要求,则为外观质量合格。如有不合格卷,则该批中按附表 3-50 规定重新抽样进行复验,若复验卷均符合附表 3-49 的要求,则该批产品外观质量合格;如果复验结果仍有不合格卷,则该批产品外观质量不合格。

(4)结果判定。

按内在质量判定和外观质量判定均为合格,则该批产品合格。

参考文献

[1] 中国水利水电工程协会团体标准《水利水电工程施工现场管理人员职业标准》T00/CWEA 1-2017.

[2] 全国一级建造师执业资格考试用书编写委员会.建设工程法规及相关知识[M].北京:中国建筑工业出版社,2018.

[3] 全国一级建造师执业资格考试用书编写委员会.水利水电工程管理与实务[M].北京:中国建筑工业出版社,2018.

[4] 现行建筑材料规范大全[S](增补本). 北京:中国建筑工业出版社,2003.

[5] 李崇智,周文娟,王林. 建筑材料[M].北京:清华大学出版社,2014.

[6] 秦鸿根.建筑工程常用材料规范应用详解[M].北京:中国建筑工业出版社,2013.

[7] 洪向道.新编常用建筑材料手册[M].2 版.北京:中国建材工业出版社,2010.

[8] 水利部建设与管理司, 中国水利水电工程协会. 材料员[M]. 北京:中国水利水电出版社,2009.

[9] 本书编委会.材料员一本通[M]. 2 版. 北京:中国建筑工业出版社,2010.

[10] 郭自斌, 钟永梅. 材料员岗位知识与专业技能[M]. 昆明:云南科技出版社,2016.

[11] 江苏省建设教育协会. 材料员专业管理实务[M]. 2 版. 北京:中国建筑工业出版社,2016.

[12] 王美俐, 李海燕. 材料员专业管理实务[M]. 北京:中国电力出版社,2016.